高等院校土木工程专业课程设计解析与实例丛书

地下建筑工程课程设计解析与实例

唐兴荣　编著

机械工业出版社

本书是"高等院校土木工程专业课程设计解析与实例丛书"之一，书中对土木工程专业课程设计体系中地下工程专业方向的课程设计，根据作者多年从事土木工程专业教学改革项目研究和实践所取得的成果，以及指导土木工程专业课程设计所积累的教学经验，按照国家现行的规范、标准进行了设置和讲解，具体包括浅埋式闭合框架结构设计、盾构法隧道管片设计、土钉墙支护结构设计、地下连续墙支护结构设计、隧道工程设计、桩基础工程设计六个地下工程方向的课程设计。解析了上述地下工程结构的设计方法、设计内容及基本要求，并列举了相应的课程设计实例。

本书可供高等院校土木工程专业及相关专业师生作为课程设计的教学辅导与参考书，也可作为土木工程专业毕业生通向新工作岗位的一座必要桥梁。

图书在版编目（CIP）数据

地下建筑工程课程设计解析与实例/唐兴荣编著 . —北京：机械工业出版社，2021.10
（高等院校土木工程专业课程设计解析与实例丛书）
ISBN 978-7-111-68903-4

Ⅰ.①地…　Ⅱ.①唐…　Ⅲ.①地下工程 – 课程设计 – 高等学校 – 教学参考资料
Ⅳ.①TU94

中国版本图书馆 CIP 数据核字（2021）第 162478 号

机械工业出版社（北京市百万庄大街 22 号　邮政编码 100037）
策划编辑：薛俊高　责任编辑：薛俊高　关正美
责任校对：刘时光　封面设计：张　静
责任印制：李　昂
北京圣夫亚美印刷有限公司印刷
2021 年 9 月第 1 版第 1 次印刷
210mm×285mm · 14.75 印张 · 429 千字
标准书号：ISBN 978-7-111-68903-4
定价：49.00 元

电话服务　　　　　　网络服务
客服电话：010-88361066　机 工 官 网：www.cmpbook.com
　　　　　010-88379833　机 工 官 博：weibo.com/cmp1952
　　　　　010-68326294　金 书 网：www.golden-book.com
封底无防伪标均为盗版　机工教育服务网：www.cmpedu.com

总　序

　　土木工程专业实践教育体系由实验类、实习类、设计类和社会实践以及科研训练等领域组成。土木工程专业实践教育是土木工程专业培养方案中重要的教学环节之一，其设计领域包括课程设计和毕业设计，其中课程设计是土木工程专业实践教育体系的重要环节，起到承上启下的纽带作用。一个课程设计实践环节与一门理论课程相对应，课程设计起着将课程基本理论、基本知识转化为课程实践活动的"桥梁"作用，也为学生后续的毕业设计和今后的工作奠定坚实的基础。但是，由于课程设计辅导环节很难满足大多数学生的需求，缺少课程设计后期的答辩和信息反馈环节，加上辅导教师缺乏工程实践经验，使课程设计很难达到专业培养方案所提出的要求。为此，编者根据多年来从事土木工程专业教学改革项目研究和实践所取得的成果，以及指导土木工程专业课程设计所积累的教学经验，按照我国现行的规范、标准等编写这套丛书。

　　土木工程专业课程设计体系包括实践单元、知识与技能点两个层次，由建筑设计、结构设计和施工技术与经济三个设计模块组成。据此，提出了土木工程专业各专业方向课程设计的内容及其知识与技能点。

　　本丛书注重解析课程设计中的重点、难点及理论应用于实践的基本方法，培养学生初步的设计计算能力，掌握综合运用课程基础理论和设计方法。每个课程设计的内容包括知识与技能点、设计解析、设计实例以及思考题等。书后还附有课程设计任务书，供教师教学时参考。

　　"高等院校土木工程专业课程设计解析与实例丛书"共6册，涵盖土木工程专业建筑工程、道路和桥梁工程、地下工程各设计模块中涉及的课程内容。第一册：《建筑设计课程设计解析与实例》，包括土木工程制图课程设计、房屋建筑学课程设计等；第二册：《施工技术与经济课程设计解析与实例》，包括施工组织设计、工程概预算课程设计等；第三册：《混凝土结构课程设计解析与实例》，包括混凝土梁板结构设计、单层厂房排架结构设计、混凝土框架结构设计、砌体结构设计等；第四册：《钢结构课程设计解析与实例》，包括组合楼盖设计、普通钢屋盖设计、平台钢结构设计、轻型门式刚架结构设计、钢框架结构设计等；第五册：《桥梁工程课程设计解析与实例》《道路工程课程设计解析与实例》，包括桥梁结构设计、桥梁桩基础设计、道路勘测设计、路基挡土墙设计、路基路面设计等；第六册：《地下建筑工程课程设计解析与实例》，包括地下建筑结构设计、基坑支护结构设计、隧道工程设计、桩基础工程设计等。

　　本丛书既可作为高等院校土木工程专业及相关专业师生课程设计的教学辅导与参考书，也可作为土木工程专业师生毕业设计的参考书，还可供从事土木工程专业及相关专业的工程技术人员参考。

　　由于编者的水平有限，书中难免会有疏漏之处，敬请读者批评指正。

编　者

2021 年元月

前　言

本书是"高等院校土木工程专业课程设计解析与实例丛书"之一。书中解析了土木工程专业课程设计体系中结构设计模块中的浅埋式闭合框架结构设计、盾构法隧道管片设计、土钉墙支护结构设计、地下连续墙支护结构设计、隧道工程设计、桩基础工程设计六个地下工程方向的课程设计。

"浅埋式闭合框架结构设计"系统解析了浅埋式钢筋混凝土闭合框架结构的设计方法和步骤。学生应完成浅埋式钢筋混凝土闭合框架结构布置和构件截面尺寸估选、荷载计算、内力分析、截面设计、抗浮稳定验算、构造要求，以及结构施工图绘制；通过课程设计，对地下结构设计内容和过程有较为全面的了解和掌握，并具有初步结构设计能力。

"盾构法隧道管片设计"系统解析了盾构法隧道管片结构的设计方法和步骤。学生应完成盾构法隧道管片结构布置和构件截面尺寸估选、荷载及其组合计算、均质圆环内力分析、管片配筋计算、管片接缝验算，以及结构施工图绘制；通过课程设计，对地下结构设计内容和过程有较为全面的了解和掌握，并具有初步结构设计能力。

"土钉墙支护结构设计"系统解析了基坑土钉墙支护结构的设计方法和步骤。学生应完成基坑支护方案的比选、荷载计算、土钉墙支护结构内力分析、基坑稳定性验算、基坑的变形计算、基坑施工方案设计，以及结构施工图绘制；通过课程设计，对基坑及边坡支护工程的设计内容和过程有较为全面的了解和掌握，并具有初步结构设计能力。

"地下连续墙支护结构设计"系统解析了地下连续墙支护结构的设计方法和步骤。学生应完成基坑支护方案的比选、土压力计算、地下连续墙内力分析、截面配筋计算、基坑稳定性验算、地下连续墙支撑结构设计，以及结构施工图绘制；通过课程设计，对基坑及边坡支护工程的设计内容和过程有较为全面的了解和掌握，并具有初步结构设计能力。

"隧道工程设计"系统解析了隧道工程的设计方法和步骤。学生应完成隧道洞身设计、隧道衬砌设计、隧道防水及排水设计、隧道洞门设计、隧道内路基与路面、隧道开挖施工方案设计，以及结构施工图绘制；通过课程设计，对隧道工程设计内容和过程有较为全面的了解和掌握，并具有初步结构设计能力。

"桩基础工程设计"系统解析房屋建筑桩基础工程设计的方法和步骤。学生应完成桩基础平面布置、单桩竖向承载力特征值、桩基础承载力验算、桩基础沉降验算、桩身结构设计、桩基础承台设计，以及结构施工图绘制；通过课程设计，对房屋建筑桩基础工程设计内容和过程有较为全面的了解和掌握，并具有初步结构设计能力。

本书内容根据《混凝土结构设计规范》（GB 50010—2010）（2015 年版）、《公路钢筋混凝土及预应力混凝土桥涵设计规范》（JTG 3362—2018）、《建筑结构荷载规范》（GB 50009—2012）、《公路隧道设计规范 第一册 土建工程》（JTG 3370.1—2018）、《公路隧道施工技术规范》（JTG/T 3660—2020）、《建筑地基基础设计规范》（GB 50007—2011）、《建筑桩基技术规范》（JGJ 94—2008）、《建筑基坑支护技术规程》（JGJ 120—2012）等国家现行的规范、标准进行编写。本书可作为高等院校土木工程专业及相关专业师生课程设计的教学辅导与参考书，也可作为土木工程专业师生毕业设计的参考书，还可供从事土木工程专业及相关专业工程技术人员参考。

由于编者的水平有限，书中难免会有疏漏之处，敬请读者批评指正。

目　录

第1章 绪 论

1.1 课程设计的目的

课程设计是土木工程专业实践教学体系中的重要环节之一，其目的主要体现在以下几个方面：

1. 巩固与运用理论教学的基本概念、基础知识

一个课程设计实践环节与一门理论课程相对应，课程设计起着将课程基本理论、基本知识转化为课程实践活动的"桥梁"纽带。通过课程设计，可以加深学生对课程基本理论、知识的认识和理解，并学习运用这些基本理论、基本知识来解决工程实际问题。

2. 培养学生使用各种规范、规程、查阅手册和资料的能力

完成一个课程设计，仅仅局限于教材中的内容是远远不够的，需要查阅和运用相关的规范、规程、标准、手册、图集等资料。学生在完成课程设计的过程中进行文献检索，一方面有助于提高课程设计的质量，另一方面可以培养学生查阅各种资料和应用规范、规程的能力，为毕业设计（论文）打下坚实的基础。

3. 培养学生工程设计意识，提高概念设计的能力

课程设计实践环节实现了学生从基本理论、基本知识的学习到工程技术学习的过渡，通过课程设计，可培养学生工程设计意识，提高概念设计的能力。一个完整的结构设计过程，从结构选型、结构布置，到结构分析计算、截面设计，再到细部处理等环节，学生对所遇的问题依据建筑结构在各种情况下工作的一般规律，结合实践经验，综合考虑各方面因素，确定合理的结构分析、处理方法，力求取得最为经济、合理的结构设计方案。

4. 熟悉设计步骤与相关的设计内容

所有工程结构设计，无论是整个结构体系，还是结构构件设计的步骤有其共同性，通过课程设计教学环节的训练，可以使学生熟悉设计的基本步骤和程序，掌握主要设计过程的设计内容与设计方法。

5. 培养学生的设计计算能力

各门课程设计的计算除了涉及本课程的设计计算内容外，还要涉及其他专业课程、专业基础课程甚至基础课程的相关知识。课程设计对学生加深各门课程之间纵横向联系的理解，学会综合运用各门课程的知识完成工程设计计算是一项十分有益的训练。

6. 培养学生施工图的表达能力

在课程设计过程中，应引导学生查阅有关的构造手册，对规范中规定的各种构造措施要在图纸中有明确的表示，使学生认识到，图纸是工程师的语言，自己所绘的图纸必须正确体现设计计算，图纸上的每一根线条都要有根有据，不仅自己看得明白，还要让施工人员便于理解设计意图，最终达到正确施工的目的。

7. 培养学生分析和解决工程实际问题的能力

课程设计是理论知识与设计方法的综合运用。每份课程设计任务书的设计任务有所不同，要实现"一人一题"，这样可以避免重复，同时减少学生间的相互依赖，使学生主动思考，自行设计。从而使学生既受到全面的设计训练，也通过具体工程问题的处理，提高学生分析问题和解决工程实际问题的能力。

8. 培养学生语言表达能力

在课程设计结束时，建议增加一个课程设计的答辩环节，以培养学生的语言组织能力、逻辑思维能力和语言表达能力，同时也为毕业设计（论文）答辩做好准备。

1.2　课程设计的基本要求

课程设计的成果一般包括课程设计计算书和设计图。课程设计计算书应装订成册，一般由封面、目录、课程设计计算书、参考文献、附录、致谢和封底等部分组成。设计图应符合规范，达到施工图要求。

1. 封面

封面要素包括课程设计名称、学院（系）及专业名称、学生姓名、学号、班级、指导教师姓名以及编写日期等。

2. 目录

编写目录时应注意与设计计算书相对应，尽量细致划分、重点突出。

3. 课程设计计算书

课程设计计算书主要记录全部的设计计算过程，应完整、清楚、整洁、正确。计算步骤要条理清楚，引用数据要有依据，采用计算图表和计算公式应注明其来源或出处，构件编号、计算结果（如截面尺寸、配筋等）应与图纸表达一致，以便核对。

当采用计算机计算时，应在计算书中注明所采用的计算机软件名称，计算机软件必须经过审定或鉴定才能在工程中推广应用，电算结果应经分析认可。荷载简图、原始数据和电算结果应整理成册，与手算计算结果统一整理。

选用标准图集时，应根据图集的说明，进行必要的选用计算，作为设计计算的内容之一。

4. 参考文献

参考文献中列出主要的参考文章、书籍，编号应与正文相对应。

5. 附录

附录包括课程设计任务书和其他主要的设计依据资料。

6. 致谢

对在设计过程中给予自己帮助的教师、学生等给予感谢。

7. 封底

施工图是进行施工的依据，是设计者的语言，是设计意图最准确、最完整的体现，也是保证工程质量的重要环节。

图纸要求：依据国家制图标准《房屋建筑制图统一标准》（GB/T 50001—2017）和《建筑结构制图标准》（GB/T 50105—2010），采用手绘或 CAD 软件绘制，设计内容满足规范要求，图面布置合理，表达正确，文字规范，线条清楚，达到施工图设计深度的要求。

1.3　土木工程专业课程设计体系和课程设计内容

1. 土木工程专业课程设计体系

土木工程专业各专业方向（建筑工程、道路与桥梁工程、地下工程、铁道工程等）构建由"建筑设计""结构设计""施工技术与经济"三个模块所组成的课程设计体系，如图 1-1 所示。

2. 土木工程专业课程设计内容和知识技能点

根据上述所构建的土木工程专业课程设计体系，对土木工程专业课程设计加以适当组合，以反映土木工程专业各专业方向完整的课程设计体系。

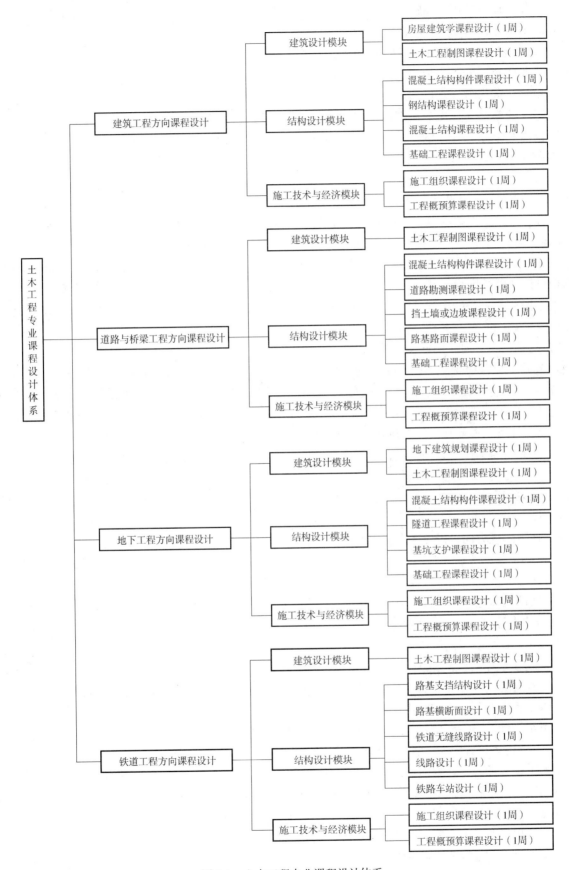

图 1-1 土木工程专业课程设计体系

（1）建筑设计模块　建筑设计模块包括"土木工程制图课程设计""房屋建筑学课程设计"，其分别对应《土木工程制图》《房屋建筑学》两门课程。

"土木工程制图课程设计"是一个建议新增的基础性课程设计，其设计内容有：给定一栋民用建筑或工业建筑的若干主要建筑施工图、结构施工图，学生通过运用建筑制图和结构制图标准，手工绘制设计任务书所规定的建筑、结构施工图，并进行施工图识读基本能力的训练。通过本课程设计的训练，使学生掌握土建制图的基本知识，掌握绘制和阅读一般土木工程施工图的方法，正确使用绘图仪器和绘图软件作图，并具备手工绘图的初步技能。土木工程专业各专业方向均设置"土木工程制图课程设计"（1周），各校也可根据具体情况，结合课程教学进度，采用课程大作业的形式进行。

"房屋建筑学课程设计"内容有：根据给定的建筑设计条件，进行中小型公共建筑的建筑方案、功能布置、建筑施工图绘制，掌握建筑构造基本知识和具有初步建筑设计能力。建筑工程方向设置"房屋建筑学课程设计"（1周），地下工程方向设置"地下建筑规划设计"（1周）。

（2）结构设计模块　土木工程专业方向均设置"混凝土结构构件课程设计"（1周），相应《混凝土结构设计原理》课程。其中建筑工程方向、地下工程方向为梁、板结构设计，道路与桥梁工程方向为混凝土板（梁）桥结构设计，铁道工程方向为路基支挡结构设计。除此以外，结构设计模块设置以下课程设计：

1）建筑工程方向。设置3个课程设计："混凝土结构课程设计"（1周）、"钢结构课程设计"（1周）、"基础工程课程设计"（1周），分别对应《混凝土结构设计》《钢结构设计》《基础工程》3门课程。"混凝土结构课程设计"内容可选择装配式单层厂房结构设计、混凝土框架结构设计等。"钢结构课程设计"内容可选择钢屋架设计、钢结构平台设计、门式刚架结构设计等。"基础工程课程设计"内容可选择柱下条形基础设计、独立桩基础设计等。

2）道路与桥梁工程方向。设置4个课程设计："道路勘测课程设计"（1周）、"挡土墙或边坡课程设计"（1周）、"路基路面课程设计"（1周）、"基础工程课程设计"（1周），分别对应《道路勘测设计》《路基工程》《路面工程》《基础工程》4门课程。其中，"基础工程课程设计"可选择桥梁桩基础设计。

3）地下工程方向。设置3个课程设计："隧道工程课程设计"（1周）、"基坑支护课程设计"（1周）、"基础工程课程设计"（1周），分别对应《隧道工程》《边坡工程及基坑支护》《基础工程》3门课程。其中，"基础工程课程设计"可选择独立桩基础设计。

4）铁道工程方向。设置4个课程设计："路基横断面设计"（1周）、"铁道无缝线路设计"（1周）、"线路设计"（1周）、"铁道车站设计"（1周），分别对应《路基工程》《轨道工程》《线路设计》《铁路车站》4门课程。

（3）施工技术与经济模块　施工技术与经济模块包括"施工组织设计""工程概预算"2个课程设计，分别对应《土木工程施工技术》《工程概预算》或《工程造价》。

土木工程专业各专业方向均设置"施工组织课程设计"（1周），其中，建筑工程方向为"建筑工程施工组织设计"，道路与桥梁工程方向为"桥梁施工组织设计"，地下工程方向为"地下工程施工组织设计"，铁道工程方向为"铁道工程施工组织设计"。

土木工程专业各专业方向均设置"工程概预算课程设计"（1周），进行工程项目的工程量计算、预算书编制以及工程造价分析。土木工程专业不同专业方向分别进行建筑工程、道路或桥梁工程、地下工程以及铁道工程的工程量计算、概预算编制、工程造价分析。

土木工程专业各专业方向课程设计内容一览表见表1-1。

土木工程专业各专业方向课程设计的知识技能点见表1-2。

表1-1 土木工程专业各专业方向课程设计内容一览表

序号	专业方向	课程设计名称	课程设计内容描述	对应课程	建议周数
1	建筑工程	土木工程制图课程设计	识图并手绘主要建筑、结构施工图	土木工程制图	1周
2		房屋建筑学课程设计	中小型公共建筑方案设计	房屋建筑学	1周
3		混凝土结构构件设计	(单、双向板)肋梁楼盖梁、板构件设计	混凝土结构设计原理	1周
4		钢结构设计	钢屋架设计或钢平台结构设计	钢结构设计	1周
5		混凝土结构设计	装配式混凝土单层厂房结构设计或多层混凝土框架结构设计	混凝土结构设计	1周
6		基础工程课程设计	柱下条形基础或独立柱下桩基础设计	基础工程	1周
7		施工组织课程设计	民用建筑或工业建筑施工组织设计	建筑工程施工	1周
8		工程概预算	房屋建筑工程的工程量计算、概预算编制、工程造价分析	建筑工程造价	1周
1	道路与桥梁工程	土木工程制图课程设计	识图并手绘主要建筑、结构施工图	土木工程制图	1周
2		混凝土结构构件设计	混凝土板(梁)桥结构设计	桥梁工程	1周
3		道路勘测设计	三级公路设计	道路勘测设计	1周
4		路基工程设计	挡土墙或边坡设计	路基路面工程	1周
5		路面工程设计	刚性路面或柔性沥青路面结构设计	路基路面工程	1周
6		基础工程课程设计	桥梁桩基础设计	基础工程	1周
7		施工组织课程设计	桥梁工程施工组织设计	道路与桥梁工程施工技术	1周
8		工程概预算	道路工程或桥梁工程的工程量计算、概预算编制、工程造价分析	道路与桥梁工程概预算	1周
1	地下工程	土木工程制图课程设计	识图并手绘主要建筑、结构施工图	土木工程制图	1周
2		地下建筑规划设计	典型地下建筑工程的规划设计	地下建筑规划设计	1周
3		混凝土结构构件设计	地下建筑(单、双向板)肋梁楼盖梁、板构件设计	混凝土结构设计	1周
4		地下建筑结构设计	浅埋式框架结构设计或盾构隧道结构设计	地下建筑结构	1周
5		基坑支护设计	基坑支护设计	基坑支护	1周
6		基础工程课程设计	独立桩基设计	基础工程	1周
7		施工组织课程设计	地下建筑工程施工组织设计	地下工程施工技术	1周
8		工程概预算	地下建筑工程的工程量计算、概预算编制、工程造价分析	地下工程概预算	1周
1	铁道工程	土木工程制图课程设计	识图并手绘主要建筑、结构施工图	土木工程制图	1周
2		路基支挡结构设计	挡土墙及边坡设计	路基工程	1周
3		路基横断面设计	铁道路基工程设计	路基工程	1周
4		铁道无缝线路设计	铁道无缝线路设计	轨道工程	1周
5		线路设计	普通铁道线路设计	线路设计	1周
6		铁路车站设计	铁路区段站设计	铁路车站	1周
7		施工组织课程设计	铁道工程施工组织设计	铁道工程施工技术	1周
8		工程概预算	铁道工程的工程量计算、概预算编制、工程造价分析	铁道工程概预算	1周

注：课程设计内容各学校可根据土木工程专业课程设置情况作适当的调整。

表 1-2　土木工程专业各专业方向课程设计的知识技能点

实践单元			知识与技能点		
序号		描述	序号	描述	要求
1	建筑工程方向课程设计	土木工程制图课程设计（1周）	1	建筑制图、结构制图的标准	熟悉
			2	绘制和阅读建筑、结构施工图方法	掌握
2		房屋建筑学课程设计（1周）	1	中小型公共建筑方案设计	熟悉
			2	绘制建筑施工图（平、立、剖面图及局部大样图）的方法	掌握
3		混凝土结构构件设计（1周）	1	楼盖结构梁板布置方法和构件截面尺寸估算方法	掌握
			2	按弹性理论、塑性理论设计计算混凝土梁、板构件	掌握
			3	楼盖结构施工图的绘制方法	掌握
4		钢结构设计（1周）	1	钢屋架形式的选择和主要尺寸的确定	掌握
			2	钢屋架支撑系统体系的布置原则及表达方法	掌握
			3	钢屋架荷载、内力计算与组合方法	掌握
			4	钢屋架各杆件截面选择原则、验算的内容及计算方法	掌握
			5	钢屋架典型节点的设计计算方法及相关构造；焊缝的计算方法及构造	掌握
			6	钢屋架施工图的绘制方法及材料用量计算	熟悉
5		混凝土结构设计（1周）	1	混凝土结构布置原则、构件截面尺寸估选方法	熟悉
			2	混凝土结构计算单元和计算简图的取用	掌握
			3	混凝土结构荷载、内力的计算和组合方法	掌握
			4	混凝土结构构件截面设计和构造要求	掌握
			5	绘制混凝土结构施工图	掌握
6		基础工程课程设计（1周）	1	设计资料分析、基础方案及类型的选择	熟悉
			2	地基承载力验算及基础尺寸的拟定；地基变形及稳定验算	掌握
			3	基础结构设计计算方法	掌握
			4	绘制基础结构施工图	掌握
7		施工组织课程设计（1周）	1	工程概况及施工特点分析；施工部署和施工方法概述	熟悉
			2	主要分部分项工程施工方法的选择	掌握
			3	施工进度计划、施工准备工作计划	掌握
			4	安全生产、质量工期保证措施和文明施工达标措施	掌握
			5	设计并绘制施工现场总平面布置图	掌握
8		工程概预算（1周）	1	按照相应"工程计价表"中的计算规则进行详细的工程量计算	掌握
			2	按照相应"工程计价表"中的相应价格编制各分部分项工程的预算书	掌握
			3	按照相应地区的工程量清单计价程序和取费标准编制工程造价书	掌握
1	道路与桥梁工程方向课程设计	土木工程制图课程设计（1周）	1	建筑制图、结构制图的标准	熟悉
			2	绘制和阅读建筑、结构施工图方法	掌握
2		混凝土结构构件设计（1周）	1	钢筋混凝土简支板（梁）桥结构布置原则和构件截面尺寸估选	掌握
			2	钢筋混凝土简支板（梁）的设计计算方法和构造要求	掌握
			3	结构施工图的绘制方法	掌握
3		道路勘测设计（1周）	1	道路选线的一般方法和要求	熟悉
			2	道路的线形设计（包括平、纵、横）	掌握
			3	道路线形施工图的绘制方法	掌握

（续）

实践单元		知识与技能点		
序号	描述	序号	描述	要求
4	路基工程设计（1周）	1	挡土墙结构类型选用	熟悉
		2	挡土墙结构设计计算方法	掌握
		3	绘制挡土墙结构施工图（包括挡土墙纵断面图、平面图、横断面详图）；计算有关工程数量	掌握
5	路面工程设计（1周）	1	路基设计计算方法	掌握
		2	路面结构设计参数确定方法	掌握
		3	路面结构设计计算方法	掌握
		4	路面结构施工图的绘制方法	掌握
6	基础工程课程设计（1周）	1	基础方案及类型的选择	熟悉
		2	地基承载力验算及基础尺寸的拟定；地基变形及稳定验算	掌握
		3	基础结构设计计算方法	掌握
		4	绘制基础结构施工图	掌握
7	施工组织课程设计（1周）	1	施工方案和施工方法的选择	熟悉
		2	下部、上部结构和特殊部位工艺流程和技术措施	掌握
		3	施工进度计划表；施工准备工作计划	掌握
		4	安全生产、质量工期保证措施和文明施工达标措施	掌握
		5	设计并绘制施工现场总平面布置图	掌握
8	工程概预算（1周）	1	按照相应"工程计价表"中的计算规则进行详细的工程量计算	掌握
		2	按照相应"工程计价表"中的相应价格编制各分部分项工程的预算书	掌握
		3	按照相应地区的工程量清单计价程序和取费标准编制工程造价书	掌握
1	土木工程制图课程设计（1周）	1	建筑制图、结构制图的标准	熟悉
		2	绘制和阅读建筑、结构施工图方法	掌握
2	地下建筑规划设计（1周）	1	地下建筑工程的结构选型，主体工程的长度、宽度和高度等主要尺寸的估算	掌握
		2	通道、出口部等主要附属工程的结构形式与净空尺寸的估算	掌握
		3	绘制地下建筑的建筑施工图	掌握
3	混凝土结构构件设计（1周）	1	主体建筑结构选择，衬砌（支护）结构形式选择	熟悉
		2	外部荷载计算，主要结构的力学计算及校核，配筋计算等	掌握
		3	梁、板、柱等主要构件的设计计算方法	掌握
		4	绘制结构施工图	掌握
4	隧道工程设计（1周）	1	隧道断面布置	掌握
		2	隧道主体结构设计方法	掌握
		3	绘制隧道结构施工图	掌握
5	基坑支护设计（2周）	1	基坑支护类型的选择方法	熟悉
		2	土钉墙设计计算方法	掌握
		3	护坡桩设计计算方法	掌握
		4	基坑施工要求及安全监测的设计	熟悉
		5	基坑施工图绘制方法	掌握

注：序号4~8的实践单元属于"道路与桥梁工程方向课程设计"；序号1~5的实践单元属于"地下工程方向课程设计"。

（续）

序号	实践单元		序号	知识与技能点	
		描述		描述	要求
6	地下工程方向课程设计	基础工程课程设计（1周）	1	选择桩的类型和几何尺寸	掌握
			2	确定单桩竖向承载力特征值；确定桩的数量、间距和布置方式	掌握
			3	验算桩基承载力；桩基沉降计算；承台设计	掌握
			4	桩基础结构施工图绘制方法	掌握
7		施工组织课程设计（1周）	1	掘进和支护工序施工方案的选择、施工工艺与方法的设计、施工设备的选择	熟悉
			2	提升、运输、压气供应、通风、供水、排水等辅助系统的设计方法	掌握
			3	编制工程质量与安全措施	掌握
			4	设计并绘制施工方案图	掌握
8		工程概预算（1周）	1	按照相应"工程计价表"中的计算规则进行详细的工程量计算	掌握
			2	按照相应"工程计价表"中的相应价格编制各分部分项工程的预算书	掌握
			3	按照相应地区的工程量清单计价程序和取费标准编制工程造价书	掌握
1	铁道工程方向课程设计	土木工程制图课程设计（1周）	1	建筑制图、结构制图的标准	熟悉
			2	绘制和阅读建筑、结构施工图方法	掌握
2		轨道无缝线路设计（1周）	1	路基、桥上无缝线路设计的基本原理、方法和步骤	掌握
			2	通过计算确定路基上无缝线路的允许降温和升温幅度、确定中和轨道温度（即无缝线路设计锁定轨温）	掌握
			3	计算单跨简支梁位于固定区的钢轨伸缩附加力，确定桥上无缝线路锁定轨温	掌握
3		线路设计（1周）	1	根据给定的客货运量，确定主要技术标准，求算区间需要的通过能力，计算站间的距离，进行车站分布计算	熟悉
			2	线路走向选择及平纵断面设计	掌握
			3	工程量和工程费用计算	掌握
			4	平纵断面图的绘制、编制设计说明书	掌握
4		路基横断面设计（1周）	1	设计资料分析、确定路基形式及高度	掌握
			2	确定路基面宽度及形状、基床厚度	掌握
			3	路基填料设计、路基边坡坡度确定	掌握
			4	路堤整体稳定性验算及路堤边坡稳定性验算	掌握
5		路基支挡结构设计（1周）	1	设计资料分析、确定路基横断面尺寸、初步拟定挡土墙高度	掌握
			2	支挡结构荷载分析、拟定挡土墙尺寸并进行土压力计算	掌握
			3	挡土墙的稳定性验算和截面应力验算	掌握
			4	绘制挡土墙结构施工图（包括挡土墙纵断面图、平面图、横断面详图）	掌握
6		铁路车站设计（1周）	1	分析资料、铁路区段站设计的各主要环节、分析区段站各项设备相互位置、选择车站类型	掌握
			2	确定各项运转设备数量、咽喉设计及计算	掌握
			3	坐标计算、绘图、编写说明书	掌握
7		施工组织课程设计（1周）	1	分析设计资料、工程概况及施工特点，按结构形式确定施工方案及施工方法	熟悉

（续）

实践单元			知识与技能点		
序号	描述		序号	描述	要求
7	铁道工程方向课程设计	施工组织课程设计（1周）	2	根据轨道或路基结构形式确定工艺流程和技术措施，编制资源需要量计划	掌握
			3	施工进度计划表、施工准备工作计划	掌握
			4	安全生产、质量工期保证措施和文明施工达标措施	掌握
			5	设计并绘制施工现场总平面图布置图	掌握
8		工程概预算（1周）	1	按照相应"工程计价表"中的计算规则进行详细的工程量计算	掌握
			2	按照相应"工程计价表"中的相应价格编制各分部分项工程的预算书	掌握
			3	按照相应地区的工程量清单计价程序和取费标准进行工程造价汇总	掌握

注：各学校可根据土木工程专业课程设置情况对课程设计内容作适当的调整。

1.4 课程设计的成绩评定

一般课程设计成绩由以下四部分组成：①计算书（权重50%）；②图纸（权重30%）；③答辩（权重10%）；④完成情况（权重10%），具体见表1-3。

表1-3 课程设计的成绩评定

项目	权重	分值	评分标准	评分
计算书（X1）	50%	90～100	结构计算的基本原理、方法、计算简图完全正确 导荷载概念、思路清楚，运算正确 计算书内容完整、系统性强、书写工整、图文并茂	
		80～89	结构计算的基本原理、方法、计算简图正确 导荷载概念、思路基本清楚，运算无误 计算书内容完整、计算书有系统性、书写清楚	
		70～79	结构计算的基本原理、方法、计算简图正确 导荷载概念、思路清楚，运算正确 计算书内容完整、系统性强、书写工整	
		60～69	结构计算的基本原理、方法、计算简图基本正确 导荷载概念、思路不够清楚，运算有错误 计算书无系统性、书写潦草	
		60以下	结构计算的基本原理、方法、计算简图不正确 导荷载概念、思路不清楚，运算错误多 计算书内容不完整、书写不认真	
图纸（X2）	30%	90～100	正确表达设计意图 图例、符号、线条、字体、习惯做法完全符合制图标准 图面布局合理，图纸无错误	
		80～89	正确表达设计意图 图例、符号、线条、字体、习惯做法完全符合制图标准 图面布局合理，图纸有小错误	
		70～79	尚能表达设计意图 图例、符号、线条、字体、习惯做法基本符合制图标准 图面布局一般，有抄图现象，图纸有小错误	
		60～69	能表达设计意图 图例、符号、线条、字体、习惯做法基本符合制图标准 图面布局不合理，有抄图不求甚解现象，图纸有小错误	

（续）

项目	权重	分值	评分标准	评分
图纸 （X2）	30%	60 以下	不能表达设计意图 图例、符号、线条、字体、习惯做法不符合制图标准 图面布局不合理、有抄图不求甚解现象，图纸错误多	
答辩 （X3）	10%	90～100	回答问题正确，概念清楚，综合表达能力强	
		80～89	回答问题正确，概念基本清楚，综合表达能力较强	
		70～79	回答问题基本正确，概念基本清楚，综合表达能力一般	
		60～69	回答问题错误较多，概念基本清楚，综合表达能力较差	
		60 以下	回答问题完全错误，概念不清楚	
完成 情况 （X4）	10%	90～100	能熟练地综合运用所学的知识，独立全面出色完成设计任务	
		80～89	能综合运用所学的知识，独立完成设计任务	
		70～79	能运用所学的知识，按期完成设计任务	
		60～69	能在教师的帮助下运用所学的知识，按期完成设计任务	
		60 以下	不能按期完成设计任务	
总分（X）		X = 0.5X1 + 0.3X2 + 0.1X3 + 0.1X4		

课程设计成绩采用优秀、良好、中等、及格和不及格五级制，五级制等级与百分制的对应关系见表 1-4。

表 1-4　五级制等级与百分制的对应关系

百分制分值	90～100	80～89	70～79	60～69	60 分以下
五级制等级	优秀	良好	中等	及格	不及格

1.5　课程设计教学质量的评估指标体系

1. 课程设计教学质量评价的特点

构建科学、合理的本科课程设计教学质量评价体系，准确地评价本科课程设计教学质量是准确地评价本科人才培养质量的基础性工作之一。本科课程设计工作涉及面广，从工作层面来看，涉及学校、学院、系（教研室）、教师、学生五个不同层次的工作；从工作性质来看，涉及教学管理部门、教师、学生三个不同主体的工作。因此，课程设计教学质量的评价应体现层次性、多元性和综合性。

2. 课程设计教学质量评价的体系

根据课程设计教学质量评价的层次性、多元性、综合性等特点，对不同工作层次和不同工作对象进行分层次、分对象的评价，形成层次化、多元化的评价体系。建议从制度建设、组织管理、设计成果、学生情况、指导教师、教学条件六个方面对本科课程设计教学质量进行综合评价，形成综合性评价体系。具体评估指标体系见表 1-5。

表 1-5　课程设计教学质量评价指标体系

序号	一级指标		二级指标		评价内容
	内容	权重	内容	权重	
1	制度建设	0.1	制度建设	0.3	学校是否制定关于课程设计工作管理文件
				0.3	学院是否制定课程设计工作的具体实施计划或工作方案
				0.4	学院或系（教研室）是否制定符合本科教学要求的课程设计质量标准

(续)

序号	一级指标		二级指标		评价内容
	内容	权重	内容	权重	
2	组织管理	0.1	常规管理	0.6	学校、学院、系（教研室）对课程设计工作过程的管理
			教学资料	0.4	学生设计成果归档
3	设计成果	0.4	选题	0.1	选题是否紧扣专业的培养目标
			实际动手能力	0.1	设计能力：具有一定的工程技术实际问题的分析能力、设计能力
				0.1	计算能力：掌握计算方法的熟练程度以及计算结果的正确性
			综合应用知识能力	0.2	学生综合运用基本理论与基本技能的熟练程度，表述概念是否清楚、正确
			规范要求方面	0.3	图纸质量：绘图、字体规范标准，符合国家标准
				0.2	计算书质量：内容完整、概念清楚，条理分明，书写工整
4	学生情况	0.15	独立工作能力	0.4	按进度要求独立完成设计任务
			教师评学	0.6	学生纪律表现、工作态度、学风等（由教师评价）
5	指导教师	0.15	任务书质量	0.2	任务书内容完整、科学、合理
			进度计划及执行	0.2	进度计划合理，执行情况好
			学生评教	0.4	教师工作态度、方法、效果等（由学生评价）
			指导教师资格和指导人数	0.2	符合学校有关指导教师资格和指导人数的规定
6	教学条件	0.1	教学经费	0.2	课程设计经费，且满足要求
			图书资料	0.6	能满足课程设计需要资料（规范、规程、标准、手册及工具书等）的要求
			教学场地	0.2	固定的设计教室、设计所需的制图工具

3. 课程设计评价的主要内容

（1）课程设计管理工作质量评价 课程设计管理工作质量包括学校、学院、系（教研室）在不同层面对课程设计工作的过程管理，以及指导教师对学生的具体指导工作，因此对课程设计管理工作质量的评价既是对学校、学院、系（教研室）工作的评价，又是对教师指导工作的评价。

在学校、学院、系（教研室）对课程设计工作的管理方面主要评价制度建设、教学条件、过程管理等对课程设计工作的作用。制度建设主要看学校是否制定了有关课程设计工作的管理文件，学院是否制定了课程设计工作的具体实施计划或工作方案，学院或系（教研室）是否制定了符合本科教学要求的课程设计质量标准。教学条件是指课程设计工作在培养计划中的学时安排、经费支出、场地条件、图书资料等对于学生完成课程设计教学环节的支撑。过程管理主要评价从课程设计开始到课程设计答辩工作结束的整个过程中，学校、学院、系（教研室）对课程设计工作的常规管理，以及学生完成课程设计成果的归档管理。

对指导教师工作的评价，则侧重于课程设计任务书质量，计划进度和执行情况，评分的客观性、公正性，指导工作的到位情况，以及教师工作态度、方法、效果等，由学生评价的情况等。另外，指导教师的资格和指导学生的人数也作为评价的因素。

（2）课程设计成果质量评价 对课程设计成果的评价主要应对学生选题、动手能力、综合应用基本知识与基本技能能力以及规范要求的评价。选题的正确性主要反映在题目是否紧扣专业的培养目标。在学生实际动手能力的评价中，主要考虑学生的计算能力和制图能力。在综合应用基本理论与基本技能的能力评价中主要考虑学生综合运用基本理论与基本技能的熟练程度，表述概念是否清楚、正确。在规范要求方面主要评价图纸是否符合国家现行的标准，计算书内容是否完整等。

　　另外，对学生工作的评价主要对学生独立工作能力、学生纪律表现、工作态度、学风等，由教师作出评价。

第2章　浅埋式闭合框架结构设计

【知识与技能点】

1. 掌握浅埋式钢筋混凝土闭合框架结构布置原则和构件截面尺寸估选。
2. 掌握浅埋式钢筋混凝土闭合框架结构的设计计算方法和构造要求。
3. 掌握地下建筑结构施工图的绘制方法。

2.1　设计解析

土木工程专业各方向均设置"混凝土结构构件课程设计"（1周），相对应"混凝土结构设计原理"课程。其中，建筑工程方向为梁、板结构设计，道路和桥梁工程方向为钢筋混凝土板式桥结构设计或钢筋混凝土梁式桥结构设计，地下工程方向为地下建筑结构设计。各高校可根据各校土木工程专业不同的课程群设置不同的地下建筑工程课程设计任务，可以选择浅埋式闭合框架结构设计、盾构法隧道管片设计等。本章解析浅埋式钢筋混凝土闭合框架结构设计计算方法，并相应给出一个完整的设计实例。盾构法隧道管片设计解析和实例将在本书第3章中予以讲述。

浅埋式结构是指其覆盖土层较薄，不满足压力拱成拱条件（覆土层厚度 $H_\pm < (2 \sim 2.5)h_1$，h_1 为压力拱高）或软土底层中覆盖厚度小于结构尺寸的地下结构。浅埋式结构大体可分为直墙拱形结构、矩形框架结构和梁板式结构，或者这些形式的组合结构。

当结构跨度较小时（一般小于6m），可采用单跨矩形闭合框架（图 2-1a）；当结构跨度较大（大于6m），或由于使用和工艺的要求，结构可设计成单跨或多跨的，如图 2-1b 所示为双跨矩形闭合框架。

弹性地基框架结构的设计计算包括计算简图、内力计算、截面设计、构造要求等内容。

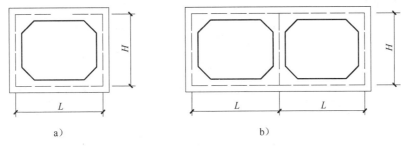

图 2-1　矩形闭合框架

a）单跨　b）双跨

2.1.1　弹性地基梁基本理论

如图 2-2 所示，局部弹性地基上的长为 l、宽度 $b = 1\text{m}$ 的等截面直梁，在外荷载 $q(x)$ 及 P 作用下，梁和地基的沉陷为 $y(x)$，梁与地基之间的反力为 $\sigma(x)$。选取坐标系 xOy，外荷载、地基反力、梁截面内力及变形正负号规定如图 2-2 所示。

弹性地基梁的挠曲微分方程为

$$EI \frac{\mathrm{d}^4 y(x)}{\mathrm{d}x^4} + ky(x) = q(x) \tag{2-1}$$

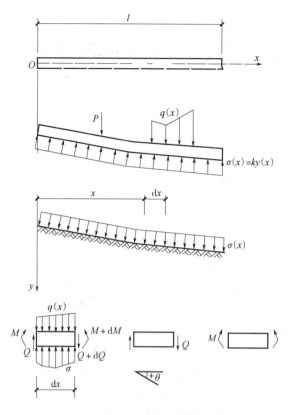

图 2-2　弹性地基梁的微元分析

式中　k——地基的弹性压缩系数（kN/m^3）。

弹性地基梁挠曲微分方程对应齐次方程为

$$EI\frac{d^4y(x)}{dx^4} + ky(x) = 0 \tag{2-2}$$

齐次微分方程的通解为

$$y(x) = e^{\alpha x}(A_1\cos\alpha x + A_2\sin\alpha x) + e^{-\alpha x}(A_3\cos\alpha x + A_4\sin\alpha x) \tag{2-3}$$

令 $A_1 = \frac{1}{2}(B_1 + B_3)$、$A_2 = \frac{1}{2}(B_2 + B_4)$、$A_3 = \frac{1}{2}(B_1 - B_3)$、$A_4 = \frac{1}{2}(B_2 - B_4)$ 代入式（2-3）可得

$$y(x) = B_1\text{ch}\alpha x\cos\alpha x + B_2\text{ch}\alpha x\sin\alpha x + B_3\text{sh}\alpha x\cos\alpha x + B_4\text{sh}\alpha x\sin\alpha x \tag{2-4a}$$

根据 $\theta(x)$、$M(x)$、$Q(x)$ 与 $y(x)$ 之间关系可得

$$\theta(x) = \frac{dy(x)}{dx} = \alpha[-B_1(\text{ch}\alpha x\sin\alpha x - \text{sh}\alpha x\cos\alpha x) + B_2(\text{ch}\alpha x\cos\alpha x + \text{sh}\alpha x\sin\alpha x) +$$

$$B_3(-\text{sh}\alpha x\sin\alpha x + \text{ch}\alpha x\cos\alpha x) + B_4(\text{sh}\alpha x\cos\alpha x + \text{ch}\alpha x\sin\alpha x)] \tag{2-4b}$$

$$M(x) = -EI\frac{d^2y(x)}{dx^2} = 2EI\alpha^2[B_1\text{sh}\alpha x\sin\alpha x - B_2\text{sh}\alpha x\cos\alpha x + B_3\text{ch}\alpha x\sin\alpha x - B_4\text{ch}\alpha x\cos\alpha x] \tag{2-4c}$$

$$Q(x) = -EI\frac{d^3y(x)}{dx^3} = 2EI\alpha^3[B_1(\text{ch}\alpha x\sin\alpha x + \text{sh}\alpha x\cos\alpha x) - B_2(\text{ch}\alpha x\cos\alpha x - \text{sh}\alpha x\sin\alpha x) +$$

$$B_3(\text{ch}\alpha x\cos\alpha x + \text{sh}\alpha x\sin\alpha x) + B_4(\text{ch}\alpha x\sin\alpha x - \text{sh}\alpha x\cos\alpha x)] \tag{2-4d}$$

式中　B_1、B_2、B_3、B_4——待定积分常数，可用初始截面（$x=0$）初参数（y_0、θ_0、M_0、Q_0）表示。

弹性地基梁左端（$x=0$）的边界条件为

$$y(x)|_{x=0} = y_0$$

$$\theta(x)|_{x=0} = \theta_0$$

$$M(x)\big|_{x=0} = M_0 \tag{2-5}$$
$$Q(x)\big|_{x=0} = Q_0$$

将式（2-5）代入式（2-4）可得

$$B_1 = y_0$$
$$B_2 = \frac{1}{2}\left(\frac{\theta_0}{\alpha} - \frac{Q_0}{2EI\alpha^3}\right)$$
$$B_3 = \frac{1}{2}\left(\frac{\theta_0}{\alpha} + \frac{Q_0}{2EI\alpha^3}\right) \tag{2-6}$$
$$B_4 = -\frac{M_0}{2EI\alpha^2}$$

将式（2-6）代入式（2-4），并注意 $\alpha = \sqrt[4]{\dfrac{kb}{4EI}}$，则有

$$y(x) = y_0\varphi_1 + \theta_0\frac{1}{2\alpha}\varphi_2 - M_0\frac{2\alpha^2}{kb}\varphi_3 - Q_0\frac{\alpha}{kb}\varphi_4$$

$$\theta(x) = -y_0\alpha\varphi_4 + \theta_0\varphi_1 - M_0\frac{2\alpha^3}{kb}\varphi_2 - Q_0\frac{2\alpha^2}{kb}\varphi_3$$

$$M(x) = y_0\frac{kb}{2\alpha^2}\varphi_3 + \theta_0\frac{kb}{4\alpha^3}\varphi_4 + M_0\varphi_1 + Q_0\frac{1}{2\alpha}\varphi_2 \tag{2-7}$$

$$Q(x) = y_0\frac{kb}{2\alpha}\varphi_2 + \theta_0\frac{kb}{2\alpha^2}\varphi_3 - M_0\alpha\varphi_4 + Q_0\varphi_1$$

其中　　$\varphi_1 = \mathrm{ch}\alpha x\cos\alpha x$

　　　　　$\varphi_2 = \mathrm{ch}\alpha x\sin\alpha x + \mathrm{sh}\alpha x\cos\alpha x$

　　　　　$\varphi_3 = \mathrm{sh}\alpha x\sin\alpha x$

　　　　　$\varphi_4 = \mathrm{ch}\alpha x\sin\alpha x - \mathrm{sh}\alpha x\cos\alpha x$

φ_1、φ_2、φ_3、φ_4 称为双曲线三角函数，它们之间存在如下微分关系

$$\frac{\mathrm{d}\varphi_1}{\mathrm{d}\alpha} = -\alpha\varphi_4$$

$$\frac{\mathrm{d}\varphi_2}{\mathrm{d}\alpha} = 2\alpha\varphi_1$$

$$\frac{\mathrm{d}\varphi_3}{\mathrm{d}\alpha} = \alpha\varphi_2$$

$$\frac{\mathrm{d}\varphi_4}{\mathrm{d}\alpha} = 2\alpha\varphi_3$$

式（2-7）即为用初参数表示的齐次微分方程的解，式中每一项系数都具有明确的物理意义，例如式（2-7）的第一式中，φ_1 表示当原点有单位挠度（其他三个初参数均为零）时梁的挠度方程，$\varphi_2/2\alpha$ 表示原点有单位转角时梁的挠度方程等。在四个待定参数 y_0、θ_0、M_0、Q_0 中有两个参数可由原点端的两个边界条件直接求出，另外两个待定参数由另一端的边界条件来确定。表 2-1 给出了两端自由弹性地基梁的梁端参数值。

表 2-1　两端自由弹性地基梁的梁端参数值

弹性地基梁	已知初参数	A 端边界条件	待求初参数
	$M_0 = 0$ $Q_0 = 0$	$M_A = 0$ $Q_A = 0$	θ_0、y_0

（续）

弹性地基梁	已知初参数	A端边界条件	待求初参数
	$M_0 = -m$ $Q_0 = -P_1$	$M_A = 0$ $Q_A = P_2$	θ_0、y_0

2.1.2　荷载计算

地下结构所受荷载包括恒载（如结构自重、覆土压力、地下水压力等）、活载（如人群、车辆、设备等）、偶然作用（特殊荷载、车辆爆炸荷载、地震作用等），见表 2-2。

表 2-2　荷载类型

序号	荷载类型	荷载类别	备注
1	土压力、结构自重	恒载	
2	地面超载	活载	
3	特殊荷载	偶然作用	指常规武器作用或核武器爆炸形成的荷载
4	车辆爆炸荷载	偶然作用	
5	地震作用	偶然作用	地震区考虑

（一）顶板荷载

作用于顶板上的荷载包括顶板以上覆土压力、水压力、顶板自重、地面超载以及特殊荷载。

1. 覆土压力

浅埋式结构不考虑压力拱的作用，顶板覆土压力 $q_{\pm}$（kN/m²）可按式（2-8）计算

$$q_{\pm} = \sum \gamma_i h_i \tag{2-8}$$

式中　γ_i——第 i 层土壤（或路面材料）的重度（kN/m³），位于地下水位土壤的容重要采用浮容重，即浮容重 $\gamma_i' = \gamma_i - 10\text{kN/m}^3$；

　　　h_i——第 i 层土壤（或路面材料）的厚度（m）。

2. 水压力

顶板水压力 $q_{水}$（kN/m²）可按式（2-9）计算

$$q_{水} = \gamma_w h_w \tag{2-9}$$

式中　γ_w——水重度（kN/m³），取 $\gamma_w = 10\text{kN/m}^3$；

　　　h_w——地下水面至顶板表面的距离（m）。

3. 顶板自重

顶板自重 $q_{自重}$（kN/m²）按式（2-10）计算

$$q_{自重} = \gamma d \tag{2-10}$$

式中　γ——顶板材料的重度（kN/m³）；

　　　d——顶板的厚度（m）。

4. 特殊荷载 $q_{顶}^t$

特殊荷载大小按不同防护等级，按《人民防空地下室设计规范》（GB 50038—2005）中有关规定采用。

5. 地面超载 $q_{超载}$

作用于顶板上的竖向荷载 $q_{顶板}$ 为

$$q_{顶板} = q_土 + q_水 + q_{自重} + q^t_顶 + q_{超载}$$

$$q_{顶板} = \sum \gamma_i h_i + \gamma_w h_w + \gamma d + q^t_顶 + q_{超载} \tag{2-11}$$

（二）底板上荷载

作用于底板上的荷载可假定为均匀分布，按下式计算

$$q_{底板} = q_{顶板} + \frac{\sum P}{L} + q^t_顶 \tag{2-12}$$

式中　$\sum P$——结构顶板以下、底板以上的两边墙及中间柱等的重力；

　　　　L——结构横断面的宽度（m），见图 2-3；

　　　　$q^t_顶$——底板上所受的特殊荷载。

（三）侧墙上的荷载

侧墙上所受的荷载有土层的侧压力、水压力及特殊荷载。

1. 上层侧压力

$$e = \left(\sum_i \gamma_i h_i \right) \tan^2 \left(45° - \frac{\varphi}{2} \right) \tag{2-13}$$

式中　φ——结构埋置处土层的内摩擦角（°）。

当结构上层处于地下水中时，式（2-13）中 γ_i 要采用浮容重。

2. 侧向水压力

$$e_w = \psi \gamma_w h \tag{2-14}$$

式中　ψ——折减系数，其值依土壤的透水性来确定，对于砂土 $\psi = 1.0$，对于黏土 $\psi = 0.7$；

　　　　h——从地下水表面至考察点的距离（m）。

作用于侧墙上的荷载为

$$q_侧 = e + e_w + q^t_顶 \tag{2-15}$$

式中　$q^t_顶$——作用于侧墙上的特殊荷载。

作用于弹性地基框架上的荷载如图 2-3 所示。除上述的荷载外，由于温度变化、沉陷不均匀、材料收缩等因素也会使结构产生内力，考虑到其精确计算很困难，通常只在构造上采取适当措施，如增配一些构造钢筋、设置变形缝（伸缩缝和沉降缝）等。处于地震区的地下结构，还可能受到地震的作用。

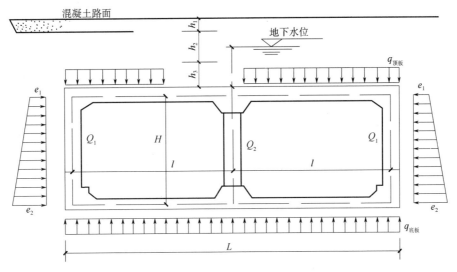

图 2-3　弹性地基框架上的荷载

2.1.3　内力计算

（一）计算简图

内力计算基本假定：

（1）当不考虑结构纵向不均匀变形时，结构可视为平面变形问题，计算时可沿纵向截取单位长度（1m）的截条当作闭合框架来计算。

（2）不考虑支托（腋角）对构件的影响，认为杆件为等截面。

（3）中间隔墙的刚度相对较小，当侧力不大时，将中间隔墙看作只承受轴力的二力杆。

根据上述基本假定，图 2-4a 所示的两孔闭合框架计算简图可用图 2-4b 替代。

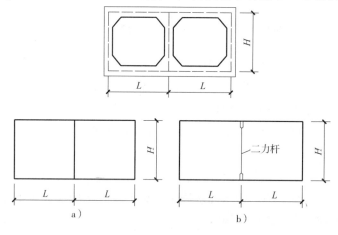

图 2-4　计算简图

a）计算简图　b）计算替代模型

（二）内力计算方法

1. 弹性地基框架内力计算方法——力法

根据以往经验或近似计算方法设定各杆件的截面尺寸后，进行超静定结构的内力计算。静载作用下浅埋式闭合框架结构一般可按弹性地基上闭合框架进行内力计算。计算时沿纵向取一单位宽度（$b = 1m$）作为计算单元，对地基也截取相同的单位宽度并把它看作一个弹性半无限平面。

框架的内力分析可采用图 2-5a 所示的计算简图，与一般平面框架的区别在于底板承受未知的地基弹性反力，内力计算相对较为复杂。

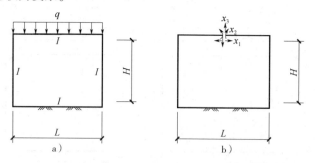

图 2-5　计算简图及基本体系

a）计算简图　b）基本体系

弹性地基上闭合框架的内力计算可采用结构力学中的力法，只是需要将底板按弹性地基梁来考虑。取图 2-5a 的基本体系（图 2-5b），在横梁中央切开，未知力 x_1、x_2 和 x_3，力法典型的方程为

$$\delta_{11}x_1 + \delta_{12}x_2 + \delta_{13}x_3 + \Delta_{1p} = 0$$

$$\delta_{21}x_1 + \delta_{22}x_2 + \delta_{23}x_3 + \Delta_{2p} = 0 \tag{2-16}$$

$$\delta_{31}x_1 + \delta_{32}x_2 + \delta_{33}x_3 + \Delta_{3p} = 0$$

系数 δ_{ij} 是指在未知力 $x_i = 1$ 作用下，沿 x_j 方向的变位值；Δ_{ip} 是指外荷载作用下沿 x_i 方向的变位值，可按下式计算

$$\delta_{ij} = \delta'_{ij} + b_{ij} = \sum \int \frac{M_i M_j}{EJ} \mathrm{d}s + b_{ij} \tag{2-17a}$$

$$\Delta_{ip} = \Delta'_{ip} + b_{ip} = \sum \int \frac{M_i M_p}{EJ} \mathrm{d}s + b_{ip} \tag{2-17b}$$

式中　　　δ'_{ij}——框架基本结构在单位力 $x_i = 1$ 作用下产生的 x_j 方向的位移（不包括底板）；

b_{ij}——底板按弹性地基梁在单位力 x_i 作用下计算出的切口处 x_j 方向的位移；

Δ'_{ip}——框架基本结构在外荷载 q 作用下产生的位移（不包括底板）；

b_{ip}——底板按弹性地基梁在外荷载 q 作用下计算出的切口处 x_i 方向的位移；

M_i、M_j、M_p——框架基本结构在未知量 $x_i = 1$、$x_j = 1$ 以及外荷载 q 作用下的弯矩。

将所求得的系数及自由项代入典型方程，即可求得未知力 x_i，并进而计算闭合框架结构的内力（弯矩 M、剪力 V、轴力 N）值。

根据计算简图求解超静定结构时，可直接求得节点处的内力（即构件轴线相交处的内力），然后利用平衡条件求得任意截面处的内力。截面的计算弯矩 M 可采用叠加法按式（2-18）计算

$$M = M_1 x_1 + M_2 x_2 + M_p \tag{2-18}$$

2. 弹性地基框架的内力分析方法——力法或位移法

弹性地基框架的内力分析可将超静定的上部刚架与底板作为基本结构，将上部刚架与底板分开计算，再按照切口处反力相等（图2-6b）或变形协调（图2-6c），用位移法或力法解出切口处的未知位移或未知力，然后计算上部刚架和底板的内力。

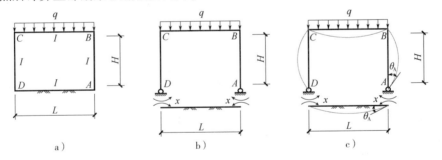

图 2-6　计算简图及基本结构
a) 计算简图　b) 基本结构　c) 变形协调

对图 2-7a 所示弹性地基闭合框架，取基本结构（图2-7b），因结构及荷载对称，可取未知力 x，其典型方程为

$$\delta_{11}x + \Delta_{1p} = 0 \tag{2-19}$$

（1）系数 Δ_{1p}

对上部刚架 A 点角变值，有

$$\theta'_{Ap} = \frac{M^F_{BA} + M^F_{BC} - \left(2 + \dfrac{k_2}{k_1}\right)M^F_{BA}}{6Ek_1 + 4Ek_2} \tag{2-20}$$

式中　k_1、k_2——上部刚架柱、梁的线惯性矩，$k_1 = I/H$、$k_2 = I/L$。

这里，固端弯矩以顺时针为正，$M^F_{AB} = M^F_{BA} = 0$，$M^F_{BC} = \dfrac{1}{12}qL^2$。

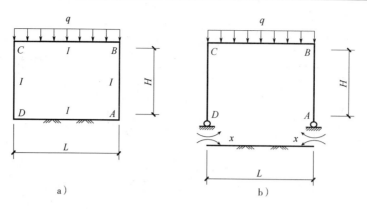

图 2-7　计算简图及基本结构

a）计算简图　b）基本结构

如图 2-8 所示，在两个对称反力 P 作用下弹性地基梁，引起 A 点的角变值为

$$\theta''_{\text{Ap}} = \bar{\theta}_{\text{Ap}} \frac{Pl^2}{EI} \tag{2-21}$$

式中　P——作用于梁上两个对称集中力值；

$\bar{\theta}_{\text{Ap}}$——两个对称集中力作用下，弹性地基梁的角变计算系数，查相关表确定。

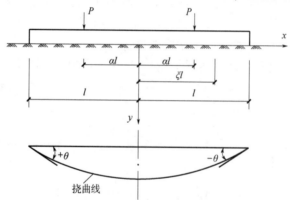

图 2-8　两对称集中力作用下弹性地基梁

对于底板，首先按式（2-22）计算弹性地基梁的柔度指标 t，查在单位力 $P = 1\text{kN}$ 时，在 $\alpha = 1$、$\xi = 1$ 处（A 点）角变值系数 $\bar{\theta}_{\text{Ap}}$。

$$t \approx 10 \frac{E_0(1 - v^2)}{E(1 - v_0^2)} \left(\frac{l}{h} \right)^3 \tag{2-22}$$

将式（2-20）和式（2-21）叠加可得，$\Delta_{1p} = \theta'_{\text{Ap}} + \theta''_{\text{Ap}}$

（2）系数 δ_{11}　对上部刚架 A 点角变值 θ'_{A1}：

$$\theta'_{\text{A1}} = \frac{M_{\text{BA}} + M_{\text{BC}} - \left(2 + \dfrac{k_2}{k_1} \right) M_{\text{BA}}}{6Ek_1 + 4Ek_2} \tag{2-23}$$

式中　k_1、k_2——上部刚架柱、梁的线惯性矩，$k_1 = I/H$、$k_2 = I/L$。

这里，固端弯矩 $M_{\text{AB}} = -1$，$M_{\text{BA}} = 0$，$M_{\text{BC}} = 0$。

如图 2-9 所示，在两个对称弯矩 m 作用下弹性地基梁，引起 A 点的角变值为

$$\theta''_{\text{A1}} = \bar{\theta}_{\text{Am}} \frac{ml}{EI} \tag{2-24}$$

式中　m——作用于梁上两个对称弯矩值；

$\overline{\theta}_{Am}$——两个对称弯矩作用下，弹性地基梁的角变计算系数，查相关表确定。

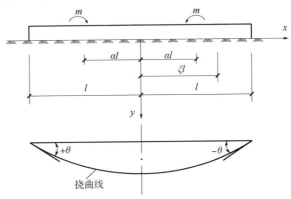

图 2-9　两个对称弯矩作用下弹性地基梁

对于底板，首先计算弹性地基梁的柔度指标 t，查单位弯矩 $m = 1\mathrm{kN} \cdot \mathrm{m}$ 作用下，在 $\alpha = 1$、$\xi = 1$ 处（A 点）角变值系数 $\overline{\theta}_{Am}$。

将式（2-23）和式（2-24）叠加可得，$\delta_{11} = \theta'_{A1} + \theta''_{A1}$

（3）未知力 x　由式（2-19）可得，未知力 $x = -\Delta_{1p}/\delta_{11}$。

这样可根据结构力学方法计算二铰刚架的弯矩，同时根据 A 点及 D 点处的反力和弯矩计算底板弯矩。

3. 弹性地基框架内力计算方法——链杆法

链杆法求解弹性地基框架内力的基本思路：将与地基接触的底板用有限个刚性链杆（或弹簧）替代，每个刚性链杆的作用力，代表一段接触面积上地基反力的合力，只要求出各个刚性链杆（弹簧）的内力，即可求得地基反力以及底板的弯矩和剪力。

将未知反力分段代入刚性链杆（或弹簧单元），用混合法（或力法）求解。切断刚性链杆（或弹簧单元）并以未知力及变位作为未知数，而上部刚架仍可采用力法或位移法分析。将上述未知力代入典型方程中，可解出框架内力。

图 2-10a 所示弹性地基框架，将框架横梁在中部切开，代以未知力 x_4 和 x_5（因为结构对称，荷载对称，切开处剪力等于零）。在底板与地基之间设置刚性链杆（或弹簧单元），设置 8 个刚性链杆（或弹簧单元），切开刚性链杆采用未知力 x_0、x_1、x_2 和 x_3 表示。采用悬臂刚架的基本结构，固定底板的中点，基本结构如图 2-10b 所示。

这样典型的方程为

$$
\begin{aligned}
&\delta_{00}x_0 + \delta_{01}x_1 + \delta_{02}x_2 + \delta_{03}x_3 + \delta_{04}x_4 + \delta_{05}x_5 - y_0 + \Delta_{0p} = 0 \\
&\delta_{10}x_0 + \delta_{11}x_1 + \delta_{12}x_2 + \delta_{13}x_3 + \delta_{14}x_4 + \delta_{15}x_5 - y_0 + \Delta_{1p} = 0 \\
&\delta_{20}x_0 + \delta_{21}x_1 + \delta_{22}x_2 + \delta_{23}x_3 + \delta_{24}x_4 + \delta_{25}x_5 - y_0 + \Delta_{2p} = 0 \\
&\delta_{30}x_0 + \delta_{31}x_1 + \delta_{32}x_2 + \delta_{33}x_3 + \delta_{34}x_4 + \delta_{35}x_5 - y_0 + \Delta_{3p} = 0 \\
&\delta_{40}x_0 + \delta_{41}x_1 + \delta_{42}x_2 + \delta_{43}x_3 + \delta_{44}x_4 + \delta_{45}x_5 - y_0 + \Delta_{4p} = 0 \\
&\delta_{50}x_0 + \delta_{51}x_1 + \delta_{52}x_2 + \delta_{53}x_3 + \delta_{54}x_4 + \delta_{55}x_5 - y_0 + \Delta_{5p} = 0 \\
&\qquad\qquad -x_0 - x_1 - x_2 - x_3 + \frac{\Delta P}{2} = 0
\end{aligned}
$$

（2-25）

在式（2-25）中，有些系数为零，在框架切口处，未知力 x_0 不会使切口 x_4 和 x_5 产生相对变位，故 $\delta_{04} = \delta_{40} = 0$，$\delta_{05} = \delta_{50} = 0$；外荷载在 x_0 方向产生的位移为零，即 $\Delta_{0p} = 0$；框架切口处沿 x_4 和 x_5 方向的相对变位也与基本结构产生的沉陷 y 是无关的，故相应的方程中 $y_0 = 0$。

采用链杆法弹性地基梁的方法计算 x_0、x_1、x_2 和 x_3 等单位力作用下沿 x_0、x_1、x_2 和 x_3 方向的变位，变位 δ_{ki} 包括梁和地基两部分，即

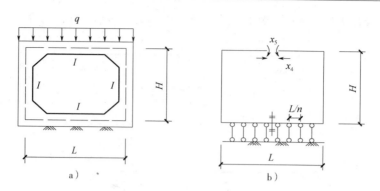

图 2-10　计算简图及基本结构

a) 计算简图　　b) 基本结构

$$\delta_{ki} = y_{ki} + v_{ki} \tag{2-26}$$

式中　y_{ki}——地基的沉陷；

　　　v_{ki}——梁的挠度。

（1）地基的沉陷 y_{ki}　由于刚性链杆的反力是按等间距分布的，可将各链杆点的相对沉陷值推导出与 x/c 有关的计算式（其中 x 为力作用点到沉陷计算点的距离，c 为链杆间距）得

$$y_{ki} = \frac{1}{E_0 \pi}(F_{ki} + C_i) \tag{2-27}$$

式中　F_{ki}——与 x/c 有关的系数，按表 2-3 确定；

　　　C_i——积分常数，其值与所选参考点至力作用点的距离有关，当参考点选择足够远时，计算各点沉陷时可将其当作常数。

表 2-3　系数 F_{ki}

x/c	F_{ki}	x/c	F_{ki}	x/c	F_{ki}	x/c	F_{ki}
0	0	6	−6.967	12	−8.356	18	−9.167
1	−3.296	7	−7.276	13	−8.516	19	−9.275
2	−4.751	8	−7.544	14	−8.664	20	−9.378
3	−5.574	9	−7.780	15	−8.802		
4	−6.154	10	−7.991	16	−8.931		
5	−6.602	11	−8.181	17	−9.052		

（2）悬臂梁的挠度 v_{ki}　悬臂梁的挠度 v_{ki} 可采用下列求变位的公式

$$v_{ki} = \int \frac{\overline{m}_k \overline{m}_i}{EI} dx \tag{2-28}$$

根据图 2-11 和式（2-28）可得

$$v_{ki} = \frac{c^3}{6EI}\left(\frac{a_i}{c}\right)^2\left(3\frac{a_k}{c} - \frac{a_i}{c}\right)$$

令

$$\omega_{ki} = \left(\frac{a_i}{c}\right)^2\left(3\frac{a_k}{c} - \frac{a_i}{c}\right)$$

则

$$v_{ki} = \frac{c^3}{6EI}\omega_{ki} \tag{2-29}$$

式中　a_i——x_i 点至固定截面之间的距离；

　　　a_k——x_k 点至固定截面之间的距离。

ω_{ki} 仅与 $\dfrac{a_i}{c}$ 及 $\dfrac{a_k}{c}$ 有关，可以制成计算用表（表 2-4）。

图 2-11　悬臂梁挠度计算

表 2-4　悬臂梁变位系数 ω_{ki}

a_k/c	a_i/c									
	1	2	3	4	5	6	7	8	9	10
1	2	5	8	11	14	17	20	23	26	29
2	4	16	28	40	52	64	76	88	100	112
3	8	28	54	81	108	135	162	189	216	243
4	11	40	81	128	176	224	272	320	368	416
5	14	52	108	176	250	325	400	475	550	625
6	17	64	135	224	325	432	540	648	756	864
7	20	76	162	272	400	540	686	833	980	1127
8	23	88	189	320	475	648	833	1024	1216	1408
9	26	100	216	368	550	756	980	1216	1458	1701
10	29	112	243	416	625	864	1127	1408	1701	2000

将 y_{ki}、v_{ki} 代入式（2-26）可得

$$\delta_{ki} = \frac{1}{E_0\pi}(F_{ki} + C_i) + \frac{c^3}{6EI}\omega_{ki} = \frac{1}{E_0\pi}F_{ki} + \frac{c^3}{6EI}\omega_{ki} + \frac{1}{E_0\pi}C_i$$

由于对半无限平面所求得的沉陷值为对某一定点的相对沉陷值，积分常数项对所求反力的大小没有影响，上式可变换为

$$\delta_{ki} = \frac{1}{E_0\pi}F_{ki} + \frac{c^3}{6EI}\omega_{ki}$$

若将系数 δ_{ki} 每一项都乘以 $E_0\pi$ 并不影响结果，则将系数的计算式简化为

$$\delta_{ki} = F_{ki} + \frac{E_0\pi c^3}{6EI}\omega_{ki} = F_{ki} + \alpha\omega_{ki} \tag{2-30}$$

式中　α——与底板和地基刚度有关的常数，$\alpha = \dfrac{E_0\pi c^3}{6EI}$。$F_{ki}$ 和 ω_{ki} 值可根据 x/c、a_i/c、a_k/c 值由表 2-3 或表 2-4 确定。

需要注意：在计算地基的沉陷时，要考虑到左右两侧一对 x_k 力对点 x_i 产生的影响。而计算底板的变位时，由于选用中央固定的悬臂刚架为基本结构，左边的反力 x_k 对右边的 x_i 点将不产生影响，如图 2-12 所示。

当计算刚性链杆处单位力 x_0、x_1、x_2 和 x_3 作用下沿框架切口处 x_4 和 x_5 方向变位时，可按刚架求变位公式计算。当为等截面直杆时，可采用图乘法。需要注意，在采用上述系数表计算中，由于在建立典型方程时，刚性链杆未知力产生的位移值，都曾乘以 $E_0\pi$ [若为平面变形情形为 $E_0\pi/(1-v_0^2)$]，因此计算 δ_{ki}、δ_{15}、$\cdots$、δ_{55} 等系数时，也应乘以相同的数值。

同样，可按相同方法求得自由项的数值。当各系数求出后，代入典型方程即可得出框架内力（弯矩 M、剪力 V、轴力 N）。

（三）内力计算

1. 设计弯矩 M_i

由于闭合框架节点处设置托板（腋角），实际不利截面在墙的边缘处。根据隔离体平衡条件（图 2-13b）可得控制截面

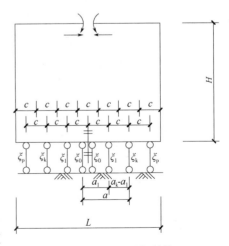

图 2-12　悬臂刚架结构

的设计弯矩为

$$M_i = M - Q\frac{b}{2} + \frac{1}{2}q\left(\frac{b}{2}\right)^2 \tag{2-31}$$

式中　M_i——设计弯矩；

　　　　M——计算弯矩；

　　　　Q——计算剪力；

　　　　b——支座宽度；

　　　　q——作用于杆件上的均布荷载。

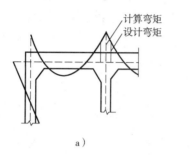 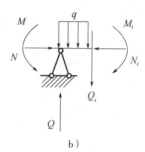

图 2-13　设计弯矩计算简图

设计中，为了简化计算，式（2-31）可近似地用下式代替

$$M_i = M - Q\frac{b}{2} \tag{2-32}$$

2. 设计剪力 Q_i

根据结构力学方法，可计算截面的计算剪力 Q；弹性地基梁的截面计算剪力 Q 可按式（2-33）计算

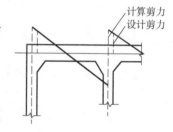

$$Q = y_0\frac{bk}{2\alpha}\varphi_{2\lambda} + \theta_0\frac{bk}{2\alpha^2}\varphi_{3\lambda} - M_0\alpha\varphi_{4\lambda} + Q_0\varphi_{1\lambda} \tag{2-33}$$

同理，控制截面（不利截面）处的设计剪力 Q_i（图 2-14）可按下式计算

图 2-14　设计剪力计算简图

$$Q_i = Q - q\frac{b}{2} \tag{2-34}$$

3. 设计轴力 N_i

由静载引起的设计轴力可按下式计算

$$N_i = N \tag{2-35}$$

式中　N——由静载引起的截面计算轴力。

由特殊荷载引起的设计轴力 N_i^t 可按下式计算

$$N_i^t = N^t \times \xi \tag{2-36}$$

式中　N^t——由特殊荷载引起的计算轴力；

　　　　ξ——折减系数，对于顶板取 $\xi = 0.3$，对于底板和侧墙可取 $\xi = 0.6$。

将上述两种情况求得的设计轴力叠加即得各杆件的最终设计轴力。

2.1.4　抗浮验算

为了保证结构不致因为地下水的浮力而上浮，尚需按下式进行抗浮计算

$$\frac{Q_重}{Q_浮} \geqslant 1.05 \sim 1.10 \tag{2-37}$$

式中　$Q_重$——结构自重、设备重量及上部覆土重量之和；

　　　　$Q_浮$——地下水的浮力。

当箱体已经施工完毕，但未安装设备和回填土时，计算 $Q_重$ 时仅需考虑结构自重。

2.1.5　截面设计

地下结构的截面选择和强度计算，除特殊要求外，一般以《混凝土结构设计规范》（GB 50010—2010）（2015 年版）有关规定进行计算。地下闭合框架结构的构件（顶板、侧墙、底板）按偏心受压构件进行截面验算。

在设有腋角（支托）的框架结构中，进行构件截面验算时，杆件两端的截面计算高度采用 $h+1/3s$（h 为构件截面高度，s 为平行于构件轴线方向的长度），即 $h+1/3s \leqslant h_1$，如图 2-15 所示。

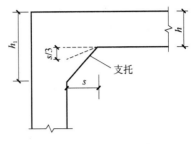

图 2-15　支托框架结构

2.1.6　构造要求

1. 配筋形式

闭合框架由横向受力钢筋和纵向分布钢筋组成，如图 2-16 所示。为了便于施工也可将底板和顶板的纵向分布钢筋和侧墙的横向受力钢筋制成焊网。

为了改善闭合框架的受力条件，一般在角部设置支托（腋角），并配支托钢筋。当荷载较大时，需要计算抗剪承载力，并配置箍筋和弯起钢筋，如图 2-16 所示。

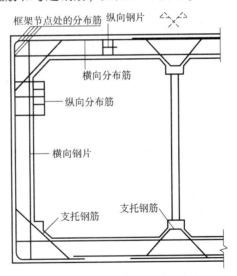

图 2-16　闭合框架配筋形式

对于考虑动载作用的地下结构物，为了提高构件的抗冲击动力性能，构件截面上宜配置双筋。

2. 混凝土保护层厚度

地下结构外侧直接与土、水相接触，内侧相对湿度较高。因此，受力钢筋的保护层最小厚度要比地面结构增加 5～10mm，并应符合表 2-5 的规定。

表 2-5　混凝土保护层最小厚度　　　　　　　　　　　　　　（单位：mm）

名称	钢筋直径	保护层厚度
墙、板及环形结构	$d \leqslant 10$	15～20
	$12 \leqslant d \leqslant 14$	20～25
	$16 \leqslant d \leqslant 20$	25～30

（续）

名称	钢筋直径	保护层厚度
梁、柱	$d < 32$	30 ~ 35
	$d \geqslant 32$	$d +$ （5 ~ 10）
基础	有垫层	40
	无垫层	70

3. 横向受力钢筋

横向受力钢筋的配筋百分率不应小于表 2-6 中的规定。

受弯构件及大偏心受压构件受拉钢筋的配筋率，一般应不大于 1.2%，最大不得超过 1.5%。

受力钢筋的间距应不大于 200mm，不小于 70mm，但有时由于施工需要，局部钢筋的间距也可适当放宽。

受力钢筋直径 $d \leqslant 32$mm，对于以受弯为主的构件取 $d \geqslant 10 \sim 14$mm，对于以受压为主的构件取 $d \geqslant 12 \sim 16$mm。

表 2-6　钢筋的最小配筋率

受力类型		最小配筋百分率（%）
受压构件	全部纵向钢筋	0.6
	一侧纵向钢筋	0.2
受弯构件、偏心受拉、轴心受拉构件一侧的受拉钢筋		0.2 和 $45f_t/f_y$ 中的较大值

注：1. 受压构件全部纵向钢筋最小配筋百分率，当采用 HRB400 级、RRB400 级钢筋时，应按表中规定减小 0.1%；当混凝土强度等级为 C60 级以上时，应按表中规定增大 0.1%。

    2. 偏心受拉构件中的受压钢筋，应按受压构件一侧纵向钢筋考虑。

    3. 受压构件的全部纵向钢筋和一侧纵向钢筋的配筋率以及轴心受拉构件和小偏心受拉构件一侧受拉钢筋的配筋率应按构件的全截面计算；受弯构件、大偏心受拉构件一侧受拉钢筋的配筋率应按全截面面积扣除受压翼缘面积 $(b_f' - b) h_f'$ 后的截面面积计算。

    4. 当钢筋沿构件截面周边布置时，"一侧纵向钢筋"是指沿受力方向两个对边中的一边布置的纵向钢筋。

4. 分布钢筋

由于考虑混凝土的收缩、温差作用、不均匀沉陷等因素的作用，必须配置一定数量的构造钢筋。纵向分布钢筋的截面面积，一般应不小于受力钢筋截面面积的 15%。同时，纵向分布钢筋的配筋率：对顶板、底板不宜小于 0.15%；对侧墙不宜小于 0.20%。

纵向分布钢筋应沿框架周边各构件的内外两侧布置，其间距可采用 100 ~ 300mm。框架角部的分布钢筋应适当加强（如加粗或加密），其直径不小于 12 ~ 14mm，如图 2-17 所示。

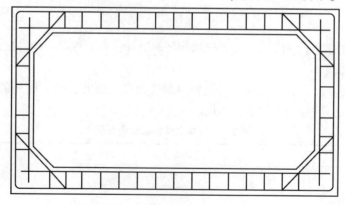

图 2-17　分布钢筋布置示意

5. 箍筋

地下结构断面厚度较大，一般可不配置箍筋，如计算需要时，可参照表 2-7，按下述规定配置：

1）框架结构的箍筋间距在绑扎骨架中不应大于 15d，在焊接骨架中不应大于 20d（d 为受压钢筋中的最小直径），同时不应大于 400mm。

2）在受力钢筋非焊接接头长度内，当搭接钢筋为受拉钢筋时，其箍筋间距不应大于 5d，当搭接钢筋为受压钢筋时，其箍筋间距不应大于 10d（d 为受力钢筋中的最小直径）。

3）框架结构的箍筋一般采用"［ ］"形直钩槽形箍筋，这种钢筋多用于顶板、底板。其弯钩必须配置在断面受压一侧。L 形箍筋多用于侧墙。

表 2-7　箍筋的最大间距　　　　　　　　　　　　　　　　（单位：mm）

项次	板、墙厚度	$V > 0.7 f_t\, bh_0$	$V \leqslant 0.7 f_t\, bh_0$
1	$150 < h \leqslant 300$	150	200
2	$300 < h \leqslant 500$	200	300
3	$500 < h \leqslant 800$	250	350
4	$h > 800$	300	400

6. 刚性节点构造

框架转角处的节点应保证整体性，即应有足够的强度、刚度及抗裂性，除满足受力要求外，还要便于施工。

当框架转角处为直角时，应力集中较严重（图 2-18a），为了缓和应力集中现象，在节点可加支托（腋角）（图 2-18b），支托（腋角）的垂直长度与水平长度之比以 1∶3 为宜。支托（腋角）的大小视框架跨度大小而定。

框架节点处钢筋的布置原则：

1）沿节点内侧不可将水平构件中的受拉钢筋随意弯曲（图 2-19a），而应沿支托（腋角）另配斜向钢筋（图 2-19b），或将此钢筋直接焊接在侧墙的横向焊网上（图 2-19）。

2）沿框架转角部分外侧的钢筋，其弯曲半径 R 必须为所用钢筋直径的 10 倍以上，即 $R \geqslant 10d$（图 2-19b）。

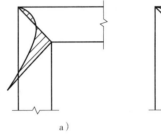

图 2-18　刚性节点构造

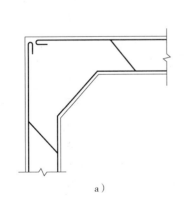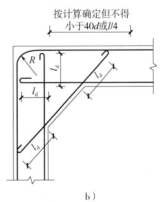

按计算确定但不得小于 40d 或 l/4

a）　　　　　　　　　b）

图 2-19　框架节点钢筋布置示意

3）为了避免在转角部分的内侧发生拉力时内侧钢筋与外侧钢筋无联系，从而使表面混凝土容易剥落，因此最好在角部配置足够数量的箍筋（图 2-20）。

7. 变形缝的设置及构造

为了防止结构由于不均匀沉降、温度变化和混凝土收缩等引起破坏，需要沿结构纵向每隔一定距离设置变形缝。变形缝包括伸缩缝（防止温度变化或混凝土收缩而引起破坏）和沉降缝（防止由于地基承载力不均匀引起结构不均匀沉陷）。

变形缝的间距为 30m 左右，变形缝的缝宽一般为 20 ~ 30mm，缝中填充富有弹性且防水的材料。变形缝的构造方式主要有嵌缝式、贴附式和埋入式。

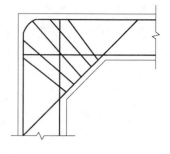

图 2-20　角部箍筋示意

（1）嵌缝式　嵌缝式变形缝材料可用沥青砂板、沥青板等。为了防止板与结构物出现缝隙，在结构内部槽中填以沥青胶或环煤涂料（即环氧树脂和煤焦油涂料）等以减少渗水可能；也可在结构外部贴一层防水层，如图 2-21b 所示。

嵌缝式的优点是造价低、施工简单，但在有水压中防水效能不良，仅适用于地下水较少的地区或防水要求不高的工程中。

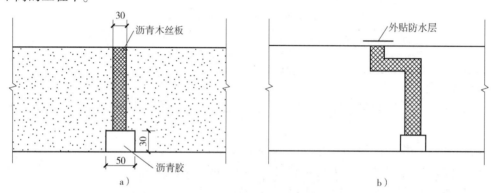

图 2-21　嵌缝式变形缝

（2）贴附式　贴附式变形缝（也称可卸式变形缝），将厚度 6 ~ 8mm 的橡胶平板用钢板条及螺栓固定在结构上，如图 2-22 所示。这种方式具有在橡胶平板年久老化后可以拆换的优点，但施工时不易使橡胶平板与钢板密贴，因此可用于一般地下工程中。

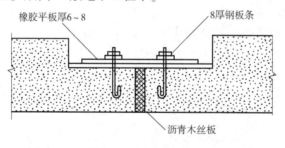

图 2-22　贴附式变形缝

（3）埋入式　图 2-23 所示为埋入式变形缝的构造。

当防水要求很高、承受较大的水压力时，可采用上述三种方法的组合，成为混合式变形缝，此种防水效果好，但施工工序多，造价较高，如图 2-24 所示。

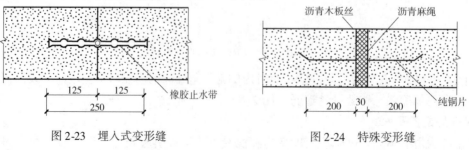

图 2-23　埋入式变形缝　　　　　　　图 2-24　特殊变形缝

2.2　设计实例

某一浅埋式地下通道，拟采用整体式单跨钢筋混凝土闭合框架结构。要求确定框架梁（顶板）、柱（墙）、底板截面尺寸，计算框架内力、框架配筋及绘制结构内力图及施工图。

2.2.1　设计资料

1. 框架的几何尺寸及荷载分布（图 2-25）

单跨闭合框架结构的几何尺寸：$L = 4.2\text{m}$，$H = 3.4\text{m}$。框架最不利荷载组合值（包括自重）：$q_1 = 36\text{kN/m}^2$，$q_2 = 26\text{kN/m}^2$。无地下水。

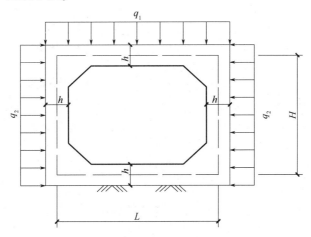

图 2-25　框架几何尺寸及荷载分布图

2. 材料

1）结构安全等级：二级。

2）地基的弹性压缩系数 k：$4.0 \times 10^4 \text{kN/m}^3$；地基弹性模量 E_0：5000kN/m^2，泊松比 $\upsilon_0 = 0.3$。

3）混凝土强度等级：C30，$f_c = 14.3\text{N/mm}^2$，$f_t = 1.43\text{N/mm}^2$，$E_c = 3.0 \times 10^4 \text{N/mm}^2$。

4）钢筋强度等级：受力钢筋 HRB335 级或 HRB400 级，其他钢筋采用 HPB300 级。

2.2.2　截面尺寸估选

取单跨闭合框架厚度 $h = 600\text{mm}$，设 $s = 600\text{mm}$，则 $h_1 = h + s = 1200\text{mm}$，可得 $h + s/3 = 800\text{mm} \leqslant h_1 = 1200\text{mm}$，如图 2-26 所示。

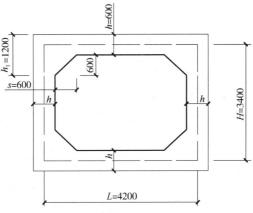

图 2-26　单跨闭合框架截面图（单位：mm）

2.2.3　内力计算

闭合框架的荷载设计值如图 2-27 所示，结构的计算简图和基本结构如图 2-28 所示。弹性地基梁平面框架的内力计算可采用结构力学中的力法，只需将底板按弹性地基梁考虑。

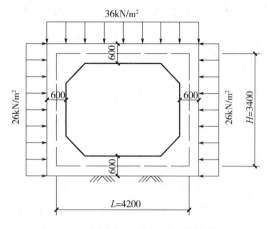

图 2-27　闭合框架荷载图（设计值）

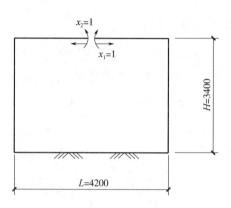

图 2-28　计算简图和基本结构

由于结构、荷载对称，故未知力 $x_3 = 0$，典型方程为

$$\delta_{11}x_1 + \delta_{12}x_2 + \Delta_{1p} = 0$$
$$\delta_{21}x_1 + \delta_{22}x_2 + \Delta_{2p} = 0$$

系数 δ_{ij} 是指在未知力 $x_i = 1$ 作用下，沿 x_j 方向的变位值；Δ_{ip} 是指外荷载作用下沿 x_i 方向的位移，可按下式计算

$$\delta_{ij} = \delta'_{ij} + b_{ij} = \sum \int \frac{M_i M_j}{EJ} \mathrm{d}s + b_{ij}$$

$$\Delta_{ip} = \Delta'_{ip} + b_{ip} = \sum \int \frac{M_i M_p}{EJ} \mathrm{d}s + b_{ip}$$

1. 计算 δ'_{ij}、Δ'_{ip}

在单位力 $x_1 = 1$、$x_2 = 1$ 及外荷载 q 作用下基本结构的弯矩如图 2-29 所示。

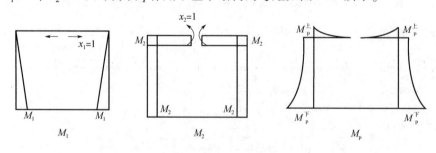

图 2-29　M_1、M_2、M_p 图

$$M_1 = x_1 \times H = 1 \times 3.4\,\mathrm{kN \cdot m} = 3.4\,\mathrm{kN \cdot m}$$

$$M_2 = x_2 = 1\,\mathrm{kN \cdot m}$$

$$M_p^{上} = \frac{1}{2}q_1\left(\frac{L}{2}\right)^2 = \frac{1}{2} \times 36 \times \left(\frac{4.2}{2}\right)^2 \mathrm{kN \cdot m} = 79.38\,\mathrm{kN \cdot m}$$

$$M_p^{下} = M_p^{上} + \frac{1}{2}q_2 H^2 = \left(79.38 + \frac{1}{2} \times 26 \times 3.4^2\right)\,\mathrm{kN \cdot m} = 229.66\,\mathrm{kN \cdot m}$$

$$M_{\mathrm{p}}^{\mathrm{下}} - M_{\mathrm{p}}^{\mathrm{上}} = \frac{1}{2}q_2 H^2 = 150.28\text{kN}\cdot\text{m}$$

混凝土强度等级 C30，$E = 3.0 \times 10^4 \text{N/mm}^2 = 3.0 \times 10^7 \text{kN/m}^2$

截面惯性矩 $I = \frac{1}{12}bh^3 = \frac{1}{12} \times 1 \times 0.6^3 \text{m}^4 = 0.018\text{m}^4$

根据结构力学力法的相关知识可得：

$$\delta'_{11} = \sum \int \frac{M_1^2}{EI}\mathrm{d}s = 2 \times \frac{1}{EI}\left(\frac{1}{2}M_1 H\right)\left(\frac{2}{3}H\right) = \frac{2/3 M_1 H^2}{EI} = \frac{2/3 \times 3.4 \times 3.4^2}{3 \times 10^7 \times 0.018} = 4.85235 \times 10^{-5}$$

$$\delta'_{12} = \delta'_{21} = \sum \int \frac{M_1 M_2}{EI}\mathrm{d}s = 2 \times \frac{1}{EI}\left(\frac{1}{2}M_1 H\right)M_2$$
$$= 2 \times \frac{1}{3 \times 10^7 \times 0.018}\left(\frac{1}{2} \times 3.4 \times 3.4\right) \times 1 = 2.14074 \times 10^{-5}$$

$$\delta'_{22} = \sum \int \frac{M_2^2}{EI}\mathrm{d}s = 2 \times \frac{1}{EI}\left[\left(M_2 \times \frac{L}{2}\right)M_2 + (M_2 \times H) \times M_2\right]$$
$$= \frac{1}{EI}M_2^2(L + 2H) = \frac{1}{3 \times 10^7 \times 0.018} \times 1^2 \times (4.2 + 2 \times 3.4) = 2.03704 \times 10^{-5}$$

$$\Delta'_{1\mathrm{p}} = \sum \int \frac{M_1 M_{\mathrm{p}}}{EI}\mathrm{d}s = -2 \times \frac{1}{EI}\left[\left(\frac{1}{2}M_1 \times H\right)M_{\mathrm{p}}^{\mathrm{上}} + \frac{1}{3}(M_{\mathrm{p}}^{\mathrm{下}} - M_{\mathrm{平}}^{\mathrm{上}}) \times H \times \left(\frac{3}{4}M_1\right)\right]$$
$$= 2 \times \frac{1}{3 \times 10^7 \times 0.018}\left[\left(\frac{1}{2} \times 3.4 \times 3.4\right) \times 79.38 + \frac{1}{3} \times 150.28 \times 3.4 \times \left(\frac{3}{4} \times 3.4\right)\right]$$
$$= -0.003308$$

$$\Delta'_{2\mathrm{p}} = \sum \int \frac{M_2 M_{\mathrm{p}}}{EI}\mathrm{d}s = -2 \times \frac{1}{EI}\left[\left(\frac{1}{3}M_{\mathrm{p}}^{\mathrm{上}} \times \frac{L}{2}\right)M_2 + (M_2 \times H)M_{\mathrm{p}}^{\mathrm{上}} + \frac{1}{3}(M_{\mathrm{p}}^{\mathrm{下}} - M_{\mathrm{平}}^{\mathrm{上}}) \times H \times M_2\right]$$
$$= -2 \times \frac{1}{3 \times 10^7 \times 0.018}\left[\left(\frac{1}{3} \times 79.38 \times \frac{4.2}{2}\right) \times 1 + 1 \times 3.4 \times 79.38 + \frac{1}{3} \times 150.28 \times 3.4 \times 1\right]$$
$$= -0.001836$$

综上可得：

$$\delta'_{11} = 4.85235 \times 10^{-5}$$
$$\delta'_{12} = \delta'_{21} = 2.14074 \times 10^{-5}$$
$$\delta'_{22} = 2.03704 \times 10^{-5}$$
$$\Delta'_{1\mathrm{p}} = -0.003308$$
$$\Delta'_{2\mathrm{p}} = -0.001836$$

2. 计算 b_{ij}、$b_{i\mathrm{p}}$

特征系数 $\alpha = \sqrt[4]{\dfrac{kb}{4EI}} = \sqrt[4]{\dfrac{40000 \times 1}{4 \times 3.0 \times 10^7 \times 0.018}} = 0.368894$ （1/m）

系数 $\varphi_{i\lambda}$ 计算：

$$\mathrm{ch}(0.368894 \times 4.2) = 2.460408, \quad \mathrm{sh}(0.368894 \times 4.2) = 2.248023$$
$$\cos(0.368894 \times 4.2) = 0.02144, \quad \sin(0.368894 \times 4.2) = 0.99977$$
$$\varphi_{1\lambda} = \mathrm{ch}\alpha x \cos\alpha x = \mathrm{ch}(0.368894 \times 4.2) \times \cos(0.368894 \times 4.2) = 0.052751$$
$$\varphi_{2\lambda} = \mathrm{ch}\alpha x \sin\alpha x + \mathrm{sh}\alpha x \cos\alpha x$$
$$= \mathrm{ch}(0.368894 \times 4.2) \times \sin(0.368894 \times 4.2) + \mathrm{sh}(0.368894 \times 4.2) \times \cos(0.368894 \times 4.2)$$
$$= 2.50804$$
$$\varphi_{3\lambda} = \mathrm{sh}\alpha x \sin\alpha x = \mathrm{sh}(0.368894 \times 4.2) \times \sin(0.368894 \times 4.2) = 2.2475062$$

$$\varphi_{4\lambda} = \mathrm{ch}\alpha x \sin\alpha x - \mathrm{sh}\alpha x \cos\alpha x$$
$$= \mathrm{ch}(0.368894 \times 4.2) \times \sin(0.368894 \times 4.2) - \mathrm{sh}(0.368894 \times 4.2) \times \cos(0.368894 \times 4.2)$$
$$= 2.411645$$

（1）$x_1 = 1$　梁的左端 $M_0 = -M_1$，$Q_0 = 0$，梁的右端 $M_A = -M_1$，$Q_A = 0$（图 2-30），可求得两个未知量的初值 θ_{10} 和 y_{10}。

图 2-30　M_1 作用时弹性地基梁

$$M_A = y_0 \frac{bk}{2\alpha^2}\varphi_{3\lambda} + \theta_0 \frac{bk}{4\alpha^3}\varphi_{4\lambda} + M_0\varphi_{1\lambda} + Q_0 \frac{1}{2\alpha}\varphi_{2\lambda}$$

$$Q_A = y_0 \frac{bk}{2\alpha}\varphi_{2\lambda} + \theta_0 \frac{bk}{2\alpha^2}\varphi_{3\lambda} - M_0\alpha\varphi_{4\lambda} + Q_0\varphi_{1\lambda}$$

令 $A = \dfrac{bk}{2\alpha^2}$，$B = \dfrac{bk}{4\alpha^3}$，$C = 1$，$D = \dfrac{1}{2\alpha}$；$E = \dfrac{bk}{2\alpha}$，$F = \dfrac{bk}{2\alpha^2}$，$G = -\alpha$，$H = 1$；

$$A = \frac{bk}{2\alpha^2} = \frac{1 \times 40000}{2 \times 0.368894^2} = 146969.3632$$

$$B = \frac{bk}{4\alpha^3} = \frac{1 \times 40000}{4 \times 0.368894^3} = 199202.7022$$

$$C = 1$$

$$D = \frac{1}{2\alpha} = \frac{1}{2 \times 0.368894} = 1.355402907$$

$$E = \frac{bk}{2\alpha} = \frac{1 \times 40000}{2 \times 0.368894} = 54216.2263$$

$$F = \frac{bk}{2\alpha^2} = \frac{1 \times 40000}{2 \times 0.368894^2} = 146969.3632$$

$$G = -\alpha = -0.368894$$

$$H = 1$$

则，
$$M_A = y_0 A\varphi_{3\lambda} + \theta_0 B\varphi_{4\lambda} + M_0 C\varphi_{1\lambda} + Q_0 D\varphi_{2\lambda}$$
$$Q_A = y_0 E\varphi_{2\lambda} + \theta_0 F\varphi_{3\lambda} + M_0 G\varphi_{4\lambda} + Q_0 H\varphi_{1\lambda}$$

将数据代入上式，可得：
$$330314.555 y_{10} + 480406.2007\theta_{10} + 3.2206466 = 0$$
$$135976.4642 y_{10} + 330314.555\theta_{10} + 3.02478066 = 0$$

解得，
$$\theta_{10} = -1.28175 \times 10^{-5}，\quad y_{10} = 8.8914 \times 10^{-6}$$

（2）$x_2 = 1$　梁的左端 $M_0 = -M_2$，$Q_0 = 0$，梁的右端 $M_A = -M_2$，$Q_A = 0$（图 2-31），可求得两个未知量的初值 θ_{20} 和 y_{20}。

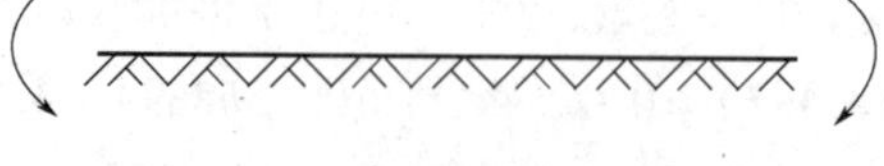

图 2-31　M_2 作用时弹性地基梁

$$330314.555 y_{20} + 480406.2007\theta_{20} + 0.947249 = 0$$
$$135976.4642 y_{20} + 330314.555\theta_{20} + 0.88964137 = 0$$

解得，
$$\theta_{20} = -3.76984 \times 10^{-6}，\quad y_{20} = 2.61510 \times 10^{-6}$$

（3）x_p　梁的左端 $M_0 = M_p^{上} = 79.38\text{kN} \cdot \text{m}$，$Q_0 = -75.6\text{kN}$，梁的右端 $M_A = M_p^{上}$，$Q_A = 75.6\text{kN}$ 可求得两个未知量的初值 θ'_{p0} 和 y'_{p0}。另一部分：梁的左端 $M_0 = M_p^{下} - M_p^{上} = 150.28\text{kN} \cdot \text{m}$，$Q_0 = 0$，梁的右端 $M_A = M_p^{下} - M_p^{上} = 150.28\text{kN} \cdot \text{m}$，$Q_A = 0$，如图 2-32 所示，可求得两个未知量的初值 θ''_{p0} 和 y''_{p0}。

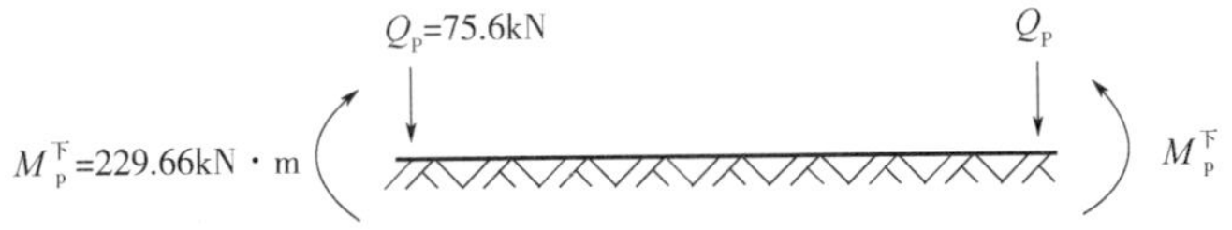

图 2-32　外荷载作用时弹性地基梁

$$330314.555 y'_{p0} + 480406.2007 \theta'_{p0} - 332.18762 = 0$$
$$135976.4642 y'_{p0} + 330314.555 \theta'_{p0} - 150.20771 = 0$$

解得，
$$\theta'_{p0} = 0.000101546646, \quad y'_{p0} = 0.000857982$$
$$330314.555 y''_{p0} + 480406.2007 \theta''_{p0} - 142.3525797 = 0$$
$$135976.4642 y''_{p0} + 330314.555 \theta''_{p0} - 133.6953052 = 0$$

解得，　　　　　$\theta''_{p0} = 0.00056638, \quad y''_{p0} = -0.000392639$

叠加可得：　　$\theta_{p0} = \theta'_{p0} + \theta''_{p0} = 0.00066793, \quad y_{p0} = y'_{p0} + y''_{p0} = 0.00046534$

综上可得：

$$\theta_{10} = -1.28175 \times 10^{-5}, \quad y_{10} = 8.8914 \times 10^{-6}$$
$$\theta_{20} = -3.76984 \times 10^{-6}, \quad y_{20} = 2.61510 \times 10^{-6}$$
$$\theta_{p0} = 0.000765, \quad y_{p0} = 0.001488652$$
$$b_{11} = 2H\theta_{10} = 2 \times 3.4 \times (-1.28175 \times 10^{-5}) = -8.7159 \times 10^{-5}$$
$$b_{12} = b_{21} = 2\theta_{10} = 2 \times (-1.28175 \times 10^{-5}) = -2.5635 \times 10^{-5}$$
$$b_{22} = 2\theta_{20} = 2 \times (-3.76984 \times 10^{-6}) = -7.53968 \times 10^{-6}$$
$$b_{1p} = 2H\theta_{p0} = 2 \times 3.4 \times 0.00066793 = 0.00454192$$
$$b_{2p} = 2\theta_{p0} = 2 \times 0.00066793 = 0.00133586$$

系数：

$$\delta_{11} = \delta'_{11} + b_{11} = 4.85235 \times 10^{-5} - 8.7159 \times 10^{-5} = -3.86355 \times 10^{-5}$$
$$\delta_{12} = \delta'_{12} + b_{12} = 2.14074 \times 10^{-5} - 2.5635 \times 10^{-5} = -4.2276 \times 10^{-6}$$
$$\delta_{21} = \delta'_{21} + b_{21} = 2.14074 \times 10^{-5} - 2.5635 \times 10^{-5} = -4.2276 \times 10^{-6}$$
$$\delta_{22} = \delta'_{22} + b_{22} = 2.03704 \times 10^{-5} - 7.53968 \times 10^{-6} = 1.28307 \times 10^{-5}$$
$$\Delta_{1p} = \Delta'_{1p} + b_{1p} = -0.003308 + 0.00454192 = 0.00123392$$
$$\Delta_{2p} = \Delta'_{2p} + b_{2p} = -0.001836 + 0.00133586 = -0.0005$$

3. 计算未知力 x_1、x_2

典型方程：

$$\delta_{11} x_1 + \delta_{12} x_2 + \Delta_{1p} = 0$$
$$\delta_{21} x_1 + \delta_{22} x_2 + \Delta_{2p} = 0$$
$$x_1 = \frac{-\delta_{22}\Delta_{1p} + \delta_{12}\Delta_{2p}}{\delta_{11}\delta_{22} - \delta_{12}\delta_{21}} = 79.0920702$$
$$x_2 = \frac{\delta_{21}\Delta_{1p} - \delta_{11}\Delta_{2p}}{\delta_{11}\delta_{22} - \delta_{12}\delta_{21}} = -15.3478843$$

（1）弯矩 M 计算　框架结构的弯矩采用叠加法按下式计算：

$$M = M_1 x_1 + M_2 x_2 + M_p$$
$$M_{左}^{上} = M_{右}^{上} = [-15.348843 \times (-1) + 79.38]\text{kN} \cdot \text{m} = 94.728\text{kN} \cdot \text{m}（外侧受拉）$$

$$M_{左}^{下} = M_{右}^{下} = [-3.4 \times 79.0920702 + (-1) \times (-15.348843) + 229.36] \text{kN·m}$$
$$= -24.20515438 \text{kN·m}（内侧受拉）$$

顶部中间叠加弯矩 $M = \dfrac{1}{8}q_1 L^2 = \dfrac{1}{8} \times 36 \times 4.2^2 \text{kN·m} = 79.38 \text{kN·m}$

弹性地基梁的弯矩按 $M_A = y_0 A\varphi_{3\lambda} + \theta_0 B\varphi_{4\lambda} + M_0 C\varphi_{1\lambda} + Q_0 D\varphi_{2\lambda}$ 计算，$M_{左}^{下} = M_{右}^{下} = -24.205 \text{kN·m}$（内侧受拉）。

弹性地基框架的弯矩图见图 2-33a。

（2）剪力 Q 计算　结构顶部：$Q_{左}^{上} = \dfrac{1}{2} \times 36 \times 4.2 \text{kN} = 75.6 \text{kN}$，$Q_{右}^{上} = -75.6 \text{kN}$

两侧结构：

$$Q_{左}^{上} = \left(-\frac{1}{2} \times 26 \times 3.4 - \frac{94.7278843 + 24.20515438}{3.4}\right)\text{kN} = -79.180 \text{kN}, \quad Q_{右}^{上} = 79.180 \text{kN}$$

$$Q_{左}^{下} = \left(\frac{1}{2} \times 26 \times 3.4 - \frac{94.7278843 + 24.20515438}{3.4}\right)\text{kN} = 9.220 \text{kN}, \quad Q_{右}^{下} = -9.220 \text{kN}$$

弹性地基梁的剪力按 $Q_A = y_0 E\varphi_{2\lambda} + \theta_0 F\varphi_{3\lambda} + M_0 G\varphi_{4\lambda} + Q_0 H\varphi_{1\lambda}$ 计算，$Q_{左} = 75.6 \text{kN}$，$Q_{右} = -75.6 \text{kN}$。

弹性地基框架的剪力图如图 2-33b 所示。

（3）轴力 N 计算

上侧框架梁轴向力 $N = q_2 H = 26 \times 3.4 \text{kN} = 88.4 \text{kN}$

两侧框架柱轴向力 $N = \dfrac{1}{2}q_1 L = 36 \times 4.2/2 \text{kN} = 75.6 \text{kN}$

弹性地基梁轴向力 $N = q_2 H = 26 \times 3.4 \text{kN} = 88.4 \text{kN}$

弹性地基框架的轴力图如图 2-33c 所示。

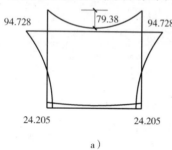 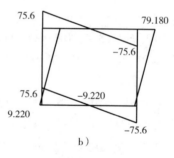 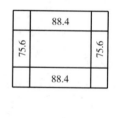

图 2-33　内力图

a）弯矩图（kN·m）　b）剪力图（kN）　c）轴力图（kN）

2.2.4　配筋设计

1. 顶板设计

（1）设计参数

结构安全等级：二级，结构重要性系数 $\gamma_0 = 1.0$

混凝土强度等级：C30，$f_c = 14.3 \text{MPa}$，$f_t = 1.43 \text{MPa}$，$E_c = 3.0 \times 10^4 \text{MPa}$

受力钢筋 HRB335 级，$f_y = f_y' = 300 \text{MPa}$

箍筋及构造钢筋 HPB300 级，$f_y = f_y' = 270 \text{MPa}$

截面尺寸 $b \times h = 1000 \text{mm} \times 600 \text{mm}$，$a_s = a_s' = 50 \text{mm}$，构件计算长度 $l_c = 4200 \text{mm}$

一端弯矩设计值 $M_1 = M - Q\dfrac{b}{2} = (94.728 - 75.6 \times 0.6/2) \text{kN·m} = 72.05 \text{kN·m}$，另一端弯矩设计值 $M_2 = 72.05 \text{kN·m}$，轴压力设计值 $N = 88.4 \text{kN}$。

（2）判断是否需考虑轴向力在弯矩方向二阶效应对截面偏心距的影响

同一主轴方向杆端弯矩比 $\dfrac{M_1}{M_2} = 1.0 > 0.9$

柱轴压比 $n = \dfrac{N}{f_c A} = \dfrac{88.4 \times 10^3}{14.3 \times 1000 \times 600} = 0.01 < 0.9$

回转半径 $i = \sqrt{\dfrac{I}{A}} = \dfrac{h}{2\sqrt{3}}$，$\dfrac{l_c}{i} = \dfrac{4200}{600/(2 \times \sqrt{3})} = 24.2487 > 34 - 12\left(\dfrac{M_1}{M_2}\right) = 34 - 12 \times 1 = 22$

综上可见，应考虑轴向力在弯矩方向二阶效应对截面偏心距的影响。

（3）调整截面承受的弯矩

1）附加偏心距 e_a。

$$e_a = (20\text{mm}, \ h/30)_{\max} = 20\text{mm}$$

2）计算构件端截面偏心距调节系数 C_m。

$$C_m = 0.7 + 0.3 \dfrac{M_1}{M_2} = 1 > 0.7$$

3）求截面曲率调整系数 ζ_c。

$$\zeta_c = \dfrac{0.5 f_c A}{N} = \dfrac{0.5 \times 14.3 \times 1000 \times 600}{88.4 \times 10^3} = 48.529 > 1，\ 取 \ \zeta_c = 1$$

4）计算弯矩增大系数 η_{ns}。

$$\eta_{ns} = 1 + \dfrac{1}{1300 \times \left(\dfrac{M_2}{N} + e_a\right)/h} \left(\dfrac{l_c}{h}\right)^2 \zeta_c$$

$$= 1 + \dfrac{1}{1300 \times \left(\dfrac{72.05 \times 10^6}{88.4 \times 10^3} + 20\right)/600} \left(\dfrac{4200}{600}\right)^2 \times 1 = 1.027$$

5）调整后的弯矩。

$$M = \eta_{ns} M_2 = 1.027 \times 72.05\text{kN} \cdot \text{m} = 74.00\text{kN} \cdot \text{m}$$

（4）大小偏心判断

偏心距 $e_i = M/N + e_a = [74.00 \times 10^6/(88.4 \times 10^3) + 20]\text{mm} = 856.104\text{mm}$

相对受压区高度 $\xi = \dfrac{N}{\alpha_1 f_c b h_0} = \dfrac{88.4 \times 10^3}{1 \times 14.3 \times 1000 \times (600 - 50)} = 0.011 < \xi_b = 0.55$

所以，为大偏心受压构件

$$e' = \eta_{ns} e_i - \dfrac{h}{2} + a'_s = (1.027 \times 856.104 - 600/2 + 50) \ \text{mm} = 629.22\text{mm}$$

（5）计算配筋面积 $A_s = A'_s$

$$A_s = A'_s = \dfrac{Ne'}{f_y(h_0 - a_s)} = \dfrac{88.4 \times 10^3 \times 629.22}{300 \times (540 - 50)}\text{mm}^2 = 378.388\text{mm}^2$$

$$< \rho_{\min} bh = 0.2\% \times 1000 \times 600\text{mm}^2 = 1200\text{mm}^2$$

取 $A_s = A'_s = \rho_{\min} bh = 1200\text{mm}^2$，选配 8 ⚌ 14（$A_s = A'_s = 1231.2\text{mm}^2$）

分布钢筋：对于顶板，分布钢筋的配筋率不宜小于 0.15%，且不小于受力钢筋截面面积的 10%。选配上、下侧 Φ12@250（452mm²/m）

（6）斜截面受剪承载力验算

设计剪力 $Q_i = Q - q \times \dfrac{b}{2} = (75.6 - 36 \times 0.6/2)\text{kN} = 64.8\text{kN}$

$$< 0.7 f_t bh_0 = 0.7 \times 1.43 \times 1000 \times (600 - 50)\text{N} = 550550\text{N} = 550.55\text{kN}$$

按构造配箍筋，选配ф6@250 $\left(\rho_{sv} = \dfrac{nA_{sv1}}{bs} = \dfrac{2 \times 28.3}{1000 \times 250} \times 100\% = 0.02264\% > 0.24\dfrac{f_t}{f_{yv}}\right)$

2. 侧墙设计

（1）设计参数

结构安全等级：二级，结构重要性系数 $\gamma_0 = 1.0$

混凝土强度等级：C30，$f_c = 14.3\text{MPa}$，$f_t = 1.43\text{MPa}$，$E_c = 3.0 \times 10^4 \text{MPa}$

受力钢筋 HRB335 级，$f_y = f_y' = 300\text{MPa}$

箍筋及构造钢筋 HPB300 级，$f_y = f_y' = 270\text{MPa}$

截面尺寸 $b \times h = 1000\text{mm} \times 600\text{mm}$，$a_s = a_s' = 50\text{mm}$，构件计算长度 $l_c = 3400\text{mm}$

一端弯矩设计值 $M_1 = M - Q \times \dfrac{b}{2} = (24.205 - 9.220 \times 0.6/2)\text{ kN·m} = 21.439\text{kN·m}$

另一端弯矩设计值 $M_2 = M - Q \times \dfrac{b}{2} = (94.728 - 79.180 \times 0.6/2)\text{ kN·m} = 70.974\text{kN·m}$

轴压力设计值 $N = 75.6\text{kN}$

（2）判断是否需考虑轴向力在弯矩方向二阶效应对截面偏心距的影响

同一主轴方向杆端弯矩比 $\dfrac{M_1}{M_2} = \dfrac{21.439}{70.974} = 0.302 < 0.9$

柱轴压比 $n = \dfrac{N}{f_c A} = \dfrac{75.6 \times 10^3}{14.3 \times 1000 \times 600} = 0.0088 < 0.9$

回转半径 $i = \sqrt{\dfrac{I}{A}} = \dfrac{h}{2\sqrt{3}}$，$\dfrac{l_c}{i} = \dfrac{3400}{600/(2 \times \sqrt{3})} = 19.63 < 34 - 12\left(\dfrac{M_1}{M_2}\right) = 34 - 12 \times 0.302 = 30.376$

综上可见，不需要考虑轴向力在弯矩方向二阶效应对截面偏心距的影响。

（3）调整截面承受的弯矩

1）附加偏心距 e_a

$$e_a = (20\text{mm}, h/30)_{max} = 20\text{mm}$$

2）计算构件端截面偏心距调节系数 C_m

$$C_m = 0.7 + 0.3\dfrac{M_1}{M_2} = 0.7 - 0.3 \times 0.302 = 0.6094 < 0.7，取 C_m = 0.7$$

3）求截面曲率调整系数 ζ_c

$$\zeta_c = \dfrac{0.5f_c A}{N} = \dfrac{0.5 \times 14.3 \times 1000 \times 600}{75.6 \times 10^3} = 56.746 > 1，取 \zeta_c = 1$$

4）计算弯矩增大系数 η_{ns}

$$\eta_{ns} = 1 + \dfrac{1}{1300\left(\dfrac{M_2}{N} + e_a\right)\Big/h}\left(\dfrac{l_c}{h}\right)^2 \zeta_c$$

$$= 1 + \dfrac{1}{1300 \times \left(\dfrac{70.974 \times 10^6}{75.6 \times 10^3} + 20\right)\Big/600}\left(\dfrac{3400}{600}\right)^2 \times 1 = 1.0155$$

5）调整后的弯矩

$$M = \eta_{ns}M_2 = 1.0155 \times 70.974\text{kN·m} = 72.074\text{kN·m}$$

（4）大小偏心判断

偏心距 $e_i = M/N + e_a = [72.074 \times 10^6/(75.6 \times 10^3) + 20]\text{mm} = 973.36\text{mm}$

相对受压区高度 $\xi = \dfrac{N}{\alpha_1 f_c b h_0} = \dfrac{75.6 \times 10^3}{1 \times 14.3 \times 1000 \times (600 - 50)} = 0.0098 < \xi_b = 0.55$

所以，为大偏心受压构件

$$e' = \eta_{ns}e_i - \frac{h}{2} + a'_s = (1.0155 \times 973.36 - 600/2 + 50)\text{mm} = 738.447\text{mm}$$

（5）计算配筋面积 $A_s = A'_s$

$$A_s = A'_s = \frac{Ne'}{f_y(h_0 - a_s)} = \frac{75.6 \times 10^3 \times 738.447}{300 \times (540 - 50)}\text{mm}^2 = 379.77\text{mm}^2$$

$$< \rho_{min}bh = 0.2\% \times 1000 \times 600\text{mm}^2 = 1200\text{mm}^2$$

取 $A_s = A'_s = \rho_{min}bh = 1200\text{mm}^2$，选配 $8 \oplus 14$（$A_s = A'_s = 1231.2\text{mm}^2$）

分布钢筋：对于顶板，分布钢筋的配筋率不宜小于 0.20%，且不小于受力钢筋截面面积的 10%。选配内、外侧 $\phi 12@190$（594.74mm^2/m）

（6）斜截面受剪承载力验算

设计剪力 $Q_i = Q - q \times \frac{b}{2} = (79.180 - 26 \times 0.6/2)\text{kN} = 71.38\text{kN}$

$$< 0.7f_t bh_0 = 0.7 \times 1.43 \times 1000 \times (600 - 50)\text{N} = 550550\text{N} = 550.55\text{kN}$$

按构造配箍筋，选配 $\phi 6@250$ $\left(\rho_{sv} = \frac{nA_{sv1}}{bs} = \frac{2 \times 28.3}{1000 \times 250} \times 100\% = 0.02264\% > 0.24\frac{f_t}{f_{yv}}\right)$

3. 底板设计

（1）设计参数

结构安全等级：二级，结构重要性系数 $\gamma_0 = 1.0$

混凝土强度等级：C30，$f_c = 14.3\text{MPa}$，$f_t = 1.43\text{MPa}$，$E_c = 3.0 \times 10^4\text{MPa}$

受力钢筋 HRB335 级，$f_y = f'_y = 300\text{MPa}$

箍筋及构造钢筋 HPB300 级，$f_y = f'_y = 270\text{MPa}$

截面尺寸 $b \times h = 1000\text{mm} \times 600\text{mm}$，$a_s = a'_s = 50\text{mm}$，构件计算长度 $l_c = 4200\text{mm}$

一端弯矩设计值 $M_1 = M - Q \times \frac{b}{2} = (24.205 - 75.6 \times 0.6/2)\text{kN·m} = 22.482\text{kN·m}$

另一端弯矩设计值 $M_2 = M - Q \times \frac{b}{2} = 22.482\text{kN·m}$

轴压力设计值 $N = 88.4\text{kN}$

（2）判断是否需考虑轴向力在弯矩方向二阶效应对截面偏心距的影响

同一主轴方向杆端弯矩比 $\frac{M_1}{M_2} = 1.0 > 0.9$

柱轴压比 $n = \frac{N}{f_cA} = \frac{88.4 \times 10^3}{14.3 \times 1000 \times 600} = 0.0103 > 0.9$

回转半径 $i = \sqrt{\frac{I}{A}} = \frac{h}{2\sqrt{3}}$，$\frac{l_c}{i} = \frac{4200}{600/(2 \times \sqrt{3})} = 24.2487 > 34 - 12\left(\frac{M_1}{M_2}\right) = 34 - 12 \times 1.0 = 22$

综上可见，需要考虑轴向力在弯矩方向二阶效应对截面偏心距的影响。

（3）调整截面承受的弯矩

1）附加偏心距 e_a

$$e_a = (20\text{mm}, h/30)_{max} = 20\text{mm}$$

2）计算构件端截面偏心距调节系数 C_m

$$C_m = 0.7 + 0.3\frac{M_1}{M_2} = 0.7 + 0.3 \times 1.0 = 1.0 > 0.7$$

3）求截面曲率调整系数 ζ_c

$$\zeta_c = \frac{0.5 f_c A}{N} = \frac{0.5 \times 14.3 \times 1000 \times 600}{88.4 \times 10^3} = 48.529 > 1，取 \zeta_c = 1$$

4）计算弯矩增大系数 η_{ns}

$$\eta_{ns} = 1 + \frac{1}{1300 \times \left(\frac{M_2}{N} + e_a \right) \Big/ h} \left(\frac{l_c}{h} \right)^2 \zeta_c$$

$$= 1 + \frac{1}{1300 \times \left(\frac{22.482 \times 10^6}{88.4 \times 10^3} + 20 \right) \Big/ 600} \left(\frac{4200}{600} \right)^2 \times 1 = 1.0824$$

5）调整后的弯矩

$$M = \eta_{ns} M_2 = 1.0824 \times 22.482 \text{kN·m} = 24.3345 \text{kN·m}$$

（4）大小偏心判断

偏心距 $e_i = M/N + e_a = \left[24.3345 \times 10^6 / \left(88.4 \times 10^3 \right) + 20 \right]$ mm $= 295.277$ mm

相对受压区高度 $\xi = \dfrac{N}{\alpha_1 f_c b h_0} = \dfrac{88.4 \times 10^3}{1 \times 14.3 \times 1000 \times (600 - 50)} = 0.01124 < \xi_b = 0.55$

所以，为大偏心受压构件

$$e' = \eta_{ns} e_i - \frac{h}{2} + a'_s = (1.0824 \times 295.277 - 600/2 + 50) \text{ mm} = 69.61 \text{mm}$$

（5）计算配筋面积 $A_s = A'_s$

$$A_s = A'_s = \frac{Ne'}{f_y (h_0 - a_s)} = \frac{88.4 \times 10^3 \times 69.61}{300 \times (550 - 50)} \text{mm}^2 = 41.023 \text{mm}^2$$

$$< \rho_{min} bh = 0.2\% \times 1000 \times 600 \text{mm}^2 = 1200 \text{mm}^2$$

取 $A_s = A'_s = \rho_{min} bh = 1200 \text{mm}^2$，选配 8 ⊈ 14（$A_s = A'_s = 1231.2 \text{mm}^2$）

分布钢筋：对于顶板，分布钢筋的配筋率不宜小于 0.15%，且不小于受力钢筋截面面积的 10%。选配上、下侧 ⊈ 12@250（452mm²/m）

（6）斜截面受剪承载力验算

设计剪力 $Q_i = Q - q \times \dfrac{b}{2} = (75.6 - 36 \times 0.6/2)$ kN $= 64.8$ kN

$$< 0.7 f_t bh_0 = 0.7 \times 1.43 \times 1000 \times (600 - 50) \text{N} = 550550 \text{N} = 550.55 \text{kN}$$

按构造配箍筋，选配 ⊈ 6@250 $\left(\rho_{sv} = \dfrac{n A_{sv1}}{bs} = \dfrac{2 \times 28.3}{1000 \times 250} \times 100\% = 0.02264\% > 0.24 \dfrac{f_t}{f_{yv}} \right)$

弹性地基上单跨闭合框架配筋如图 2-34 所示。

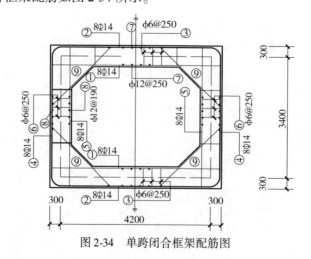

图 2-34　单跨闭合框架配筋图

思　考　题

[2-1] 何谓浅埋式结构？浅埋式结构覆土厚度应满足什么条件？

[2-2] 作用于弹性地基闭合式框架顶板上的荷载有哪些？如何计算这些荷载？

[2-3] 作用于弹性地基闭合式框架底板上的荷载有哪些？如何计算这些荷载？

[2-4] 作用于弹性地基闭合式框架侧墙上的荷载有哪些？如何计算这些荷载？

[2-5] 浅埋式结构的地层荷载如何考虑？

[2-6] 如何确定浅埋式闭合框架结构的计算简图？

[2-7] 说明如图 2-35 所示一般平面框架（图 2-25a）和弹性地基框架（图 2-25b）内力计算的异同点。

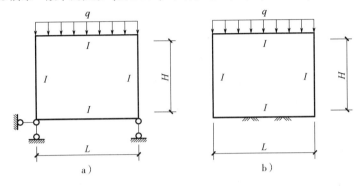

图 2-35　题 2-7

[2-8] 采用力法计算弹性地基闭合框架内力计算的基本结构如图 2-36b 所示，说明内力的计算步骤。

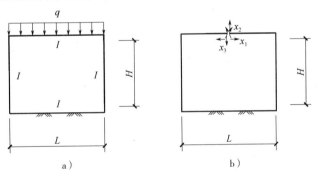

图 2-36　题 2-8

a）计算简图　b）基本结构

[2-9] 试说明弹性地基闭合框架内力计算采用超静定的上部刚架与底板作为基本结构（图 2-37）时的内力计算步骤。

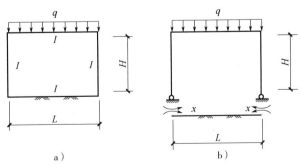

图 2-37　题 2-9

a）计算简图　b）基本结构

［2-10］试说明采用链杆法计算弹性地基闭合框架内力的计算步骤。

［2-11］浅埋式结构考虑与不考虑弹性地基影响有何区别？

［2-12］如何计算浅埋式框架节点的设计弯矩？

［2-13］如何计算浅埋式框架节点的设计剪力？

［2-14］如何计算浅埋式框架节点的设计轴力？

［2-15］为什么在闭合框架节点处设置支托（腋角）？如何确定支托（腋角）的构造尺寸？

［2-16］进行杆件截面验算时，如何确定设有支托（腋角）的框架结构杆件两端截面的计算高度？

［2-17］根据你的设计，说明框架节点处钢筋的布置原则和配筋构造要求。

［2-18］什么条件下沿闭合式框架纵向需要设置变形缝？变形缝的构造方式有哪些？并分别说明其适用范围。

第3章 盾构法隧道管片设计

【知识与技能点】

1. 掌握盾构法隧道管片结构布置原则和构件截面尺寸估选。
2. 掌握盾构法隧道管片的设计计算方法和构造要求。
3. 掌握地下建筑结构施工图的绘制方法。

3.1 设计解析

土木工程专业各方向均设置"混凝土结构构件课程设计"（1周），相对应"混凝土结构设计原理"课程。其中，建筑工程方向为梁、板结构设计，道路和桥梁工程方向为钢筋混凝土板式桥结构设计或钢筋混凝土梁式桥结构设计，地下工程方向为地下建筑结构设计。各高校可根据各校土木工程专业不同的课程群设置不同的地下建筑工程课程设计任务，可以选择浅埋式闭合框架结构设计、盾构法隧道管片设计等。本章解析盾构法隧道管片设计计算方法，并相应给出一个完整的设计实例。浅埋式钢筋混凝土闭合框架结构设计解析和实例详见第2章。

盾构法隧道的设计内容可分为三个阶段：第一阶段为隧道的方案设计，以确定隧道的线路、线形、埋置深度以及隧道的横断面形状与尺寸等；第二阶段为衬砌结构与构造设计，其中包括管片分类、厚度、分块、接头形式、管片孔洞、螺孔等；第三阶段为管片内力的计算及断面设计。地下建筑结构课程设计主要针对第二、三阶段的设计内容。

3.1.1 衬砌断面形式及构造

盾构法隧道衬砌是指支持和维护隧道的长期稳定和耐久性的永久结构物，其作用是：①在施工阶段作为隧道施工的支护结构，用于保护开挖面以防止土体变形、坍塌及泥水渗入，并承受盾构推进时千斤顶顶力及其他施工荷载；②在隧道竣工后作为永久性支撑结构，并防止泥水渗入，同时支撑衬砌周围的水、土压力以及使用阶段和某些特殊需要的荷载，以满足结构的预期使用要求。因此，隧道衬砌设计应综合考虑地质条件、断面形状、支护结构、施工条件等，并应充分利用围岩的自身能力。

盾构衬砌有单层衬砌和双层衬砌，国内现有的地铁隧道以单层管片衬砌为主。单层衬砌是在盾尾内一次拼装组成的，施工中起到支撑围岩和承受盾构推力的作用，成环后成永久性结构。双层衬砌包括一次衬砌和二次衬砌，一次衬砌结构与单层衬砌结构相同，二次衬砌通常是用来提高结构的刚度、加强管片防水和防锈的能力、起到内部装修的作用，在地铁中还以此作为防振措施。

1. 衬砌断面的形式与选型

盾构隧道横断面有圆形、矩形、半圆形、马蹄形等多种形式，最常用的横断面形式为圆形与矩形。在饱和含水软土地层中修建地下隧道，较为有利的结构形式为圆形结构。圆形隧道衬砌断面具有以下特点：①可以等同地承受各方向外部压力，尤其在饱和含水软土地层中修建地下隧道，由于顶压、侧压较为接近，更可显示出圆形隧道断面的优越性。②施工中易于盾构推进。③便于管片的制作、拼装。④盾构即使发生转动，对断面的利用也无大碍。

用于圆形隧道的拼装式管片衬砌一般由若干块组成，分块的数量由隧道直径、受力要求、运输和拼装能力等因素确定。管片类型分为标准块、邻接块和封顶块三类。管片的宽度一般为700～1200mm，厚度为（5%~6%）D（D为隧道外径），块与块、环与环之间用螺栓连接。

隧道外层装配式钢筋混凝土衬砌结构根据使用要求分为箱形管片、平板形管片等几种形式。箱形管片（图3-1a）适用于较大直径的隧道，管片本身强度不如平板形管片，特别在盾构顶力作用下易开裂。平板形管片（图3-1b）适用于较小直径的隧道，单块管片重量较重，仅在螺栓孔处有截面的削弱，可以较好地承受盾构千斤顶的推力，由于表面平整，正常运营时通风阻力较小。钢筋混凝土管片四侧均设有螺栓与相邻管片连接起来。平板形管片在特定条件下可不设螺栓，此时称为砌块，砌块四侧设有不同几何形状的接缝槽口，以便砌块间相互衔接起来。我国盾构隧道的钢筋混凝土管片大多采用平板形结构。

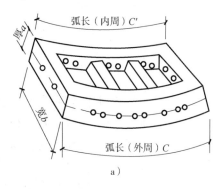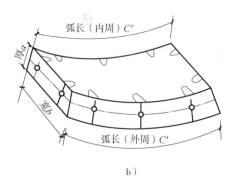

图3-1　衬砌管片结构形式示意

a）箱形管片　b）平板形管片

（1）管片　适用于不稳定地层内各种直径的隧道，接缝间通过螺栓予以连接。由错缝拼装的钢筋混凝土衬砌环近似地可视为一均质刚性圆环，接缝由于设置了一排或两排的螺栓可承受较大的正、负弯矩。环缝上设置了纵向螺栓，使隧道衬砌结构具有抵抗隧道纵向变形的能力。

（2）砌块　一般适用于含水量较少的稳定地层内。由于隧道衬砌的分块要求，使由砌块拼成的圆环（超过3块以上）成为一个不稳定的多铰圆环结构。衬砌结构通过变形后地层介质对衬砌环的约束使圆环得以稳定。砌块间以及相邻环间接缝防水、防泥必须得到满足，否则会引起圆环变形量的急剧增加而导致圆环丧失稳定，引发工程事故。

2. 装配式钢筋混凝土管片构造

按衬砌的形成方式不同，衬砌可分为装配式衬砌和挤压混凝土衬砌。目前，国内装配式混凝土管片应用较为普遍。按照管片所在位置及拼装顺序不同，可将管片划分为标准块、邻接块和封顶快。盾构管片按材料分类有铸铁管片、钢管片、钢筋混凝土管片和砌块。钢管片和铸铁管片价格贵，除了在需要开口的衬砌环或预计将承受特殊荷载的地段采用外，一般都采用钢筋混凝土管片或砌块。

（1）环宽　钢筋混凝土管片环宽一般在300~2000mm，常用750~900mm。环宽过小会导致接缝数量增加，加大隧道防水的难度；环宽过大会使盾尾长度增长而影响盾构的灵敏度，单块管片重量也增大。一般来说，大隧道的环宽可以比小隧道的环宽大些。

盾构在曲线段推进时还必须设置楔形环，楔形环的锥度可按隧道曲率半径计算。表3-1给出了隧道外径（D）与管片环宽锥度的经验值。

表3-1　隧道外径与管片环宽锥度的经验值

隧道外径/m	$D \leq 3$	$3 < D \leq 6$	$D > 6$
锥度/mm	15~30	20~40	30~50

（2）分块　衬砌圆环的分块主要由在管片制作、运输、安装等方面的实践经验而定。单线地下铁道衬砌一般可分为6~8块，双线地下铁道衬砌可分为8~10块，小断面隧道可分为4~6块。管片的最大弧长、弦长一般较少超过4m，管片越薄其长度应越短。

封顶块一般趋向于采用小封顶形式，有径向楔入和纵向插入两种拼装形式，采用纵向插入形式的封顶块受力情况较好，在受荷后，封顶块不易向内滑移，但需要加长盾构千斤顶行程。

（3）拼装形式　圆环的拼装形式有通缝（衬砌环的纵缝环环对齐）、错缝（衬砌环间纵缝相互错开）两种。考虑到错缝拼装能加强圆环接缝刚度，约束接缝变形，圆环近似地可按均质刚度考虑；同时错缝拼装时，环、纵缝相交处呈丁字缝，接缝防水比通缝拼装的十字缝较易处理。圆形衬砌采用错缝拼装较为普遍。

当某些场合（例如需要拆除管片后修建旁侧通道或某些特殊需要）中，管片常采用通缝形式，以便于进行结构处理。

图 3-2 中盾构法圆形隧道管片分为 8 块，包括 5 块标准块 B（$B_1 \sim B_5$）、2 块邻接块 L（L_1、L_2）和 1 块封顶块 F。应该说明的是，从几何结构上来看，5 块标准块是完全一样的，但考虑到便利拼装，实际上却是不一样的。管片的拼装原则：①封顶块 F 必须最后安装。②除了封顶块 L_1、L_2 之间的封顶块 F 位置出现空档外，中间不能出现空档，管片拼装必须是连续的。③以封顶块 F 的最远相对点的标准管片作为最先安装块，沿圆周的两侧向封顶块 F 辐辏。根据上述管片拼装原则，可以确定多种拼装顺序，例如 B_3—B_4—B_2—B_5—B_1—L_2—L_1—F 的拼装顺序等。需要说明的是，按 L_1—B_1—B_2—B_3—B_4—B_5—L_2—F 的拼接顺序几何结构上是可行的，但管片拼装只能按一个方向进行，缺乏对不利情况的适应性，不是一种很好的拼接顺序。

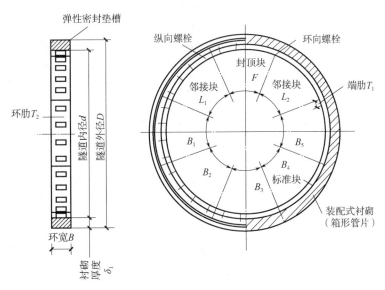

图 3-2　管片类型示意

3. 管片接头构造

管片间的纵向接头（接头面平行于纵轴）和环向接头（接头面垂直于纵轴）的基本接头结构有螺栓接头、铰接头、销插入式接头、楔形接头、榫接头等。

（1）螺栓接头　螺栓接头是一种利用螺栓将接头板紧固起来，将管片环组装起来的抗拉连接结构，是目前环向接头和纵向接头最为常用的接头结构之一。

环向螺栓根据衬砌接缝内力情况设置成单排或双排。一般在直径较大的隧道内，管片的纵缝上设置双排螺栓，外排螺栓抵抗负弯矩，内排螺栓抵抗正弯矩，每一排螺栓配有 2 ~ 3 个螺栓；对小直径隧道常采用单排螺栓，单排螺栓孔一般设置在离隧道内侧 h/3（h 为衬砌厚度）处。

纵向螺栓按管片分块（拼接形式）结构受力等要求配置，纵向螺栓孔位置设置在离隧道内侧的（1/4 ~ 1/3）h 处。

环向、纵向螺栓形式有直螺栓、弯螺栓两种，其特点见表 3-2。

表 3-2　环向、纵向螺栓形式及特点

项目		示意图	优点	缺点
直螺栓	直螺栓	端肋	受力性能好、效果显著、加工简单	常扩大了螺栓手孔的尺寸,影响管片承受盾构千斤顶顶力的承载能力
	斜直螺栓	ΔL　弹簧密封垫　环向螺栓		
	弯螺栓		缩小螺栓手孔的尺寸,较少地影响管片的纵向承载力	抵抗圆环横向内力的结构效能差,且加工麻烦

注:环向、纵向螺栓孔一般比螺栓直径大 3~6mm。

(2)铰接头　作为多铰环的环向接头,一般多为转向接头结构,适用于地基条件良好、地下水位较低的情况。为了防止管片组装到壁后注浆硬化为止这段时间内的变形,最好在采用不损坏其结构特性的接头的同时,采取防止变形的辅助手段。另外,此类接头一般紧固力不大,对地下水位以下的隧道,防水要作特殊的考虑。

(3)销插入型接头　销插入型接头主要作为纵向接头使用(图 3-3),也可作为环向接头来使用(图 3-4)。采用销钉连接的管片本身形状简单,各截面强度一致,所形成的隧道壁光滑平整,易于清理,无特殊需要可不必设内衬。

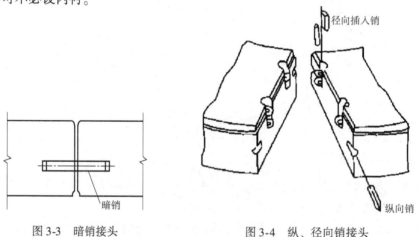

图 3-3　暗销接头　　　　　图 3-4　纵、径向销接头

(4)楔形接头　这种接头是利用楔作用将管片拉合紧固的接头,环向接头和纵向接头均可使用。由于这种接头难以变形的结构特征,所以使用在会受到强制变位的隧道的环向接头时应特别注意。

(5)榫接头　接头部位设有凹凸,通过凹凸部位的齿合作用进行力的传递,这种接头主要作为纵向接头使用,也可作为环向接头使用。

3.1.2　钢筋混凝土管片衬砌结构的计算简图

在饱和含水地层中的装配式钢筋混凝土圆形隧道衬砌可按"均质刚性圆环"进行内力计算,即将衬砌看作一按自由变形的均质（等刚度）圆环计算，而接缝上的刚度不足采用衬砌的错缝拼装予以弥补。

在不稳定土层中的装配式钢筋混凝土圆形隧道衬砌可按"多铰圆环"进行内力计算，即考虑到衬砌环接缝刚度远小于断面部分的刚度，因而可将圆环的接缝视为一个"铰"处理，整个圆环为一个多铰圆环。当按"多铰圆环"计算时，必须根据工程的使用要求，对圆环变形量有一定的限制，并对施工要求提出必要的技术措施。

3.1.3　荷载计算

作用于衬砌圆环上的荷载分为基本荷载（使用阶段）、临时荷载（施工阶段）和特殊荷载，见表 3-3。基本荷载是指设计中必须考虑的荷载；临时荷载是指在施工中或竣工后作用的荷载，应根据隧道的使用目的、施工条件以及周围环境进行考虑；特殊荷载是指根据围岩条件、隧道的使用条件所必须考虑的荷载。

表 3-3a　荷载分类

基本荷载	地层压力；水压力；结构自重；土覆荷载的影响；地基抗力
临时荷载	内部荷载；施工荷载；地震的影响
特殊荷载	平行配置隧道的影响；接近施工的影响；其他

表 3-3b　计算工况荷载组合

荷载种类	荷载组合系数	第一组合 （施工阶段）	第二组合 （运行阶段）	第三组合 （地震验算）
地面超载	1.4	√	√	√
结构自重	1.2	√	√	√
地层垂直水土压力	1.2	√	√	√
水平水土压力	1.2	√	√	√
外水压力	1.2	√	√	√
道路设计荷载	1.4	√	√	√
盾构千斤顶顶力	1.2	√		
不均匀注浆压力	1.2	√		
地震荷载	1.3			√

1. 基本荷载（衬砌环宽按 1m 考虑）

（1）结构自重

$$g = \gamma_{\mathrm{h}} h \tag{3-1}$$

式中　γ_{h}——钢筋混凝土重度（$\mathrm{kN/m^3}$），一般采用 $25\mathrm{kN/m^3}$；

　　　h——管片厚度（m），当采用箱形管片时可考虑采用折算厚度。

（2）竖向土压力　将竖向土压力作为衬砌顶部的均匀荷载来考虑，其大小宜根据隧道的覆土厚度、隧道断面形状、外径和围岩条件来决定。

竖向土压力计算（按土性不同），对黏性土，按水土合算，即地下水位以上按湿重度计算，地下水位以下按饱和重度计算；对砂性土，按水土分算，即地下水位以上按湿重度计算，地下水位以下按浮重度计算。

竖向土压力计算（按埋深及地层条件）：当覆土厚度小于隧道外径（$h < D$）时，可不考虑土的成拱效应，采用上覆土的水土重量。

$$q = \sum_{i=1}^{n} \gamma_i h_i \tag{3-2}$$

式中　γ_i——衬砌顶部以上第 i 层土层的容重（$\mathrm{kN/m^3}$），在地下水位以下的土层重度取土的浮重度；

h_i——衬砌顶部以上第 i 层土层的厚度（m）。

当覆土厚度大于隧道外径（$h > D$）时，地基中产生成拱效应可能性比较大，可以考虑在设计计算时采用松弛土压力。在砂质土中，当覆土厚度大于（$1 \sim 2$）D 时多采用松动土压力；在黏性土中，若由硬质黏土（$N \geqslant 0$）构成的良好地基，当覆土厚度大于（$1 \sim 2$）D 时多采用松弛土压力，对中等固结的黏土（$4 \leqslant N < 8$）和软黏土（$2 \leqslant N < 4$），将隧道的全覆土重力作为土压力考虑。

松弛土压力的计算，通常采用美国太沙基（K. Terzaghi）公式，如图 3-5 所示。

$$B_0 = \frac{D}{2}\cot\left(\frac{\pi/4 + \varphi/4}{2}\right) \tag{3-3}$$

式中　B_0——太沙基隧道拱部松动区宽度的一半（m）。

$$p = \frac{B_0\left(\gamma - \dfrac{c}{B_0}\right)}{K_0\tan\varphi}\left[1 - \exp\left(-K_0\frac{H}{B_0}\tan\varphi\right)\right] + q\exp\left(-K_0\frac{H}{B_0}\tan\varphi\right) \tag{3-4}$$

式中　p——Terzaghi 的松动土压力（kN/m²）；

K_0——侧向土压力与垂直土压力之比，通常取 $K_0 = 1$；

h_0——松弛层的换算高度，$h_0 = \dfrac{p}{\gamma}$，即换算的土压力除以土的单位重度（m）；

q——上覆荷载（kPa）；

H——覆土深度（m）；

φ——土的内摩擦角（°）；

γ——土的重度（kN/m³）；

c——土的黏聚力（kPa）。

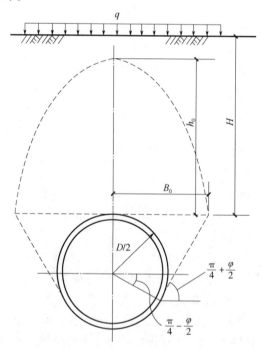

图 3-5　太沙基公式土压力计算简图

隧道位于潜水位以上时

$$p = \gamma h_0$$

若 $h_0 < H_w$，则太沙基公式

$$p = \gamma' h_0$$

在 $\dfrac{q}{\gamma} < H$ 的情况下，则采用

$$p = \gamma h_0 = \frac{B_0\left(\gamma - \dfrac{c}{B_0}\right)}{K_0 \tan\varphi}\left[1 - \exp\left(-K_0 \frac{H}{B_0}\tan\varphi\right)\right]$$

松动土压力也可采用苏联普罗托季雅柯诺夫公式（普氏公式）计算：

$$p = \frac{2}{3}\gamma \frac{B_0}{K_0 \tan\varphi} \tag{3-5}$$

（3）拱背土压力

$$G = 2\left(1 - \frac{\pi}{4}\right)R_{\mathrm{H}}^2 \gamma = 0.43 R_{\mathrm{H}}^2 \gamma$$

式中　γ——土的重度（kN/m^3）；

R_{H}——衬砌圆环的计算半径（m）。

（4）地面超载　地面超载增加了作用于衬砌上的土压力，道路交通荷载、铁路交通荷载、建筑物的重量作用于衬砌上的力即为地面超载。当隧道埋深较浅时，必须考虑地面荷载的影响。

公路车辆荷载 $10kN/m^2$；铁路车辆荷载 $25kN/m^2$；建筑物的重量 $10kN/m^2$。

（5）侧向均匀主动土压力

$$p_1 = q\tan^2\left(45° - \frac{\varphi}{2}\right) - 2c\tan\left(45° - \frac{\varphi}{2}\right) \tag{3-6}$$

式中　q——竖向土压力（kN/m）；

γ、φ、c——衬砌圆环侧向各层土层土壤的重度、内摩擦角、内聚力的加权平均值，按下式计算

$$\gamma = \frac{h_1\gamma_1 + h_2\gamma_2 + \cdots + h_n\gamma_n}{h_1 + h_2 + \cdots + h_n}$$

$$\varphi = \frac{h_1\varphi_1 + h_2\varphi_2 + \cdots + h_n\varphi_n}{h_1 + h_2 + \cdots + h_n}$$

$$c = \frac{h_1 c_1 + h_2 c_2 + \cdots + h_n c_n}{h_1 + h_2 + \cdots + h_n}$$

（6）侧向三角形主动土压力

$$p_2 = 2R_{\mathrm{H}}\gamma\tan^2\left(45° - \frac{\varphi}{2}\right) \tag{3-7}$$

（7）侧向地层抗力　侧向地层抗力为隧道结构产生变形向土体挤压时产生的被动抗力，按 Winkler 局部变形理论计算，侧向地层抗力图形呈一等腰三角形，抗力范围按与水平直径上下呈 45° 考虑。

$$p_{\mathrm{k}} = ky \tag{3-8}$$

$$y = \frac{(2q - p_1 - p_2 + \pi g)R_{\mathrm{H}}^4}{24(\eta EI + 0.045 k R_{\mathrm{H}}^4)} \tag{3-9}$$

式中　k——衬砌圆环侧向地层（弹性）压缩（kN/m^3）；

y——衬砌圆环在水平直径处的变形量（m）；

EI——衬砌圆环抗弯刚度（$kN\cdot m^2$）；

η——衬砌圆环抗弯刚度的折减系数，$\eta = 0.25 \sim 0.80$。

（8）水压力

1）采用静水压力考虑时，管片上各点处的水压力：

$$p_{\mathrm{w}} = \gamma_{\mathrm{w}}\left[H_{\mathrm{w}} + \frac{h}{2} + R_{\mathrm{H}}(1 - \cos\alpha)\right] \tag{3-10}$$

式中　γ_{w}——水的单位重度（kN/m^3），$\gamma_{\mathrm{w}} = 10kN/m^3$；

H_w——圆环顶点至地下水表面的垂直距离（m）；

α——隧道上任意一点与垂直方向的夹角（°）；

h——衬砌管片厚度（m）。

采用静水压力时，隧道圆环浮力 F_w：

$$F_w = \gamma_w \pi R_H^2 \tag{3-11}$$

2）采用垂直均布荷载和水平可变的荷载组合时，衬砌水压力计算如下：

作用于衬砌拱部的垂直水压力 p_{w1}

$$p_{w1} = \gamma_w H_w \tag{3-12}$$

作用于衬砌底部的垂直水压力 p_{w2}

$$p_{w2} = \gamma_w \left[H_w + 2\left(\frac{h}{2} + R_H \right) \right] = \gamma_w (H_w + D) \tag{3-13}$$

作用于衬砌拱部的水平水压力 q_{w1}

$$q_{w1} = \gamma_w \left(H_w + \frac{h}{2} \right) \tag{3-14}$$

作用于衬砌底部的水平水压力 q_{w2}

$$q_{w2} = \gamma_w \left[H_w + \left(\frac{h}{2} + 2R_H \right) \right] \tag{3-15}$$

采用垂直均布荷载和水平可变荷载组合时，浮力 F_w：

$$F_w = 2R_H(p_{w2} - p_{w1}) = 2\gamma_w D R_H \tag{3-16}$$

（9）拱底反力

$$p_R = q + \pi g + \left(1 - \frac{\pi}{4} \right) R_H \gamma - \frac{\pi}{2} R_H \gamma_w = q + \pi g + 0.2146 R_H \gamma - \frac{\pi}{2} R_H \gamma_w \tag{3-17}$$

式中　γ_w——水的重度（kN/m³）；

其余符号含义同前。

荷载简图如图 3-6 所示。

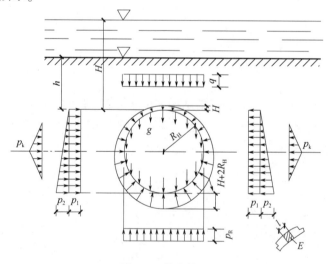

图 3-6　荷载简图

2. 施工阶段的荷载

施工时作用于衬砌结构上的荷载如下：

（1）盾构顶紧推力　在生产管片时，应测试管片抵抗盾构顶进推力的强度。由于制作和拼接的误差，管片的环缝面往往不平，当盾构千斤顶施加在环缝面上，特别是千斤顶顶力存在偏心状态情况下，极易使管片开裂和顶碎，应按下式验算局部受压区截面尺寸。

$$F_l \leqslant 1.35\beta_c\beta_l f_c A_{ln} \tag{3-18}$$

式中　F_l——局部受压面上作用的局部荷载或局部压力设计值；

　　　　f_c——混凝土轴心抗压强度设计值；

　　　　β_c——混凝土强度影响系数；

　　　　β_l——混凝土局部受压时的强度提高系数；

　　　　A_{ln}——混凝土局部受压净面积。

（2）运输和装卸时的荷载

（3）背后注浆压力　当注浆压力相当于隧道埋深处的地层应力时，对减少地层损失和地表沉降量效果最为显著。地铁隧道一般埋深 10～20m，采用太沙基的土压力计算方法较为合理。注浆压力应至少大于太沙基（Terzaghi）的松动土压力［式（3-4）］。

（4）直立操作时的荷载

（5）其他荷载　储备车厢的静载、管片调整形状时的千斤顶推力、切割挖掘机的扭转力等。

其中，盾构千斤顶推力是主要的力，其他压力随着荷载条件的给定均取某一参考值。

$$F_s = (700 \sim 1000)\pi\frac{D^2}{4} \tag{3-19}$$

式中　F_s——盾构千斤顶推力（kN）；

　　　　D——隧道圆环外径（m）。

3. 特殊荷载阶段

盾构隧道与其他隧道相比，由于接头的存在使隧道的刚度有所减小，又因其在地下施工的缘故，其跟随地层变位的性能更好，地震时的震害明显低于地上结构，但一旦遭到破坏，修复困难且代价极大。因此，对埋置于软弱地层、上软下硬地层、松散的可能发生液化的饱和砂质地层及覆盖层厚度、地层条件发生突变的地层情况，必须重视隧道的抗震问题；同时，应对急弯曲线部位、地下接头部位以及与竖井的连接部位等进行衬砌构造的抗震验算。

地震影响通常使用静态分析法，例如地震变形法、地震系数法、动力学分析方法等。地震变形法通常适用于调查隧道地震变形。

其他荷载：若需要，应检查邻近隧道对开挖和不均匀沉降的影响。

3.1.4　衬砌的内力计算方法

（1）按自由变形均质圆环计算内力　在饱和含水地层中的装配式钢筋混凝土圆形隧道衬砌可按"均质刚性圆环"进行内力计算。结构计算简图如图 3-7 所示。

采用弹性中心法计算。由于结构及荷载对称，拱顶剪力等于零，属于二次超静定结构。衬砌底部截面只有相对位移（竖向下沉）而无水平变位及转角，可将底截面视为固定端。另外，根据弹性中心处的相对角位移和水平位移等于零的条件（$\delta_{12} = \delta_{21} = 0$）可列出力法方程：

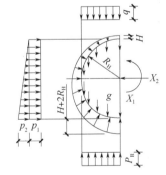

图 3-7　自由变形均质圆环计算简图

$$\left.\begin{array}{c}\delta_{11}X_1 + \Delta_{1p} = 0 \\ \delta_{22}X_2 + \Delta_{2p} = 0\end{array}\right\} \tag{3-20}$$

由于 EI 为常数，$d_s = R_H d\alpha$（R_H 为圆环计算半径），故

$$\delta_{11} = \int_0^s M_1^2 \mathrm{d}s = \frac{1}{EI}\int_0^\pi R_H \mathrm{d}\alpha = \frac{\pi R_H}{EI}$$

$$\delta_{22} = \int_0^s M_2^2 \mathrm{d}s = \frac{1}{EI}\int_0^\pi (-R_\mathrm{H}\cos\alpha)^2 R_\mathrm{H}\mathrm{d}\alpha = \frac{\pi R_\mathrm{H}^3}{2EI}$$

$$\Delta_{1p} = \frac{1}{EI}\int_0^\pi M_p R_\mathrm{H}\mathrm{d}\alpha = \frac{R_\mathrm{H}}{EI}\int_0^\pi M_p \mathrm{d}\alpha$$

$$\Delta_{2p} = \frac{1}{EI}\int_0^\pi M_p(-R_\mathrm{H}\cos\alpha)R_\mathrm{H}\mathrm{d}\alpha = \frac{-R_\mathrm{H}^2}{EI}\int_0^\pi M_p\cos\alpha\mathrm{d}\alpha$$

$$X_1 = \frac{-\Delta_{1p}}{\delta_{11}} = -\frac{1}{\pi}\int_0^\pi M_p \mathrm{d}\alpha$$

$$X_2 = \frac{-\Delta_{2p}}{\delta_{22}} = -\frac{2}{\pi R_\mathrm{H}}\int_0^\pi M_p\cos\alpha\mathrm{d}\alpha$$

圆环中任意截面上内力可由下式得到：

$$M(\alpha) = X_1 - X_2 R_\mathrm{H}\cos\alpha + M_p \tag{3-21a}$$

$$N(\alpha) = N_p + X_2\cos\alpha \tag{3-21b}$$

衬砌圆环断面的内力计算见表 3-4，设计时可直接利用表中公式。

表 3-4　自由变位圆环各截面中的内力计算公式

荷载种类	截面位置	与竖直轴呈 α 角的截面内力		P
		$M(t-m)$	$N(t)$	
自重	$0 \sim \pi$	$gR_\mathrm{H}^2(1 - 0.5\cos\alpha - \alpha\sin\alpha)$	$gR_\mathrm{H}(\alpha\sin\alpha - 0.5\cos\alpha)$	g
均布竖向地层压力	$0 \sim \pi/2$	$qR_\mathrm{H}^2(0.193 + 0.106\cos\alpha - 0.5\sin^2\alpha)$	$qR_\mathrm{H}(\sin^2\alpha - 0.106\cos\alpha)$	q
	$\pi/2 \sim \pi$	$qR_\mathrm{H}^2(0.693 + 0.106\cos\alpha - \sin\alpha)$	$qR_\mathrm{H}(\sin\alpha - 0.106\cos\alpha)$	
均布底部反力	$0 \sim \pi/2$	$p_\mathrm{R}R_\mathrm{H}^2(0.057 - 0.106\cos\alpha)$	$0.106p_\mathrm{R}R_\mathrm{H}\cos\alpha$	p_R
	$\pi/2 \sim \pi$	$p_\mathrm{R}R_\mathrm{H}^2(-0.443 + \sin\alpha - 0.106\cos\alpha - 0.5\sin^2\alpha)$	$p_\mathrm{R}R_\mathrm{H}(\sin^2\alpha - \sin\alpha - 0.106\cos\alpha)$	
水压力	$0 \sim \pi$	$-R_\mathrm{H}^2(0.5 - 0.25\cos\alpha - 0.5\sin\alpha)$	$R_\mathrm{H}^2(1 - 0.25\cos\alpha - 0.5\sin\alpha) + H_\mathrm{w}R$	
均布水平地层压力	$0 \sim \pi$	$p_1 R_\mathrm{H}^2(0.25 - 0.5\cos^2\alpha)$	$p_1 R_\mathrm{H}\cos^2\alpha$	p_1
按三角形分布水平地层压力	$0 \sim \pi$	$p_2 R_\mathrm{H}^2(0.25\sin^2\alpha + 0.083\cos^3\alpha - 0.063\cos\alpha - 0.125)$	$p_2 R_\mathrm{H}\cos\alpha(0.063 + 0.5\cos\alpha - 0.25\cos^2\alpha)$	p_2

注：1. R_H 为衬砌计算半径；α 为计算截面与圆环垂直轴的夹角。

2. 表中所示圆环内力均以 1m 为单位，若环宽为 b（一般 $b = 0.5 \sim 1.0\mathrm{m}$），则表中内力（弯矩 M、轴力 N）应乘以 b。

3. 水压力一栏，算出的内力应乘以水的重度 γ_w 与圆环的确定宽度 b。式中，H_w 是圆环顶点至地下水表面的垂直距离。

4. 弯矩 M 以内缘受拉为正，外缘受拉为负。轴力 N 以受压为正，受拉为负。

（2）考虑土壤介质侧向弹性抗力的圆环内力计算　仍按均质刚度圆环计算，荷载分布如图 3-8 所示。

地层抗力图形分布在水平直径上、下各 45°范围内，在水平直径处：

$$p_\mathrm{k} = ky(1 - \sqrt{2}\,|\cos\alpha|) \tag{3-22}$$

$$y = \frac{(2q - p_1 - p_2 + \pi g)R_\mathrm{H}^4}{24(\eta EI + 0.045kR_\mathrm{H}^4)} \tag{3-23}$$

式中　η——衬砌圆环抗弯刚度的折减系数，$\eta = 0.25 \sim 0.80$；

y——圆环水平直径处受荷后最终半径变形值。

由 p_k 引起的圆环内力（弯矩 M、轴力 N、剪力 Q）为

$$M = (0.2346 - 0.3536\cos\alpha)p_\mathrm{k}R_\mathrm{H}^2 \quad (0 \leqslant \alpha \leqslant \pi/4)$$

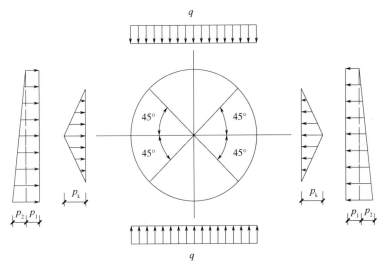

图 3-8 荷载分布图

$$M = (-0.3487 + 0.5\cos^2\alpha + 0.2357\cos^3\alpha)p_k R_H^2 \quad (\pi/4 \leqslant \alpha \leqslant \pi/2)$$
$$N = 0.3536\cos\alpha p_k R_H \quad (0 \leqslant \alpha \leqslant \pi/4)$$
$$N = (-0.707\cos\alpha + \cos^2\alpha + 0.707\sin^2\alpha\cos\alpha)p_k R_H \quad (\pi/4 \leqslant \alpha \leqslant \pi/2)$$
$$Q = 0.3536\sin\alpha p_k R_H \quad (0 \leqslant \alpha \leqslant \pi/4)$$
$$Q = (\sin\alpha\cos\alpha - 0.707\cos^2\alpha\sin\alpha)p_k R_H \quad (\pi/4 \leqslant \alpha \leqslant \pi/2)$$

将 p_k 引起的圆环内力和其他长期外荷载引起的圆环内力叠加，即得最终的圆环内力。

（3）日本修正惯用法　错缝拼装的衬砌圆环，可通过环间剪切键或凹凸榫等结构使接头部分弯矩传递到相邻管片。对于错缝拼装的管片，挠曲刚度较小的接头承受的弯矩不同于与之邻接的挠曲刚度较大的管片承受的弯矩。目前，考虑接头的影响主要通过假定弯矩传递的比例来实现。国际桥隧推荐 $\eta - \xi$ 法和旋弹簧（半铰）（$K - \xi$ 法）。

1）$\eta - \xi$ 法。首先，将衬砌环按均质圆环计算，但考虑纵缝接头的存在，导致整体抗弯刚度降低，取圆环抗弯刚度为 ηEI（η 为弯曲刚度有效率，$\eta \leqslant 1$，按表 3-5 取值）。计算圆环水平直径处变位 y，两侧抗力 $P_k = ky$ 后，考虑错缝拼装管片接头部分弯矩的传递，错缝拼装弯矩重分配见图 3-9。

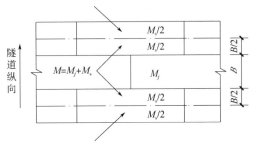

图 3-9 错缝拼装弯矩传递分配示意图

接头处内力
$$\left.\begin{array}{l} M_j = (1 - \xi)M \\ N_j = N \end{array}\right\} \tag{3-24}$$

管片内力
$$\left.\begin{array}{l} M_s = (1 + \xi)M \\ N_s = N \end{array}\right\} \tag{3-25}$$

式中　ξ——弯矩调整系数，按表 3-5 取值；

　　M、N——均质圆环计算弯矩和轴力；

M_j、N_j——调整后的接头弯矩和轴力；

M_s、N_s——调整后管片本体弯矩和轴力。

表 3-5   弯曲刚度有效率 η 和弯矩调整系数 ξ

管片种类	弯曲刚度有效率 η	弯矩调整系数 ξ
铸铁管片	0.9	0.1
复合管片	0.8	0.2
钢筋混凝土管片（箱形、平板形）	0.7	0.3

注：若管片内没有接头，则 $\eta = 1$，$\xi = 0$。

2）K–ξ 法。该方法中用一个旋转弹簧（半铰）模拟接头，且假定弯矩与转角 θ 呈正比，由此计算构件内力，如图 3-10 所示。

$$M = K\theta \tag{3-26}$$

式中 K——旋转弹簧常数（$kN \cdot m/rad$），根据试验确定或根据以往设计计算的经验来确定。若管片环没有接头，则 $K = \infty$，$\xi = 0$；若管片环的接头为铰接，则 $K = 0$，$\xi = 1$。

（4）按多铰圆环计算圆环内力   山本稔法计算原理：圆环多铰衬砌环在主动土压力和被动土压力作用下产生变形，圆环由一个不稳定结构逐渐转变成稳定结构，圆环变形过程中，铰不发生突变。这样多铰系衬砌环在地层中不会引起破坏，能发挥稳定结构的机能。

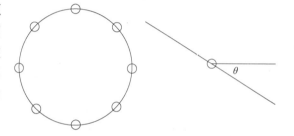

图 3-10   弹簧铰模型

1）基本假定。

①适用于圆形结构。

②衬砌环在转动时，管片或砌块视为刚体处理。

③衬砌环外围土抗力按均变形式分布，土抗力的计算要满足对衬砌环稳定性的要求，土抗力作用方向全部朝向圆心。

④计算中不计及圆环与土壤介质间的摩擦力。

⑤土抗力和变位间关系按温克勒地基假设计算。

2）计算方法。具有 n 个衬砌组成的多铰圆环结构计算（图 3-11），（$n-1$）个铰由地层约束，而剩下一个成为非约束铰，其位置经常在主动土压力一侧，整个结构可以按静定结构来解析。

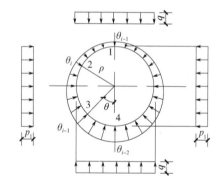

图 3-11   多铰圆环计算简图

衬砌各个截面处地层抗力方程：

$$q_{\alpha i} = q_{i-1} + \frac{(q_i - q_{i-1})\alpha_i}{\theta_i - \theta_{i-1}} \tag{3-27}$$

式中 q_{i-1}——$i-1$ 铰处的土层抗力（kN/m^2）；

q_i——i 铰处的土层抗力（kN/m^2）；

α_i——以 q_i 为基轴的截面位置；

θ_i——i 铰与垂直轴的夹角；

θ_{i-1}——$i-1$ 铰与垂直轴的夹角。

杆 1-2（图 3-12）

$$\theta_{i-1} = 0°, \quad \theta_i = 60°, \quad \theta_i - \theta_{i-1} = 60°$$

$q_{i-1} = 0$，$q_i = q_2$，$q_{\alpha i} = q_{i-1} + \dfrac{(q_i - q_{i-1})\alpha_i}{\theta_i - \theta_{i-1}} = \dfrac{q_2 \alpha_i}{\pi/3}$

由 $\sum X = 0$ 可得

$$H_1 = H_2 + pr(1 - \cos\theta_i) + r\int_0^{\theta_i - \theta_{i-1}} \dfrac{q_2 \alpha_i}{\pi/3}\sin(\theta_{i-1} + \alpha_i)\mathrm{d}\alpha_i$$

上式整理可得

$$H_1 = H_2 + 0.5pr + 0.327q_2 r \tag{3-28}$$

由 $\sum Y = 0$ 可得

$$V_2 = qr\sin\theta_1 + r\int_0^{\theta_i - \theta_{i-1}} \dfrac{q_2 \alpha_i}{\pi/3}\cos\alpha_i \mathrm{d}\alpha_i$$

$$V_2 = \dfrac{\sqrt{3}}{2}qr + \dfrac{3q_2 r}{\pi}\left(\dfrac{\sqrt{3}\pi - 3}{6}\right) = 0.866qr + 0.388q_2 r \tag{3-29}$$

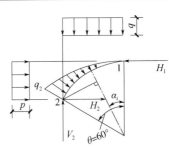
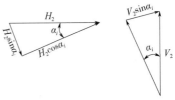

图 3-12　杆 1-2

由 $\sum M = 0$（对铰 2 取矩）可得

$$H_1 r(1 - \sin\theta_1) = q\dfrac{(r\sin\theta_i)^2}{2} + p\dfrac{[r(1 - \cos\theta_1)]^2}{2} + \int_0^{\theta_i - \theta_{i-1}} \dfrac{q_2 \alpha_i}{\pi/3}r\mathrm{d}\alpha_i[r\sin(\theta_i - \theta_{i-1} - \alpha_i)]$$

$$\dfrac{1}{2}H_1 r = \dfrac{3}{8}qr^2 + \dfrac{1}{8}pr^2 + \dfrac{3r^2}{\pi}q_2\left(\dfrac{2\pi - 3\sqrt{3}}{6}\right)$$

$$H_1 = \dfrac{3}{4}qr + \dfrac{1}{4}pr + \dfrac{3r}{\pi}q_2\left(\dfrac{2\pi - 3\sqrt{3}}{3}\right) = (0.75q + 0.25p + 0.346q_2)r \tag{3-30}$$

杆 2-3（图 3-13）

由 $\sum X = 0$ 可得

$$H_2 + H_3 = p\left[2r\sin\left(\dfrac{\theta_i - \theta_{i-1}}{2}\right)\right] + \int_0^{\theta_i - \theta_{i-1}} \left[q_2 r\mathrm{d}\alpha_1 + \dfrac{(q_3 - q_2)}{\pi/3}r\mathrm{d}\alpha_1\right]\sin(\theta_{i-1} + \alpha_i)$$

$$H_2 + H_3 = pr + \dfrac{r}{2}(q_3 + q_2) \tag{3-31}$$

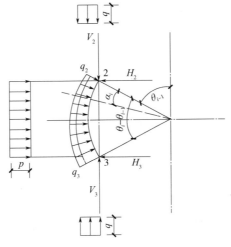

图 3-13　杆 2-3 计算简图

由 $\sum Y = 0$ 可得

$$V_2 = V_3 - \int_0^{\theta_i - \theta_{i-1}} \left[q_2 r\mathrm{d}\alpha_1 + \dfrac{(q_3 - q_2)\alpha_1}{\pi/3}r\mathrm{d}\alpha_1\right]\cos(\theta_{i-1} + \alpha_i)$$

$$V_2 = V_3 + 0.089(q_3 - q_2) \tag{3-32}$$

由 $\sum M = 0$（对铰 3 取矩）可得

$$H_2 r = p \frac{r^2}{2} + \int_0^{\theta_i - \theta_{i-1}} \left[q_2 r d\alpha_1 + \frac{(q_3 - q_2)\alpha_i}{\pi/3} r d\alpha_1 \right] \sin(\theta_i - \theta_{i-1} - \alpha_i)$$

$$H_2 r = p \frac{r^2}{2} + 0.173 q_3 r^2 + 0.327 q_2 r^2$$

$$H_2 = \left(\frac{p}{2} + 0.173 q_3 + 0.327 q_2 \right) r \tag{3-33}$$

杆 3-4（图 3-14）

$$\theta_{i-1} = 120°, \ \theta_i = 180°, \ \theta_i - \theta_{i-1} = 60°$$

由 $\sum X = 0$ 可得

$$H_4 = H_3 + pr[1 - \cos(\theta_i - \theta_{i-1})] + \int_0^{\theta_i - \theta_{i-1}} \left[q_3 r d\alpha_1 + \frac{(q_4 - q_3)}{\pi/3} r d\alpha_1 \right] \sin(\theta_{i-1} + \alpha_i)$$

$$H_4 = H_3 + 0.5 pr + 0.327 q_3 r + 0.173 q_4 r \tag{3-34}$$

由 $\sum Y = 0$ 可得

$$V_3 = qr \sin(\theta_i - \theta_{i-1}) + \int_0^{\theta_i - \theta_{i-1}} \left[q_3 r d\alpha_1 + \frac{(q_4 - q_3)\alpha_1}{\pi/3} r d\alpha_1 \right] \cos(\theta_{i-1} + \alpha_i)$$

$$V_3 = 0.866 qr + 0.389 q_3 r + 0.478 q_4 r \tag{3-35}$$

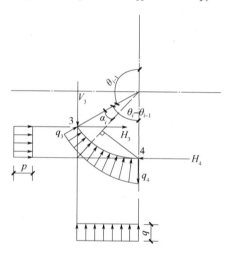

图 3-14　杆 3-4 计算简图

由 $\sum M = 0$（对铰 4 取矩）可得

$$H_3 r [1 - \cos(\theta_i - \theta_{i-1})] + p \frac{\{r[1 - \cos(\theta_i - \theta_{i-1})]\}^2}{2} + q \frac{[r\sin(\theta_i - \theta_{i-1})]^2}{2} + \int_0^{\theta_i - \theta_{i-1}} \left[q_3 r d\alpha_1 + \frac{(q_4 - q_3)\alpha_i}{\pi/3} \right]$$

$$\sin(\theta_i - \theta_{i-1} - \alpha_i) = V_3 r \sin(\theta_i - \theta_{i-1}) = 0.866 r V_3$$

$$0.866 r V_3 = 0.5 r H_3 + \frac{1}{8} pr + 0.375 qr + 0.328 q_3 r + 0.173 q_4 r \tag{3-36}$$

由式（3-28）~式（3-36）9 个方程可解出 9 个未知量（q_2、q_3、q_4、H_1、H_2、H_3、H_4、V_2、V_3），进而算出各个截面上的内力值（M、N、Q）。

各个约束铰的径向位移：

$$\mu = \frac{q}{k} \tag{3-37}$$

式中　k——土壤（弹性）基床系数（kN/m^3）。

圆环破坏条件：以非约束铰为中心的三个铰（$i-1$）（i）（$i+1$）的坐标系统排列在一直线上，则结构丧失稳定。

3.1.5　衬砌断面设计

计算断面选取原则：①上覆地层厚度最大的横断面；②上覆土层厚度最小的横断面；③地下水位最高的横断面；④地下水位最低的横断面；⑤超载重最大的横断面；⑥有偏压的横断面；⑦地表有突变的横断面；⑧附近现有或将来拟建新的隧道的横断面。

衬砌断面设计在各个不同工种阶段具有不同的内容和要求。在基本使用荷载阶段，需进行抗裂或裂缝宽度限制、强度和变形等验算；在组合基本荷载阶段和特殊荷载阶段的衬砌内力时，一般仅进行强度的检验，变形和裂缝开展可不予考虑。

（1）抗裂验算　当衬砌不允许出现裂缝时，需要进行抗裂验算。衬砌结构属于偏心受压构件，其抗裂计算简图见图 3-15。

根据平截面假定可得：

$$\varepsilon_s = \frac{h_0 - x}{h - x}\varepsilon_t, \quad \varepsilon_s' = \frac{x - a'}{h - x}\varepsilon_t, \quad \varepsilon_c = \frac{x}{h - x}\varepsilon_t, \quad \varepsilon_t = 1.5 \sim 2.5 \times 10^{-4}$$

$$\sigma_s = E_s \varepsilon_s, \quad \sigma_s' = E_s \varepsilon_s', \quad \sigma_c = E_c \varepsilon_c$$

由 $\sum X = 0$ 可得

$$N + f_t b(h - x) + \sigma_s A_s = \sigma_s' A_s' + \frac{1}{2}\sigma_c bx \tag{3-38}$$

由上式可求得中和轴位置 x。

由 $\sum M = 0$（对受拉钢筋形心取矩）可得

$$KN\left(e_0 + \frac{h}{2} - a\right) + f_t b(h - x)\left(\frac{h - x}{2} - a\right) = \frac{1}{2}\sigma_c bx\left(\frac{2}{3}x + h_0 - x\right) + \sigma_{sg}' A_s'(h_0 - a') \tag{3-39}$$

由上式可求得 K。

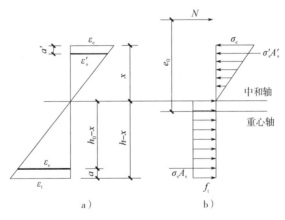

图 3-15　抗裂计算简图

a）应变图　b）应力图

如对偏心距 e_0 取矩，则由上式可求得 K_{e_0}。

$$N\left(K_{e_0}e_0 + \frac{h}{2} - a\right) + f_t b(h - x)\left(\frac{h - x}{2} - a\right) = \frac{1}{2}\sigma_c bx\left(\frac{2}{3}x + h_0 - x\right) + \sigma_s' A_{sg}'(h_0 - a') \tag{3-40}$$

式中　A_s'、A_s——受压、受拉钢筋截面面积（mm^2）；

　　　f_t——裂缝出现前混凝土压应力（MPa）；

　　　b、h——衬砌断面的宽度和高度（mm）；

　　　ε_t、ε_s——混凝土截面纤维最大拉应变和受拉钢筋应变值；

ε_h、ε'_s——混凝土截面纤维最大压应变和受压钢筋的应变值；

E_c、E_s——混凝土和钢筋的弹性模量（MPa）。

K 或 K_{e_0} 都要求大于或等于 1.3。

一般隧道衬砌结构常处于偏心受压状态，由于衬砌结构受荷情况常常是不够明确的，实际的大偏心受压状态下，结构的承载能力往往是由受拉情况特别是弯矩 M 值控制，因此为偏于安全，常按 K_{e_0} 验算。

（2）裂缝宽度验算　裂缝宽度可根据《混凝土结构设计规范》（GB 50010—2010）（2015 年版）有关规定进行验算，对 $e_0/h_0 \leqslant 0.55$ 的偏压构件可不验算裂缝宽度。

裂缝宽度也可按《公路钢筋混凝土及预应力混凝土桥涵设计规范》（JTG 3362—2018）有关规定进行验算。

（3）衬砌截面的强度计算　衬砌结构应根据不同工作阶段的最不利内力，按偏心受压构件进行强度计算和截面设计。基本使用阶段隧道衬砌构件的强度计算可按《混凝土结构设计规范》（GB 50010—2010）（2015 年版）进行。

（4）衬砌圆环的直径变形计算　装配式衬砌圆环直径变形计算可采用结构力学方法求得，同时考虑圆环刚度（EI）的折减 η，η 值与隧道衬砌直径、断面厚度、接缝构造、位置及其数量等有关，大致在 0.25~0.80。

衬砌圆环的水平直径变形计算（图 3-16）：

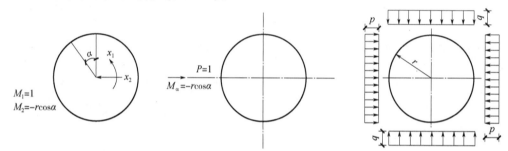

图 3-16　衬砌圆环的水平直径变形计算

$$M_1 = 1$$

$$M_2 = -r\cos\alpha$$

$$M_\alpha = -r\cos\alpha$$

$$M_q = -\frac{1}{2}q\,(r\sin\alpha)^2$$

$$M_p = -\frac{1}{2}pr^2\,(1 - r\cos\alpha)^2$$

$$\delta_{11} = \int \frac{M_1^2}{EI}\mathrm{d}s$$

$$\delta_{22} = \int \frac{M_2^2}{EI}\mathrm{d}s$$

$$\delta_{1\alpha} = \int \frac{M_1 M_\alpha}{EI}\mathrm{d}s$$

$$\delta_{2\alpha} = \int \frac{M_2 M_\alpha}{EI}\mathrm{d}s$$

$$\delta_{\alpha q} = \int \frac{M_\alpha M_q}{EI}\mathrm{d}s$$

$$\delta_{\alpha p} = \int \frac{M_{\alpha}M_{p}}{EI}\mathrm{d}s$$

$$y_{水平} = x_1\delta_{1\alpha} + x_2\delta_{2\alpha} + \delta_{\alpha p} + \delta_{\alpha q}$$

式中　x_1、x_2——已解出圆环超静定内力。

表 3-6 给出了各种荷载条件下的圆环水平直径变形系数。

可用同样的方法计算衬砌圆环垂直直径的变形计算。

表 3-6　各种荷载条件下的圆环水平直径变形系数

序号	荷载形式	水平直径处（半径方向）	图示
1	垂直分布荷载 q	$\dfrac{qr^4}{12EI}$	
2	水平均布荷载 p	$-\dfrac{pr^4}{12EI}$	
3	等边分布荷载	0	
4	等腰三角形分布荷载 p_k	$-\dfrac{0.0454p_k r^4}{EI}$	
5	自重 g	$-\dfrac{0.1304gr^4}{EI}$	

（5）纵向接缝计算

1）接缝张开验算。管片拼装时由于螺栓预应力 σ_1 的作用，在接缝上产生预压应力 σ_{c1}、σ_{c2}（图 3-17a）可按材料力学公式计算：

$$\left.\begin{array}{c}\sigma_{c1}\\[4pt]\sigma_{c2}\end{array}\right\} = \frac{N}{F} \pm \frac{Ne_0}{W} \tag{3-41}$$

式中　N——螺栓预压应力 σ_1 引起的轴向力，$N = \sigma_1 A_k$，一般 $\sigma_1 = 50\sim100\mathrm{MPa}$，$A_k$ 为螺栓的有效面积（mm^2）；

　　e_0——螺栓与重心轴的偏心距（mm）；

　F、W——衬砌截面面积（mm^2）和截面抵抗矩（mm^3）。

外荷载作用下引起接缝应力 σ_{a1}、σ_{a2}（图 3-17b）：

$$\left.\begin{array}{c}\sigma_{a1}\\[4pt]\sigma_{a2}\end{array}\right\} = \frac{N}{F} \pm \frac{Ne_0}{W} \tag{3-42}$$

最终接缝应力 σ_p、σ_c（图 3-17c）：

$$\left.\begin{array}{l}\sigma_p = \sigma_{a2} - \sigma_{c2}\\[4pt]\sigma_c = \sigma_{c1} + \sigma_{a1}\end{array}\right\} \tag{3-43}$$

接缝变形量

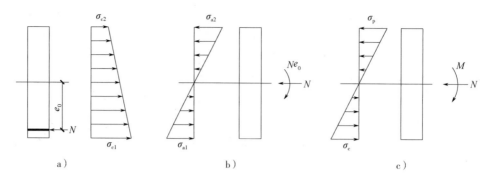

图 3-17　接缝张开验算

a）预压应力作用　b）外荷载作用　c）最终接缝应力

$$\Delta l = \frac{Nl}{EA} = \frac{\sigma_p A}{EA}l = \frac{\sigma_p}{E}l \qquad (3-44)$$

式中　　E——防水材料抗拉弹性模量（MPa）；

　　　　l——涂料厚度（mm）。

当 σ_p 出现拉应力，而 σ_p 又小于接缝涂料与接缝面的黏结力或其他变形量在涂料的弹性变形范围内，则接缝不会张开或接缝虽有一定张开面但不影响接缝防水使用要求。

2）纵向接缝强度验算。接缝强度计算时，近似将螺栓看作受拉钢筋，按钢筋混凝土截面进行计算。计算时，一般先假定螺栓直径、数量和位置，然后对接缝强度的安全度进行验算。

图 3-18 给出了纵向接缝强度计算简图，由 $\sum M = 0$（对偏心力作用点）得：

$$\alpha_1 f_c bx \left(e - h_0 + \frac{x}{2} \right) - A_s f_y e = 0$$

$$x = h_0 - e + \sqrt{(h_0 - e)^2 - \frac{2A_s f_y e}{\alpha_1 f_c b}}$$

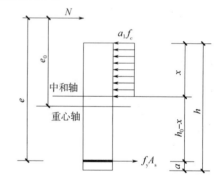

图 3-18　纵向接缝强度计算简图

式中　　　　　　　　　　　　$e = e_0 + \frac{h}{2} - a$

当 $x \leqslant \xi_b h_0$ 时，属于大偏心受压构件，$\sum M = 0$（对受压区混凝土合力点取矩）可得

$$N \left(K_{e0} e_0 - \frac{h}{2} + \frac{x}{2} \right) = A_s f_y \left(h_0 - \frac{x}{2} \right)$$

$$K_{e0} = \frac{A_s f_y \left(h_0 - \frac{x}{2} \right) + N \left(\frac{h}{2} - \frac{x}{2} \right)}{Ne_0} \qquad (3-45)$$

当 $x > \xi_b h_0$ 时，属于小偏心受压构件，$\sum M = 0$（对受拉钢筋合力点取矩），取 $x = \xi_b h_0$ 可得

$$KNe = \xi_b \alpha_1 f_c b h_0^2$$

$$K = \frac{\xi_b \alpha_1 f_c b h_0^2}{Ne} \qquad (3-46)$$

计算出的 K 或 K_{e0} 在基本使用荷载阶段要满足不小于 1.55 的要求，在基本使用荷载和特殊荷载组合阶段必须满足特殊规定的需要。

纵向接缝中环向螺栓位置 a（高度）的设置见图 3-19。在设有双排螺栓时（管片厚度大于400mm），内外排螺栓孔的位置离管片内外两侧不小于 100mm；而当仅设有单排螺栓时，螺栓孔位置大致为管片厚度的 1/3 处。

对箱形管片的端肋厚度也需要进行必要的验算，验算时可近似地按三边固定、一边自由的钢筋混凝土板进行计算，一般箱形管片端肋厚度大致等于或略大于环肋的宽度。

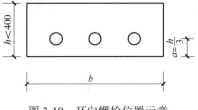

图 3-19　环向螺栓位置示意

（6）环缝的近似计算　环缝是由钢筋混凝土管片和纵向螺栓两部分组成的。

环缝的综合伸长量　　$\Delta l = \Delta l_1 + \Delta l_2$　　　　　　　　　　（3-47）

式中　　Δl_1——管片伸长量，$\Delta l_1 = \dfrac{M l_1}{E_1 W_1}$；

Δl_2——纵向螺栓伸长量，$\Delta l_2 = \dfrac{M l_2}{E_2 W_2}$；

l_1、E_1、W_1——衬砌环宽（m）、弹性模量（MPa）、截面抵抗模量（m³）；

l_2、E_2、W_2——纵向螺栓的长度（m）、弹性模量（MPa）、截面抵抗模量（m³）。

环缝合成刚度为

$$(EW)_合 = \frac{M(l_1 + l_2)}{\Delta l} = \frac{M(l_1 + l_2)}{\dfrac{M l_1}{E_1 W_1} + \dfrac{M l_2}{E_2 W_2}} = \frac{l_1 + l_2}{\dfrac{l_1}{E_1 W_1} + \dfrac{l_2}{E_2 W_2}}$$

环缝的合成抗弯强度为

$$M_合 = (EW)_合 \varepsilon_合 = (EW)_合 \frac{\Delta l_合}{l_合} = (EW)_合 \frac{l_1 \varepsilon_1 + l_2 \varepsilon_2}{l_1 + l_2} \qquad (3\text{-}48)$$

式中　$\varepsilon_2 = \dfrac{\sigma_2}{E_2}$，$\varepsilon_1 = \varepsilon_2 \dfrac{E_2 W_2}{E_1 W_1}$。

在近似计算出衬砌环缝所具有的纵向抗弯强度后，就可根据此容许强度来考虑适应衬砌环可能需要的要求。

纵向螺栓（或环缝上的凹凸榫槽）的纵向传递能力的估算：

纵向螺栓（或环缝上的凹凸榫槽）的功能在于通过纵向螺栓的预压应力所引起的摩阻力，将邻环纵向接缝上的部分内力传到对应的衬砌断面上，以近似保证衬砌圆环的均质刚度要求。

环缝面上的摩阻力 f：

$$f = \mu \sigma \qquad (3\text{-}49)$$

式中　σ——由纵向螺栓在环缝面上引起的预压应力，$\sigma = \dfrac{n A_s \sigma_0}{\pi (r_外^2 - r_内^2)}$；

$n A_s$——环缝上所有纵向螺栓总面积；

σ_0——纵向螺栓的最后预应力值；

$r_外$、$r_内$——衬砌圆环外、内半径值；

μ——相邻环间摩阻系数，可近似取 $\mu = 0.3$。

则，环缝内纵向螺栓纵向传递能力（图 3-20）：

$$M = \left(\frac{1}{2} f \times h\right) \times \left(\frac{l}{2}\right) \times \left(\frac{2}{3} l\right) = \frac{f h l^2}{6} \qquad (3\text{-}50)$$

式中　h——衬砌厚度；

l——衬砌环管片的弦长。

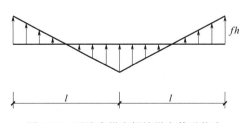

图 3-20　环缝内纵向螺栓纵向传递能力

3.2　设计实例

图 3-21 为一软土地区地铁盾构隧道的横断面，由一块封顶块（K）、两块邻接块（L）、两块标准

块（B）以及一块封底块（D）六块管片组成。试计算衬砌内力、绘出内力图，并进行隧道抗浮，管片局部抗压，裂缝、接缝张开等验算及管片的配筋计算。

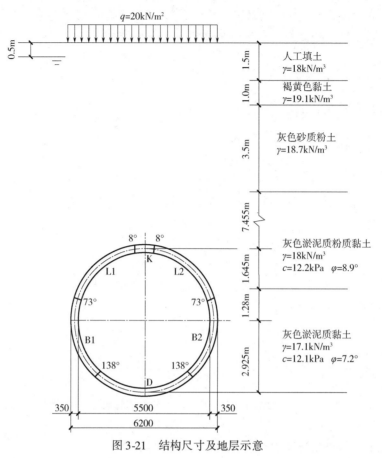

图 3-21　结构尺寸及地层示意

3.2.1　设计资料

隧道衬砌外径 $D_{外}$：6200mm

隧道衬砌厚度 h：350mm

隧道拼接方式：通缝拼装

混凝土强度等级：C50（$f_c = 23.1\text{MPa}$，$f_t = 1.89\text{MPa}$，$E_c = 3.45 \times 10^4 \text{MPa}$）

环向螺栓等级：5.8 级

地层基床系数 k：$2 \times 10^4 \text{kN/m}^3$

管片裂缝宽度允许值：0.2mm

管片接缝张开允许值：3.0mm

地面超载 q：20kN/m²

隧道地质条件从上至下依次为（图 3-21）：人工填土（厚度 1.5m，$\gamma = 18.0\text{kN/m}^3$）、褐黄色黏土（厚度 1.0m，$\gamma = 19.1\text{kN/m}^3$）、灰色砂质粉土（厚度 3.5m，$\gamma = 18.7\text{kN/m}^3$）、灰色淤泥质粉质黏土（厚度 9.1m，$\gamma = 18.0\text{kN/m}^3$，$c = 12.2\text{kPa}$，$\varphi = 8.9°$）、灰色淤泥质黏土（$\gamma = 17.1\text{kN/m}^3$，$c = 12.1\text{kPa}$，$\varphi = 7.2°$）。地下水位深度 0.5m。

3.2.2　荷载计算

（1）隧道外围荷载标准值计算

1）隧道结构自重。

$$g = \gamma_c h = 25.\,0\mathrm{kN/m^3} \times 0.\,35\mathrm{m} = 8.\,75\mathrm{kN/m^2}$$

其中，γ_c 为钢筋混凝土容重，$\gamma_c = 25.\,0\mathrm{kN/m^3}$；$h$ 为管片厚度，$h = 0.\,35\mathrm{m}$。

2）竖向均布地层荷载。

① 竖向地层荷载。若按一般公式

$$q_1 = \sum_{i=1}^{n} \gamma_i h_i$$
$$= \left[0.\,5 \times 18 + 1.\,0 \times (18 - 10) + 1.\,0 \times (19.\,1 - 10) + 3.\,5 \times (18.\,7 - 10) + 7.\,455 \times (18 - 10) \right]\mathrm{kN/m^2}$$
$$= 116.\,19\mathrm{kN/m^2}$$

注：地下水位以下土层采用浮容重 $\gamma_1' = \gamma_1 - 10$（$\mathrm{kN/m^3}$）。

由于 $H = (1.\,5 + 1.\,0 + 3.\,5 + 7.\,455 - 0.\,35/2)\mathrm{m} = 13.\,28\mathrm{m} > D = 6.\,2\mathrm{m}$，属于深埋隧道。应按太沙基公式或普氏公式计算竖向土压力。

a. 太沙基公式。

$$\varphi = \frac{h_1 \varphi_1 + h_2 \varphi_2}{h_1 + h_2} = \frac{1.\,645 \times 8.\,9° + 4.\,205 \times 7.\,2°}{1.\,645 + 4.\,205} = 7.\,678°$$

$$B_0 = \frac{D}{2}\cot\left(\frac{\pi}{8} + \frac{\varphi}{4}\right) = \frac{6.\,2}{2} \times \cot\left(22.\,5° + \frac{7.\,678°}{4}\right)\mathrm{m} = 6.\,828\mathrm{m}$$

$$q_1 = \frac{B_0\left(\gamma - \dfrac{c}{B_0}\right)}{\tan\varphi}\left[1 - \exp\left(-\frac{H}{B_0}\tan\varphi\right)\right] + q\exp\left(-\frac{H}{B_0}\tan\varphi\right)$$
$$= \left\{ \frac{6.\,828 \times \left(8 - \dfrac{12.\,2}{6.\,828}\right)}{\tan 8.\,9°}\left[1 - \exp\left(-\frac{13.\,28}{6.\,828}\tan 8.\,9°\right)\right] + 20 \times \exp\left(-\frac{13.\,28}{6.\,828}\tan 8.\,9°\right) \right\}\mathrm{kN/m^2}$$
$$= 85.\,880\mathrm{kN/m^2}$$

b. 普氏公式。

$$q_1 = \frac{2}{3}\gamma\frac{B_0}{\tan\varphi} = \frac{2}{3} \times 8 \times \frac{6.\,828}{\tan 8.\,9°}\mathrm{kN/m^2} = 116.\,274\mathrm{kN/m^2}$$

考虑到 H 与 $2D$ 接近，取竖向土压力 $q_1 = 116.\,19\mathrm{kN/m^2}$ 进行计算。

② 地面超载。

$$q_2 = 20\mathrm{kN/m^2}$$

③ 近似均布拱背土压力。

$$q_3 = \frac{G}{2R} = \frac{0.\,43R^2\gamma_i b}{2R} = \frac{0.\,43 \times 3.\,1^2 \times 7.\,606 \times 1.\,0}{2 \times 3.\,1}\mathrm{kN/m^2} = 5.\,07\mathrm{kN/m^2}$$

$$\gamma_i = \frac{1.\,645 \times (18 - 10) + 1.\,28 \times (17.\,1 - 10)}{1.\,645 + 1.\,28}\mathrm{kN/m^2} = 7.\,606\mathrm{kN/m^3}$$

综上可得，均布地层荷载 q：

$$q = q_1 + q_2 + q_3 = (116.\,19 + 20 + 5.\,07)\mathrm{kN/m^2} = 141.\,26\mathrm{kN/m^2}$$

（2）均布水平地层荷载

$$p_1 = q\tan^2\left(45° - \frac{\varphi}{2}\right) - 2c\tan\left(45° - \frac{\varphi}{2}\right)$$

式中　q——竖向土压力（$\mathrm{kN/m^2}$）；

γ、φ、c——衬砌圆环侧向各层土层土壤的重度、内摩擦角、内聚力的加权平均值，按下式计算

$$\gamma = \frac{h_1 \gamma_1 + h_2 \gamma_2}{h_1 + h_2} = \frac{1.\,645 \times (18 - 10) + (1.\,28 + 2.\,925) \times (17.\,1 - 10)}{1.\,645 + (1.\,28 + 2.\,925)}\mathrm{kN/m^3} = 7.\,353\mathrm{kN/m^3}$$

$$\varphi = \frac{h_1 \varphi_1 + h_2 \varphi_2}{h_1 + h_2} = \frac{1.\,645 \times 8.\,9° + (1.\,28 + 2.\,925) \times 7.\,2°}{1.\,645 + (1.\,28 + 2.\,925)} = 7.\,678°$$

$$c = \frac{h_1 c_1 + h_2 c_2}{h_1 + h_2} = \frac{1.645 \times 12.2 + (1.28 + 2.925) \times 12.1}{1.645 + (1.28 + 2.925)} \text{kPa} = 12.128 \text{kPa}$$

$$p_1 = q \tan^2\left(45° - \frac{\varphi}{2}\right) - 2c \tan\left(45° - \frac{\varphi}{2}\right)$$

$$= \left[121.26 \times \tan^2\left(45° - \frac{7.678°}{2}\right) - 2 \times 12.128 \times \tan\left(45° - \frac{7.678°}{2}\right)\right] \text{kPa} = 82.701 \text{kPa}$$

（3）按三角形分布的水平地层压力

$$R_{\text{H}} = \frac{6.2 - 0.35}{2}\text{m} = 2.925\text{m}$$

$$p_2 = 2R_{\text{H}} \gamma \tan^2\left(45° - \frac{\varphi}{2}\right) = 2 \times 2.925 \times 7.353 \times \tan^2\left(45° - \frac{7.678°}{2}\right)\text{kPa} = 32.876\text{kPa}$$

（4）拱底反力

$$\gamma = \frac{1.645 \times (18 - 10) + (1.28 + 2.925) \times (17.1 - 10)}{1.645 + (1.28 + 2.925)}\text{kN/m}^3 = 7.353\text{kN/m}^3, \text{ 与拱背土压力对应}$$

则，$p_{\text{R}} = q + \pi g + 0.2146 R_{\text{H}} \gamma - \frac{\pi}{2} R_{\text{H}} \gamma_{\text{w}}$

$$= \left(141.26 + \pi \times 8.75 + 0.2146 \times 2.925 \times 7.353 - \frac{\pi}{2} \times 2.925 \times 10\right)\text{kN/m}^2 = 127.419\text{kN/m}^2$$

（5）侧向土层抗力　按温克尔局部变形理论计算，抗力图形呈等腰三角形，抗力范围按与水平直径上、下呈45°考虑。

$$p_{\text{k}} = ky(1 - \sqrt{2}\,|\cos\alpha|)$$

衬砌圆环抗弯刚度 $EI = E \times \frac{1}{12} bh^3 = 3.45 \times 10^7 \times \frac{1}{12} \times 1.0 \times 3.5^3 \text{kN}\cdot\text{m}^2 = 123265.62 \text{kN}\cdot\text{m}^2$

衬砌圆环抗弯刚度的折减系数取 $\eta = 0.3$

衬砌圆环在水平直径处的变形量 y：

$$y = \frac{(2q - p_1 - p_2 + \pi g) R_{\text{H}}^4}{24(\eta EI + 0.045 k R_{\text{H}}^4)}$$

$$= \frac{(2 \times 142.14 - 89.417 - 32.875 + \pi \times 8.75) \times 2.925^4}{24 \times (0.3 \times 123265.62 + 0.045 \times 2 \times 10^4 \times 2.925^4)}\text{m} = 5.618 \times 10^{-3}\text{m}$$

$$p_{\text{kmax}} = ky(1 - \sqrt{2}\,|\cos\alpha|) = 2 \times 10^4 \times 5.618 \times 10^{-3}\text{kPa} = 112.36\text{kPa}$$

$$p_{\text{kmax}} = ky(1 - \sqrt{2}\,|\cos\alpha|) = 2 \times 10^4 \times 5.618 \times 10^{-3}(1 - \sqrt{2})\text{kPa} = -46.541\text{kPa}$$

取 $p_{\text{k}} = p_{\text{kmax}} + p_{\text{kmin}} = (112.36 - 46.541)\text{kPa} = 65.819\text{kPa}$

（6）水压力　隧道圆环水压力按静水压力计算：

作用于衬砌拱部的垂直水压力 p_{w1}

$$p_{\text{w1}} = \gamma_{\text{w}} H_{\text{w}} = 10 \times 12.780 \text{kN/m}^2 = 127.80 \text{kN/m}^2$$

作用于衬砌底部的垂直水压力 p_{w2}

$$p_{\text{w2}} = \gamma_{\text{w}}\left[H_{\text{w}} + 2\left(\frac{h}{2} + R_{\text{H}}\right)\right] = \gamma_{\text{w}}(H_{\text{w}} + D) = 10 \times (12.78 + 6.2)\text{kN/m}^2 = 189.90\text{kN/m}^2$$

作用于衬砌拱部的水平水压力 q_{w1}

$$q_{\text{w1}} = \gamma_{\text{w}}\left(H_{\text{w}} + \frac{h}{2}\right) = 10 \times (12.78 + 0.35/2)\text{kN/m}^2 = 129.55\text{kN/m}^2$$

作用于衬砌底部的水平水压力 q_{w2}

$$q_{\text{w2}} = \gamma_{\text{w}}\left[H_{\text{w}} + \left(\frac{h}{2} + 2R_{\text{H}}\right)\right] = 10 \times \left[12.78 + (0.35/2 + 2 \times 2.925)\right]\text{kN/m}^2 = 188.05\text{kN/m}^2$$

圆环外围荷载示意图见图 3-22。

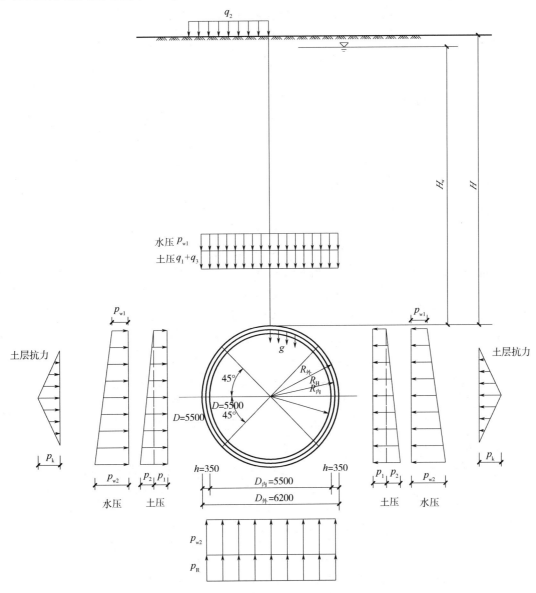

图 3-22　圆环外围荷载示意图

3.2.3　内力计算

取 $b=1.0\mathrm{m}$ 长度圆环进行计算，其中荷载采用设计值，即考虑荷载组合系数。

$$g = 1.2g_k = 1.2 \times 8.75\mathrm{kN/m^2} = 10.5\mathrm{kN/m^2}$$

$$q = 1.2q_1 + 1.4q_2 + 1.2q_3 = (1.2 \times 116.19 + 1.4 \times 20 + 1.2 \times 5.07)\mathrm{kN/m^2} = 173.512\mathrm{kN/m^2}$$

$$p_1 = 1.2p_{1k} = 1.2 \times 82.701\mathrm{kN/m^2} = 99.241\mathrm{kN/m^2}$$

$$p_2 = 1.2p_{2k} = 1.2 \times 32.876\mathrm{kN/m^2} = 39.451\mathrm{kN/m^2}$$

$$p_R = 1.2p_{Rk} = 1.2 \times 127.419\mathrm{kN/m^2} = 152.903\mathrm{kN/m^2}$$

$$p_k = 1.2p_k = 1.2 \times 65.819\mathrm{kN/m^2} = 78.983\mathrm{kN/m^2}$$

$$p_{w1} = 1.2 \times 127.80\mathrm{kN/m^2} = 153.36\mathrm{kN/m^2}$$

$$p_{w2} = 1.2 \times 189.90\mathrm{kN/m^2} = 227.88\mathrm{kN/m^2}$$

$$q_{w1} = 1.2 \times 129.55\mathrm{kN/m^2} = 155.46\mathrm{kN/m^2}$$

$$q_{w2} = 1.2 \times 188.05\text{kN/m}^2 = 225.66\text{kN/m}^2$$

$$q_{w2} - q_{w1} = (225.66 - 155.46)\text{kN/m}^2 = 70.20\text{kN/m}^2$$

（1）自重 g 作用下隧道圆环内力

$$M = gR_H^2(1 - 0.5\cos\alpha - \alpha\sin\alpha)$$

$$N = gR_H(\alpha\sin\alpha - 0.5\cos\alpha)$$

（2）均布竖向地层荷载 q 作用下隧道圆环内力

$$M = qR_H^2(0.193 + 0.106\cos\alpha - 0.5\sin^2\alpha) \quad (0 \leq \alpha \leq \pi/2)$$

$$M = qR_H^2(0.693 + 0.106\cos\alpha - \sin\alpha) \quad (\pi/2 \leq \alpha \leq \pi)$$

$$N = qR_H(\sin^2\alpha - 0.106\cos\alpha) \quad (0 \leq \alpha \leq \pi/2)$$

$$N = qR_H(\sin\alpha - 0.106\cos\alpha) \quad (\pi/2 \leq \alpha \leq \pi)$$

（3）水压作用下隧道圆环内力

$$M = -\gamma_w R_H^2(0.5 - 0.25\cos\alpha - 0.5\sin\alpha)$$

$$N = \gamma_w R_H^2(1 - 0.25\cos\alpha - 0.5\sin\alpha) + \gamma_w H_w R$$

（4）水平地层均布荷载 p_1 作用下隧道圆环内力

$$M = p_1 R_H^2(0.25 - 0.5\cos^2\alpha)$$

$$N = p_1 R_H\cos^2\alpha$$

（5）底部反力 p_R 作用下隧道圆环内力

$$M = p_R R_H^2(0.057 - 0.106\cos\alpha) \quad (0 \leq \alpha \leq \pi/2)$$

$$M = p_R R_H^2(-0.443 + \sin\alpha - 0.106\cos\alpha - 0.5\sin^2\alpha) \quad (\pi/2 \leq \alpha \leq \pi)$$

$$N = 0.106p_R R_H\cos\alpha \quad (0 \leq \alpha \leq \pi/2)$$

$$N = p_R R_H(\sin^2\alpha - \sin\alpha - 0.106\cos\alpha) \quad (\pi/2 \leq \alpha \leq \pi)$$

（6）三角形水平压力 p_2 作用下隧道圆环内力

$$M = p_2 R_H^2(0.25\sin^2\alpha + 0.083\cos^3\alpha - 0.063\cos\alpha - 0.125) \quad (0 \leq \alpha \leq \pi)$$

$$N = p_2 R_H\cos\alpha(0.063 + 0.5\cos\alpha - 0.25\cos^2\alpha) \quad (0 \leq \alpha \leq \pi)$$

（7）p_k 引起隧道圆环内力

由 p_k 引起的圆环内力（弯矩 M、轴力 N）按下式计算：

$$M = (0.2346 - 0.3536\cos\alpha)p_k R_H^2 \quad (0 \leq \alpha \leq \pi/4)$$

$$M = (-0.3487 + 0.5\cos^2\alpha + 0.2357\cos^3\alpha)p_k R_H^2 \quad (\pi/4 \leq \alpha \leq \pi/2)$$

$$N = 0.3536\cos\alpha p_k R_H \quad (0 \leq \alpha \leq \pi/4)$$

$$N = (-0.707\cos\alpha + \cos^2\alpha + 0.707\sin^2\alpha\cos\alpha)p_k R_H \quad (\pi/4 \leq \alpha \leq \pi/2)$$

计算结果见表 3-7。

表 3-7　隧道圆环内力计算结果

截面/(°)	弧度	内力	荷载							每米内力
			自重	轴线半径	均布竖向地层荷载	水压	水平地层均布荷载	底部反力	三角形水平压力	p_k 引起圆环内力	
			g/(kN/m²)	R_H/m	q/(kN/m²)	q/(kN/m²)	p_1/(kN/m²)	p_R/(kN/m²)	p_2/(kN/m²)	p_k/(kN/m²)	
			10.5	2.952	173.512		99.241	152.901	39.451	78.983	
0°	0	弯矩	44.917	2.925	443.867	−21.389	−212.267	−64.100	−35.440	−80.414	75.174
18°	0.1π		38.394	2.925	365.286	−9.217	−171.728	−57.313	−30.257	−68.719	66.446
36°	0.2π		19.688	2.925	157.372	−0.330	−65.594	−37.617	−15.407	−34.780	23.332

（续）

截面/(°)	弧度	内力	自重 g/(kN/m²)	轴线半径 R_H/m	均布竖向地层荷载 q/(kN/m²)	水压 q/(kN/m²)	水平地层均布荷载 p_1/(kN/m²)	底部反力 p_R/(kN/m²)	三角形水平压力 p_2/(kN/m²)	p_k 引起圆环内力 p_k/(kN/m²)	每米内力
			10.5	2.952	173.512		99.241	152.901	39.451	78.983	
54°	0.3π		-5.064	2.925	-106.809	4.402	65.594	-6.941	6.228	17.763	-24.827
72°	0.4π		-31.410	2.925	-336.238	4.516	171.728	31.715	28.389	74.578	-56.722
90°	0.5π		-51.277	2.925	-455.743	0.000	212.267	74.566	42.191	102.241	-75.755
108°	0.6π	弯矩	-57.331	2.925	-431.712	-8.703	171.728	115.849	39.878	66.439	-103.852
126°	0.7π		-43.590	2.925	-264.720	-20.742	65.594	132.214	19.847	-46.542	-157.939
144°	0.8π		-6.536	2.925	28.887	-34.938	-65.594	75.606	-10.669	-34.780	-48.024
162°	0.9π		54.062	2.925	420.368	-49.901	-171.728	-105.853	-38.009	-68.719	40.220
180°	1.0π		134.751	2.925	871.404	-64.167	-212.267	-440.851	-48.942	-80.414	159.514
0°	0		-15.356	2.925	-53.797	460.347	290.280	47.407	36.118	81.691	846.690
18°	0.1π		-11.623	2.925	-2.700	448.175	262.561	45.087	34.285	77.692	853.477
36°	0.2π		-1.081	2.925	131.822	439.288	189.991	38.353	21.178	66.089	885.640
54°	0.3π		14.392	2.925	300.557	434.556	100.289	27.865	18.349	46.648	942.656
72°	0.4π		31.960	2.925	442.434	434.442	27.719	14.649	6.905	17.241	975.350
90°	0.5π	轴力	48.243	2.925	507.523	460.347	0.000	0.000	0.000	0.000	1016.113
108°	0.6π		59.804	2.925	499.307	438.958	27.719	-35.305	4.114	17.241	1011.838
126°	0.7π		63.667	2.925	442.216	423.780	100.289	-96.743	21.519	46.648	1001.376
144°	0.8π		57.794	2.925	341.837	473.896	189.991	-146.598	47.157	66.089	1030.166
162°	0.9π		41.439	2.925	207.997	488.859	262.561	-140.794	70.091	77.692	1007.845
180°	1.0π		15.356	2.925	53.797	503.125	290.280	-47.4067	79.276	81.691	976.118

3.2.4　标准管片配筋计算

以标准管片（B）为例来说明管片的配筋计算方法。

1. 截面内力确定

由表 3-6 可见，在 126°时轴力最大和弯矩最大，$M = -157.939\text{kN·m}$，$N = 1001.376\text{kN}$。衬砌管片同时受到较大的正弯矩和负弯矩，采用对称配筋。简化模型 $b = 1000\text{mm}$，$h = 350\text{mm}$，取 $a_s = a_s' = 50\text{mm}$。根据修正惯用法中的 η-ξ 法，由于纵缝接头的存在而导致结构整体刚度降低，取圆环整体刚度 EJ_z 为：

$$J_p = \int_{r_内}^{r_外} 2\pi\rho^2 \mathrm{d}\rho = \frac{\pi}{2}\rho^4 \Big|_{r_内}^{r_外} = \frac{\pi}{2}(r_外^4 - r_内^4) = \frac{\pi}{2} \times (3.1^4 - 2.75^4)\text{m}^4 = 55.230\text{m}^4$$

$$J_z = \frac{J_p}{2} = 55.230\text{m}^4/2 = 27.615\text{m}^4$$

$$\eta EJ_z = 0.6 \times 3.45 \times 10^7 \times 27.615\text{kN·m}^2 = 57.163 \times 10^7 \text{ kN·m}^2$$

而管片的内力：

（1）最大负弯矩时

$$M_b = (1 + \xi)M = -(1 + 0.3) \times 157.939 \text{kN} \cdot \text{m} = -205.321 \text{kN} \cdot \text{m}, \quad N_b = N = 1001.376 \text{kN}$$

（2）最大正弯矩时

$$M_b = (1 + \xi)M = (1 + 0.3) \times 75.174 \text{kN} \cdot \text{m} = 97.726 \text{kN} \cdot \text{m}, \quad N_b = N = 846.690 \text{kN}$$

2. 环向钢筋计算

（1）按最大负弯矩配筋　假定为大偏心受压构件：

$$e_0 = \frac{M_b}{N_b} = \frac{205.321 \times 10^3}{1001.376} \text{mm} = 205.039 \text{mm}$$

$$e_a = (20 \text{mm}, \ h/30)_{\max} = 20 \text{mm}$$

$$e_i = e_0 + e_a = 225.039 \text{mm}$$

$$e = \eta e_i + \frac{h}{2} - a_s = (1.1 \times 225.039 + 350/2 - 50) \text{mm} = 372.543 \text{mm} \quad （注取 \eta = 1.1）$$

$$e' = \eta e_i - \frac{h}{2} + a_s' = (1.1 \times 225.039 - 350/2 + 50) \text{mm} = 122.543 \text{mm}$$

对称配筋，$a_s = a_s' = 50 \text{mm}$，$h_0 = h - a_s = (350 - 50) \text{mm} = 300 \text{mm}$

C50，$f_c = 23.1 \text{MPa}$，$\alpha_1 = 1.0$

HRB335 级，$f_y = f_y' = 300 \text{MPa}$

$$x = \frac{N}{\alpha_1 f_c b} = \frac{1001.376 \times 10^3}{1.0 \times 23.1 \times 1000} \text{mm} = 43.350 \text{mm} < 2a_s' = 100 \text{mm}$$

取 $x = 2a_s' = 100 \text{mm}$，并向受压钢筋合力点取矩得

$$A_s = A_s' = \frac{Ne'}{f_y(h_0 - a_s')} = \frac{1001.376 \times 10^3 \times 122.543}{300 \times (300 - 50)} \text{mm}^2 = 1636.155 \text{mm}^2$$

$$> 0.2\% b h_0 = 0.2\% \times 1000 \times 300 \text{mm}^2 = 600 \text{mm}^2$$

选配 4$\oplus$25（$A_s = A_s' = 1963.6 \text{mm}^2$）

（2）按最大正弯矩配筋　假设为大偏心受压构件：

$$e_0 = \frac{M_b}{N_b} = \frac{97.726 \times 10^3}{846.69} \text{mm} = 115.421 \text{mm}$$

$$e_a = (20 \text{mm}, \ h/30)_{\max} = 20 \text{mm}$$

$$e_i = e_0 + e_a = 135.421 \text{mm}$$

$$e = \eta e_i + \frac{h}{2} - a_s = (1.1 \times 135.421 + 350/2 - 50) \text{mm} = 273.963 \text{mm} \quad （注取 \eta = 1.1）$$

$$e' = \eta e_i - \frac{h}{2} + a_s' = (1.1 \times 135.421 - 350/2 + 50) \text{mm} = 23.963 \text{mm}$$

对称配筋，$a_s = a_s' = 50 \text{mm}$，$h_0 = h - a_s = (350 - 50) \text{mm} = 300 \text{mm}$

C50，$f_c = 23.1 \text{MPa}$，$\alpha_1 = 1.0$

HRB335 级，$f_y = f_y' = 300 \text{MPa}$

$$x = \frac{N}{\alpha_1 f_c b} = \frac{846.69 \times 10^3}{1.0 \times 23.1 \times 1000} \text{mm} = 36.653 \text{mm} < 2a_s' = 100 \text{mm}$$

取 $x = 2a_s' = 100 \text{mm}$，并向受压钢筋合力点取矩得

$$A_s = A_s' = \frac{Ne'}{f_y(h_0 - a_s')} = \frac{846.69 \times 10^3 \times 23.969}{300 \times (300 - 50)} \text{mm}^2 = 270.591 \text{mm}^2$$

$$< 0.2\% b h_0 = 0.2\% \times 1000 \times 300 \text{mm}^2 = 600 \text{mm}^2$$

取 $A_s = A_s' = 600 \text{mm}^2$

选配 4$\oplus$14（$A_s = A_s' = 615.6 \text{mm}^2$）

综上计算表明，为安全起见，按最大负弯矩配筋。

（3）环向弯矩平面承载力验算（按轴心受压验算）

$$N = 1001.376\text{kN}$$

$$i = \sqrt{\frac{I}{A}} = \frac{h}{2\sqrt{3}} = \frac{350}{2\sqrt{3}}\text{mm} = 101.036\text{mm}$$

$$\frac{l_0}{i} = \frac{65° \times \dfrac{\pi}{180} \times 2925}{101.036} = 32.823$$

查《混凝土结构设计规范》（GB 50010—2010）（2015 年版）表 6.2.15，可得轴心受压构件的稳定系数 φ（按线性插入计算）

$$\varphi = 0.98 + \frac{35 - 32.823}{35 - 28} \times (1.0 - 0.98) = 0.986$$

$$A_s + A_s' = 3927.2\text{mm}^2, \quad \rho' = \frac{A_s + A_s'}{bh} = \frac{3927.2}{1000 \times 350} \times 100\% = 1.122\% < 3\%$$

$$A = bh = 1000 \times 350\text{mm}^2 = 350000\text{mm}^2$$

$$\begin{aligned}N_u &= 0.9\varphi[f_c A + f_y'(A_s + A_s')] \\ &= 0.9 \times 0.986 \times (23.1 \times 350000 + 300 \times 3927.2)\text{N} \\ &= 8220.128 \times 10^3\text{N} = 8220.128\text{kN} > N = 1001.376\text{kN （满足要求）}\end{aligned}$$

3.2.5　抗浮验算

盾构隧道位于地下水的上层中时受到地下水的浮力作用，需要验算隧道的抗浮稳定性。

抗浮力：隧道自重（G_1）+隧道拱背以上覆土及水自重（G_2）

隧道自重 $G_1 = g \times (2\pi R_H)$，$g = 8.75\text{kN/m}^2$

隧道拱背以上覆土及水自重（G_2）：隧道拱背覆土重（G_{21}）+隧道顶以上覆土及水自重（G_{22}）

$$G_{21} = 0.43R^2\gamma, \quad \gamma = 7.353\text{kN/m}^3$$

$$G_{22} = (q_1 + p_{w1})2R_H$$

$$q_1 = 116.19\text{kN/m}^2, \quad p_{w1} = \gamma_w H_w = 10 \times (1.5 + 1.0 + 3.5 + 7.455 - 0.5)\text{kN/m}^2 = 129.55\text{kN/m}^2$$

水浮力：

$$F = \pi R_H(\gamma_w R_H) = \gamma_w \pi R_H^2$$

抗浮系数

$$\begin{aligned}K &= \frac{G_1 + G_2}{F} = \frac{G_1 + G_{21} + G_{22}}{F} \\ &= \frac{g(2\pi R_H) + 0.43R^2\gamma + (q_1 + p_{w1})(2R_H)}{\pi R_H^2 \gamma_w} \\ &= \frac{8.75 \times (2 \times \pi \times 2.925) + 0.43 \times 3.1^2 \times 7.606 + (116.19 + 129.55) \times (2 \times 2.925)}{\pi \times 2.925^2 \times 10} \\ &= 6.064 > 1.1 \text{（满足要求）}\end{aligned}$$

3.2.6　纵向接缝验算

近似将螺栓看作受拉钢筋，假设选用 1 根螺栓，按偏心受压钢筋混凝土截面进行计算。

（1）负弯矩接头（126°截面）

$$M = -157.939 \times 0.7\text{kN·m} = -110.557\text{kN·m}$$

$$N = 1001.376\text{kN}$$

$$e_0 = \frac{M}{N} = \frac{110.557 \times 10^3}{1001.376}\text{mm} = 110.405\text{mm}$$

$$e_a = (20\text{mm}, \ h/30)_{max} = 20\text{mm}$$

$$e_i = e_0 + e_a = 130.405\text{mm}$$

取 M30 细螺纹螺栓，$A_s = 621\text{mm}^2$，$f_t^b = 400\text{MPa}$

由螺栓预应力引起的轴向力 $N_1 = f_t^b A_s = 400 \times 621\text{N} = 248.4 \times 10^3\text{N} = 248.4\text{kN}$

由 $\sum X = 0$ 可得

$$N + nN_1 = \alpha_1 f_c bx$$

$$x = \frac{N + nN_1}{\alpha_1 f_c b} = \frac{(1001.376 + 2 \times 248.4) \times 10^3}{1 \times 23.1 \times 1000}\text{mm} = 64.856\text{mm} < \xi_b h_0 = 0.55 \times 300\text{mm} = 165\text{mm}$$

属于大偏心受压构件，则

$$K_{e0} = \frac{nN_1\left(h_0 - \dfrac{x}{2}\right) + N\left(\dfrac{h}{2} - \dfrac{x}{2}\right)}{Ne_0}$$

$$= \frac{2 \times 248.4 \times 10^3 \times \left(300 - \dfrac{64.856}{2}\right) + 1001.376 \times 10^3 \times \left(\dfrac{350}{2} - \dfrac{64.856}{2}\right)}{1001.376 \times 10^3 \times 130.405}$$

$$= 2.117 > 1.55 \ (\text{满足要求})$$

（2）正弯矩接头（0°截面）

$$M = 75.174\text{kNm}$$

$$N = 846.690\text{kN}$$

$$e_0 = \frac{M}{N} = \frac{75.174 \times 10^3}{846.69}\text{mm} = 88.786\text{mm}$$

$$e_a = (20\text{mm}, \ h/30)_{max} = 20\text{mm}$$

$$e_i = e_0 + e_a = 108.786\text{mm}$$

取 M30 细螺纹螺栓，$A_s = 621\text{mm}^2$，$f_t^b = 400\text{MPa}$

由螺栓预应力引起的轴向力 $N_1 = f_t^b A_s = 400 \times 621\text{N} = 248.4 \times 10^3\text{N} = 248.4\text{kN}$

由 $\sum X = 0$ 可得

$$N + nN_1 = \alpha_1 f_c bx$$

$$x = \frac{N + nN_1}{\alpha_1 f_c b} = \frac{(846.69 + 2 \times 248.4) \times 10^3}{1 \times 23.1 \times 1000}\text{mm} = 58.160\text{mm} < \xi_b h_0 = 0.55 \times 300\text{mm} = 165\text{mm}$$

属于大偏心受压构件，则

$$K_{e0} = \frac{nN_1\left(h_0 - \dfrac{x}{2}\right) + N\left(\dfrac{h}{2} - \dfrac{x}{2}\right)}{Ne_0}$$

$$= \frac{2 \times 248.4 \times 10^3 \times \left(300 - \dfrac{58.160}{2}\right) + 846.69 \times 10^3 \times \left(\dfrac{350}{2} - \dfrac{58.160}{2}\right)}{846.69 \times 10^3 \times 108.786}$$

$$= 2.803 > 1.55 \ (\text{满足要求})$$

3.2.7　接缝张开裂度验算

管片拼装时，由于受到螺栓（5.8 级），在接缝上产生预应力：

$$\begin{aligned}\sigma_{c1} \\ \sigma_{c2}\end{aligned} = \frac{N_1}{F} \pm \frac{N_1 e_0}{W}$$

式中　N_1——螺栓预压应力引起的轴向力，$N_1 = 284.4\text{kN}$（M30 细螺栓）；

　　　e_0——螺栓与重心轴的偏心距，取 $e_0 = 25\text{mm}$；

F——衬砌截面面积（m^2），$F=bh$。

W——衬砌截面矩（m^3），$W=\dfrac{1}{6}bh^2$。

当接缝受到外荷载，由外荷载引起的应力：

$$\begin{aligned}\sigma_{a1}\\\sigma_{a2}\end{aligned}=\frac{N_2}{F}\pm\frac{M_2}{W}$$

式中　N_2、M_2——由外荷载引起截面轴力和弯矩；

　　　　F、W——衬砌截面面积（m^2）和截面矩（m^3）。

选取不利接缝截面（126°截面）进行计算：

$$\begin{aligned}\sigma_{c1}\\\sigma_{c2}\end{aligned}=\frac{N_1}{F}\pm\frac{N_1e_0}{W}=\left(\frac{248.4\times10^3}{1000\times350}\pm\frac{248.4\times10^3\times25}{1000\times350^2/6}\right)\text{MPa}=1.014/0.406\text{MPa}$$

$$\begin{aligned}\sigma_{a1}\\\sigma_{a2}\end{aligned}=\frac{N_2}{F}\pm\frac{M_2}{W}=\left(\frac{1001.376\times10^3}{1000\times350}\pm\frac{0.7\times157.939\times10^6}{1000\times350^2/6}\right)\text{MPa}=8.276/-2.554\text{MPa}$$

接缝变形量　　　　　　　　　　$\Delta l=\dfrac{-n\sigma_{c2}-\sigma_{a2}}{E}l$

式中　E——防水涂料抗拉弹性模量，取 $E=3\text{MPa}$；

　　　　l——涂料厚度，取 $l=5\text{mm}$；

　　　　n——螺栓个数。

$$\Delta l=\frac{-n\sigma_{c2}-\sigma_{a2}}{E}l=\frac{-2\times0.406+2.554}{3}\times5\text{mm}=2.903\text{mm}<[\Delta l]=3\text{mm}$$

环向每米宽度内需要 2 个螺栓才能满足要求。

3.2.8　裂缝张开验算

取最大弯矩处（126°截面）进行裂缝验算，此处满足要求，则其他位置也可满足要求。

$$M=-157.939\text{kN}\cdot\text{m}$$

$$N=1001.376\text{kN}$$

$$e_0=\frac{M}{N}=\frac{157.939\times10^3}{1001.376}\text{mm}=157.722\text{mm}$$

$$\frac{e_0}{h_0}=\frac{157.722}{300}=0.526<0.55$$

根据《混凝土结构设计规范》（GB 50010—2010）（2015 年版）第 7.1.2 条，对 $\dfrac{e_0}{h_0}\leqslant0.55$ 的偏压构件可不验算裂缝宽度。所以，管片裂缝张开满足要求。

3.2.9　环向接缝验算

环缝的综合伸长量：$\Delta l=\Delta l_1+\Delta l_2$

其中，管片伸长量 $\Delta l_1=\dfrac{Ml_1}{E_1W_1}$；纵向螺栓伸长量 $\Delta l_2=\dfrac{Ml_2}{E_2W_2}$。

管片弯矩取最大值，即 126°截面时弯矩最大。

混凝土面积 $A_c=\pi(r_{外}^2-r_{内}^2)=\pi\times(3100^2-2750^2)\text{mm}^2=6.432\times10^6\text{mm}^2$

按环形断面计算：

$$\alpha=\frac{\varphi}{\pi}=\frac{A_s'f_y'}{f_cA_c+(A_s+A_s')f_y'}$$

$$= \frac{1963.6 \times 300}{23.1 \times 6.432 \times 10^6 + 2 \times 1963.6 \times 300} = 3.933 \times 10^{-3} < 0.3$$

$$\sin\varphi = \sin\alpha\pi = \sin(3.933 \times 10^{-3} \times 180) = 0.0124$$

$$M = \left[f_c A_c \left(\frac{r_{外} + r_{内}}{2} \right) + 2 A_s' f_y' R_H \right] \times \frac{\sin\varphi}{\pi}$$

$$= \left[23.1 \times 6.432 \times 10^6 \times \left(\frac{3100 + 2750}{2} \right) + 2 \times 1963.6 \times 300 \times 2925 \right] \times \frac{0.0124}{\pi}$$

$$= 1729.073 \times 10^6 \, \text{N·mm} = 1729.073 \, \text{kN·m}$$

混凝土（C50）：

$$W_1 = \frac{0.1 \times (6.2^4 - 5.5^4)}{3.1} \text{m}^3 = 18.147 \text{m}^3, \quad E_1 = 3.45 \times 10^4 \, \text{MPa}, \quad 管片宽度 \, l_1 = 1000 \text{mm}$$

$$\Delta l_1 = \frac{M l_1}{E_1 W_1} = \frac{1729.073 \times 10^6 \times 1000}{3.45 \times 10^4 \times 18.147 \times 10^9} \text{mm} = 2.762 \times 10^{-3} \text{mm}$$

纵向螺栓（M30，45 号钢）：

$A_s = 621 \text{mm}^2$，$f_y = 400 \text{MPa}$，螺栓长度 $l_2 = 190 \text{mm}$，弹性模量 $E_1 = 2.1 \times 10^5 \, \text{MPa}$

$n = 32$ 个。

$$F_1 = \cos 5.625° + \frac{\cos^2 16.875°}{\cos 5.625°} + \frac{\cos^2 28.125°}{\cos 5.625°} + \frac{\cos^2 39.375°}{\cos 5.625°} = 3.2973$$

$$F_2 = \frac{\cos^2 50.625°}{\cos 5.625°} + \frac{\cos^2 61.875°}{\cos 5.625°} + \frac{\cos^2 73.125°}{\cos 5.625°} + \frac{\cos^2 84.375°}{\cos 5.625°} = 0.7220$$

$$F_1 + F_2 = 4.0193$$

$$M = 8 A_s f_y R_H (F_1 + F_2) = 8 \times 621 \times 400 \times 2925 \times 4.0193 \, \text{kN·m} = 23362.422 \, \text{kN·m}$$

$$L_1 = \cos^2 5.625° + \cos^2 16.875° + \cos^2 28.125° + \cos^2 39.375° = 3.2815$$

$$L_2 = \cos^2 50.625° + \cos^2 61.875° + \cos^2 73.125° + \cos^2 84.375° = 0.7134$$

$$L_1 + L_2 = 3.995$$

$$W_2 = \frac{n A_s R_H^2}{R_H} (L_1 + L_2) = 8 \times 621 \times 2925 \times 3.995 \, \text{mm}^3 = 5.805 \times 10^7 \, \text{mm}^3$$

$$\Delta l_2 = \frac{M l_2}{E_2 W_2} = \frac{23362.422 \times 10^6 \times 160}{2.1 \times 10^5 \times 5.805 \times 10^7} \text{mm} = 0.3066 \text{mm}$$

$$\Delta l = \Delta l_1 + \Delta l_2 = (2.762 \times 10^{-3} + 0.3066) \text{mm} = 0.309 \text{mm} < 3 \text{mm}$$

满足要求。

3.2.10　管片局部抗压验算

由于管片连接时在螺栓上施加预应力，故需要验算螺栓与混凝土连接部位的局部抗压承载力。圆形衬砌外径 6200mm，内径 5500mm，盾构外径 6340mm，盾构千斤顶中心线直径 5815mm，盾构千斤顶共 24 台，每台最大顶力为 1500kN，顶块受力面积为 695mm × 350mm。

根据《混凝土结构设计规范》（GB 50010—2010）（2015 年版），局部受压区的截面尺寸应符合下式要求：

$$F_l \leqslant 1.35 \beta_c \beta_l f_c A_{ln}$$

式中　F_l——局部受压面上作用的局部荷载或局部压力设计值，取 $F_l = 1500 \text{kN}$；

f_c——混凝土轴心抗压强度设计值，C50，$f_c = 23.1 \text{MPa}$；

β_c——混凝土强度影响系数，C50，$\beta_c = 1.0$；

β_l——混凝土局部受压时的强度提高系数，按下式计算：

$$\beta_l = \sqrt{\frac{A_b}{A_l}} = \sqrt{\frac{695 \times 350 \times 3}{695 \times 350}} = 1.732$$

其中，混凝土局部受压面积 $A_l = 695\text{mm} \times 350\text{mm}$；混凝土局部受压计算面积 $A_b = 695\text{mm} \times$ （$350\text{mm} \times 3$）mm。

A_{ln}——混凝土局部受压净面积，$A_{ln} = 695\text{mm} \times 350\text{mm}$。

$$1.35\beta_c\beta_l f_c A_{ln} = 1.35 \times 1.0 \times 1.732 \times 23.1 \times 695 \times 350\text{N}$$
$$= 13138.521 \times 10^3\text{N} = 13138.521\text{kN} > F_l = 1500\text{kN}$$

局部受压区截面尺寸满足要求。

思 考 题

[3-1] 盾构法隧道衬砌的作用有哪些？

[3-2] 在饱和含水软土地层中修建的隧道衬砌断面较为有利的形式是什么？为什么？

[3-3] 为什么盾构隧道的钢筋混凝土管片大多采用平板形结构？

[3-4] 盾构隧道衬砌管片分块大与小各有什么优点和缺点？取决于什么？

[3-5] 试对图 3-23 所示装配式圆形盾构隧道衬砌管片进行分块（按 8 块），并说明理由。

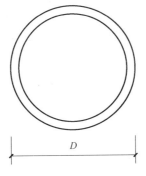

图 3-23　题 3-5 图

[3-6] 条件同题 3-5，根据你的管片分块情况，说明管片的拼装顺序，并说明理由。

[3-7] 盾构法隧道衬砌管片形式有哪些？简述其各自特点和适用条件。

[3-8] 盾构法隧道圆形衬砌管片拼装形式有哪些？简述其优缺点和适用性。

[3-9] 如何选择钢筋混凝土管片衬砌结构的计算简图？

[3-10] 如何计算盾构法隧道结构的竖向土压力？

[3-11] 地层抗力 p_k 是怎样产生的？地层抗力 p_k 对隧道结构内力是否有影响？

[3-12] 地层抗力 p_k 的分布形式和范围是什么？

[3-13] 盾构法隧道衬砌结构计算模式有哪几种？各有什么优势？如何考虑接头的影响？

[3-14] 试分析盾构法圆形衬砌内力分布与管片结构的关系。

[3-15] 隧道计算断面的选取原则是什么？

[3-16] 盾构法隧道衬砌结构断面选择时应验算哪些内容，在验算时应注意什么？

[3-17] 盾构法隧道进行衬砌结构的防水、抗渗可以采用哪些措施？

第4章 土钉墙支护结构设计

【知识与技能点】
1. 熟悉基坑支护类型的选择方法。
2. 掌握土钉墙设计计算方法。
3. 掌握土钉墙基坑施工要求、质量检测与安全监测设计。
4. 掌握土钉墙基坑施工图的绘制方法。

4.1 设计解析

土木工程专业地下工程方向设置"基坑支护课程设计"（1周），相对应"基坑支护"课程。各高校可根据各校土木工程专业不同的课程群设置不同的基坑及边坡支护工程课程设计任务，可以选择土钉墙支护结构设计、地下连续墙支护结构设计等。本章解析基坑土钉墙支护结构设计方法和构造要求，并相应给出一个完整的设计实例。地下连续墙支护结构设计解析和实例将在第5章中予以介绍。

4.1.1 基坑围护结构的选型

基坑支护结构选型时，应综合考虑下列因素：
1）基坑深度。
2）土的性状及地下水条件。
3）基坑周边环境对基坑变形的承受能力及支护结构失效的后果。
4）主体地下结构和基础形式及其施工方法、基坑平面尺寸及形状。
5）支护结构施工工艺的可行性。
6）施工场地条件及施工季节。
7）经济指标、环保性能和施工工期。
基坑支护结构应按表4-1选型。

表4-1 各类支护结构的适用条件

结构类型		适用条件		
		安全等级	基坑深度、环境条件、土类及地下水条件	
支挡式结构	拉锚式结构	一级 二级 三级	适用于较深的基坑	（1）排桩适用于可采用降水或截水帷幕的基坑 （2）地下连续墙宜同时用作主体地下结构外墙，可同时用于截水 （3）锚杆不宜用在软土层和高水位的碎石土、砂土层中 （4）当邻近基坑有建筑物地下室、地下构筑物等，锚杆的有效锚固长度不足时，不应采用锚杆 （5）当锚杆施工会造成基坑周边建（构）筑物的损害或违反城市地下空间规划等规定时，不应采用锚杆
	支撑式结构		适用于较深的基坑	
	悬臂式结构		适用于较浅的基坑	
	双排桩		当锚拉式、支撑式和悬臂式结构不适用时，可考虑采用双排桩	
	支护结构与主体结构结合的逆作法		适用于基坑周边环境条件很复杂的深基坑	

（续）

结构类型		适用条件	
	安全等级	基坑深度、环境条件、土类及地下水条件	
土钉墙	单一土钉墙	二级三级	适用于地下水位以上或降水的非软土基坑，且基坑深度不宜大于 12m	当基坑潜在滑动面内有建筑物、重要地下管线时，不宜采用土钉墙
	预应力锚杆复合土钉墙		适用于地下水位以上或降水的非软土基坑，且基坑深度不宜大于 15m	
	水泥土桩复合土钉墙		用于非软土基坑时，基坑深度不宜大于 12m；用于淤泥质土基坑时，基坑深度不宜大于 6m；不宜用在高水位的碎石土、砂土层中	
	微型桩复合土钉墙		适用于地下水位以上或降水的基坑，用于非软土基坑时，基坑深度不宜大于 12m；用于淤泥质土基坑时，基坑深度不宜大于 6m	
重力式水泥土墙		二级三级	适用于淤泥质土、淤泥基坑，且基坑深度不宜大于 7m	
放坡		三级	（1）施工场地满足放坡要求（2）放坡与上述支护结构形式结合	

注：1. 当基坑不同部位的周边环境条件、土层性状、基坑深度等不同时，可在不同部位分别采用不同的支护形式。

2. 支护结构可采用上、下部以不同类型组合的形式。

3. 采用两种或两种以上支护结构形式时，其结合处应考虑相邻支护结构的相互影响，且应有可靠的过渡连接措施。

4.1.2　基坑围护结构的设计内容

基坑围护结构设计内容包括支护结构安全等级的确定、围护结构选型和布置、围护结构设计计算、围护结构稳定性验算、节点设计、井点降水、土方开挖方案以及监测要求等。

1. 支护结构的安全等级

基坑支护结构设计时，应综合考虑基坑周边环境和地质条件的复杂程度、基坑深度等因素，按表 4-2 采用相应的支护结构安全等级。基坑周边存在受影响的重要既有住宅、公共建筑、道路或地下管线等时，或因场地的地质条件复杂、缺少同类地质条件下相近基坑深度的经验时，支护结构破坏、基坑失稳或过大变形对人的生命、经济、社会或环境影响很大，安全等级应定为一级。当支护结构破坏、基坑过大变形不会危及人的生命、紧急损失轻微、对社会或环境的影响不大时，安全等级可定为三级。对大多数基坑，安全等级应该定为二级。

表 4-2　支护结构的安全等级

安全等级	破坏后果
一级	支护结构失效、土体过大变形对基坑周围环境或主体结构施工安全的影响很严重
二级	支护结构失效、土体过大变形对基坑周围环境或主体结构施工安全的影响严重
三级	支护结构失效、土体过大变形对基坑周围环境或主体结构施工安全的影响不严重

注：对同一基坑的不同部位，可采用不同的安全等级。

2. 围护结构的选型和布置

应根据工程规模、主体工程特点、场地条件、环境保护要求、岩土工程勘察资料、土方开挖方法以及地区工程经验等因素，经综合分析比较，在确定安全可靠的前提下，选择切实可行、经济合理的方案。

围护墙体和支撑结构布置除可参考表 4-3 以及满足相关规范要求外，尚应遵循以下原则：

1）基坑围护结构的构件（包括围护墙、隔水帷幕和锚杆）在一般情况下不应超出工程用地范围，否则应事先征得政府主管部门或相邻地块业主同意。

2）基坑围护结构构件不能影响主体工程结构构件的正常施工。

3）有条件时基坑平面形状尽可能采用受力性能较好的圆形、正多边形和矩形。

表 4-3　围护结构的选择

开挖深度	围护结构选择	
	淤泥及软土	一般性黏土
$H \leqslant 6\text{m}$	（1）水泥土搅拌桩 （2）$\phi 600$ 混凝土桩 + 支撑或锚杆 + 止水幕墙 （3）打入（钢、预应力混凝土桩）+ 止水幕墙 + 支撑或锚杆 + 腰梁	（1）一级或二级以上放坡挖土 （2）放坡 + 井点降水 （3）局部放坡 + 土钉墙（或喷锚支护） （4）砖墙支护 + 局部放坡 + 面层加固 （5）局部放坡 + 灌注桩（$\phi 600$）
$6\text{m} < H \leqslant 10\text{m}$	（1）混凝土桩（$\phi 800 \sim \phi 1000$）+ 止水幕墙 + 支撑或锚杆 +（或中心岛） （2）地下连续墙（$b = 600 \sim 800$）+ 支撑或锚杆 （3）打入桩 + 支撑或锚杆 + 止水幕墙 （4）水泥土地下连续墙 + 支撑或杆	（1）局部放坡 + 混凝土桩（$\phi 600 \sim \phi 800$）+ 支撑或锚杆 + 止水幕墙 （2）局部放坡 + 打入桩 + 支撑或锚杆 + 止水幕墙 （3）局部放坡 + 水泥土地下连续墙 + 支撑或锚杆 （4）局部放坡 + 土钉墙（或喷锚支护）+ 降水 （5）局部放坡 + 拱形支护 + 降水或止水幕墙
$H > 10\text{m}$	（1）地下连续墙 + 支撑或锚杆 （2）大直径桩（$\phi 800 \sim \phi 1000$）+ 止水幕墙 + 多支撑或锚杆（或中心岛） （3）地下连续墙（或大直径桩）+ 内外土体加固 + 支撑或锚杆 + 止水幕墙	（1）局部放坡 + 混凝土桩 + 支撑或锚杆 + 止水幕墙 （2）局部放坡 + 地下连续墙 + 支撑或锚杆 （3）局部放坡 + 土钉墙（或喷锚支护）+ 降水 （4）局部放坡 + 打入桩 + 支撑或锚杆 + 止水幕墙

3. 基坑支护结构设计计算

（1）基坑支护结构设计原则　基坑支护结构应采用分项系数表示的极限状态设计表达式进行设计。基坑支护结构极限状态可分为下列两类：

1）承载能力极限状态。

①支护结构构件或连接因超过材料强度而破坏，或因过度变形而不适于继续承受荷载，或出现压曲、局部失稳。

②支护结构和土体整体滑动。

③坑底因隆起而丧失稳定。

④对支挡式结构，挡土构件因坑底土体丧失嵌固能力而推移或倾覆。

⑤对锚拉式支挡结构或土钉墙，锚杆或土钉因土体失稳丧失锚固能力而拔动。

⑥对重力式水泥土墙，墙体倾覆或滑移。

⑦对重力式水泥土墙、支挡式结构，其持力土层因丧失承载能力而破坏。

⑧地下水渗流引起的土体渗透破坏。

支护结构构件或连接因超过材料强度或过度变形的承载能力极限状态设计，应符合下式要求：

$$\gamma_0 S_d \leqslant R_d \tag{4-1}$$

式中 γ_0——支护结构重要性系数，对安全等级一级、二级、三级的支护结构，γ_0 分别不应小于1.1、1.0、0.9；

S_d——作用基本组合的效应（轴力、弯矩等）设计值；

R_d——结构构件的抗力设计值。

对临时性支护结构，作用基本组合的效应设计值应按下式确定：

$$S_d = \gamma_F S_k \tag{4-2}$$

式中 γ_F——作用基本组合的综合分项系数，γ_F 不应小于1.25；

S_k——作用标准组合的效应。

整体滑动、基坑隆起失稳、挡土构件嵌固段推移、锚杆与土钉拔动、支护结构倾覆与滑移、土体渗透破坏等稳定性计算和验算，均应符合下式要求：

$$\frac{R_k}{S_k} \geqslant K \tag{4-3}$$

式中 R_k——抗滑力、抗滑力矩、抗倾覆力矩、锚杆和土钉的极限抗拔承载力等土的抗力标准值；

S_k——滑动力、滑动力矩、倾覆力矩、锚杆和土钉的拉力等作用标准值的效应；

K——安全系数。

2）正常使用极限状态。

①造成基坑周边建（构）筑物、地下管线、道路等损坏或影响其正常使用的支护结构位移。

②因地下水位下降、地下水渗流或施工因素而造成基坑周边建（构）筑物、地下管线、道路等损坏或影响其正常使用的土体变形。

③影响主体地下结构正常施工的支护结构位移。

④影响主体地下结构正常施工的地下水渗流。

由支护结构水平位移、基坑周边建（构）筑物和地面沉降等控制的正常使用极限状态设计，应符合下式要求：

$$S_d \leqslant C \tag{4-4}$$

式中 S_d——作用标准组合的效应（位移、沉降等）设计值；

C——支护结构水平位移、基坑周边建筑物和地面沉降的限值。

支护结构设计应考虑其结构水平变形、地下水的变化对周围环境的水平和竖向变形的影响。基坑支护设计时，支护结构的水平位移控制值和基坑周边环境的沉降控制值应按下列要求设定：

①当基坑开挖影响范围内有建筑物时，支护结构水平位移控制值、建筑物的沉降控制值应按不影响其正常使用的要求确定，并应符合《建筑地基基础设计规范》（GB 50007—2012）中对地基变形允许值的规定。

②当基坑开挖影响范围内有管线、地下构筑物、道路时，支护结构水平位移控制值、地面沉降控制值应按不影响其正常使用的要求确定，并应符合相关规范的允许变形的规定。

③当支护结构构件同时用作主体地下结构构件时，支护结构水平位移控制值不应大于主体结构设计对其变形的限值。

（2）计算模型选择 通过设计计算确定围护结构构件的内力和变形，据此验算截面承载力和基坑位移。计算模型的假定条件必须符合支护结构的具体情况，所采用的有关参数应根据工程的具体条件和地区的工作经验确定。由于支护结构受到的内力和变形随着施工的进展而不断变化，因此，设计计算时必须按不同施工阶段的特征分别进行计算，同时应考虑前一种工况对后面各种工况内力和变形的影响。支护结构的计算模型可按表4-4选用。

表 4-4　支护结构计算模型

计算模型	简化形式及分析计算方法
桩土共同作用分析	将护坡桩（墙）简化为梁、板结构，采用工程力学的方法进行求解，护坡桩（墙）的内力计算主要有： 　　（1）桩土协同作用计算：分别建立桩（墙）及土体的变形微分方程，使用位移和应力连续条件联合求解，一般情况下只能借助数值分析方法，用有限元法或有限差分法求解 　　（2）用侧压力作桥梁，将桩（墙）从桩土共同作用体中分离出来，仅使用理论力学、材料力学中的一些力和力矩平衡知识就可得到内力的解
水平支点力计算	（1）有限元法 　　（2）自由土法 　　（3）等值梁法：目前我国多数规范建议采用此法。等值梁法计算支点水平力时的假定为基坑开挖面以下的土压力零点为转动点，保持此点的力矩平衡以求得各层水平支点力；假设下层开挖不影响上层计算水平支点力
支护结构的嵌固深度分析	理论上根据作用于结构上力的平衡条件，也即水平力及弯矩的平衡条件确定，但在工程实际中往往只计算两者之一，再乘以一个安全系数确定。悬臂式支护结构的嵌固深度由结构端部转动平衡条件确定；具有水平支点力的混合结构的嵌固深度由水平力平衡条件确定

4. 围护结构稳定性验算

围护结构稳定性验算包括：

1）基坑边坡总体稳定验算。

2）围护墙体抗倾覆稳定验算。

3）围护墙底面抗滑移验算。

4）基坑围护墙前抗隆起稳定验算。

5）抗竖向渗流验算。

6）基坑周围地面沉降及其影响范围的估计。

以上各项稳定验算内容都与围护墙的插入深度有关，最后确定的围护墙埋入深度应同时满足以上各项验算要求。第2）、3）项验算主要针对重力式围护墙，对于有支撑或锚拉的板式支护结构，也应验算墙前被动拉力，防止墙体下部产生过大的变形。

5. 节点设计

在基坑工程中，必须充分重视节点设计这一环节。合理的节点构造应符合以下条件：

1）方便施工。

2）节点构造与设计计算模型中的假设条件一致。

3）节点构造应起到防止构件局部失稳的作用。

4）尽可能减少节点自身的变形量。

5）与整体稳定相关的节点应设置多道防线，同时节点要有良好的延性。

6. 其他土工问题

（1）井点降水　在地下水位较高的地区，降水是基坑设计必须考虑的一项内容。井点降水分为基坑内降水和基坑外降水，当放坡开挖或无隔水帷幕的支护开挖时通常在基坑外降水；当围护墙设置隔水帷幕时，通常采取坑内降水。降水深度通常控制在基坑开挖面以下 0.5 ~ 1.0m。当基坑开挖深度小于 3m 时，通常可采用重力排水（或称明排水），大于 3m 时宜采用井点降水。常用的井点类型有轻型井点、多级轻型井点、喷射井点及深井井点，应根据基坑规模、开挖深度和土层抗渗性并结合地区经验选择。

（2）土方开挖　围护结构设计应对基坑开挖方式提出要求，其中最重要的要求是每个阶段的开挖深度与相应设计工况的计算模型一致，强调先支撑（或锚定）后开挖的原则，每次挖到规定深度后，应及时架设支撑，一般情况下不宜超过 2d(48h)，以防止地基土塑性变形的发展。对大型基坑工程应结合主体工程情况，采取在平面上分段、深度上分层的开挖方式。挖至基底时，应避免扰动基底持力层的原状结构。

（3）监测　基坑监测的内容包括：

1）围护结构主要构件的内力和变形（支撑轴力测定，墙顶水平位移和垂直位移、墙体竖向的变形曲线测定，以及立柱的沉降或回弹等）。

2）基坑周围土体的变形、边坡稳定以及地下水位的变化和空隙水压力的测定等。

3）对周围环境中需要保护的对象（基坑附近的建筑物或构筑物、重要历史文物以及市政管线和道路、桥梁、隧道等）进行专门内容的观察和测定。

4.1.3　土钉墙支护设计概述

（1）土钉墙、复合土钉墙的概念　土钉墙是由随基坑开挖分层设置的纵横向密布的土钉群、喷射混凝土面层及原位土体所组成的支护结构（图 4-1），形成类似于重力式挡土墙，以此来抵抗墙后传来的土压力或其他附加荷载，从而保持土体的稳定。

复合土钉墙是指土钉墙与预应力锚杆、微型桩、旋喷桩、搅拌桩中的一种或多种组成的复合型支护结构。

土钉支护属于土体加筋技术中的一种，其形式与加筋土墙类似。土钉墙与加筋土墙的相似之处有：

1）一般情况下，均不施加预应力。

2）借助土的微小变形使杆件受力而工作。

3）通过土与杆件的粘结而使加强的土体稳定，而后形成类似于重力式挡墙的结构，支撑其后部土体传来的土压力和荷载。

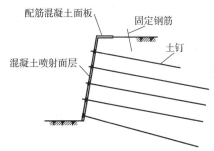

图 4-1　土钉墙剖面示意图

4）侧向面板基本上不受力，对整个结构物的稳定性不起很大作用，且均很薄。

土钉墙与加筋土墙的不同之处有：

1）施工顺序不同。加筋土墙是自下而上先修筑面板和筋带，然后夯填土体而形成的；土钉墙则是随着边坡或基坑开挖自上而下逐步形成的，如图 4-2 所示。

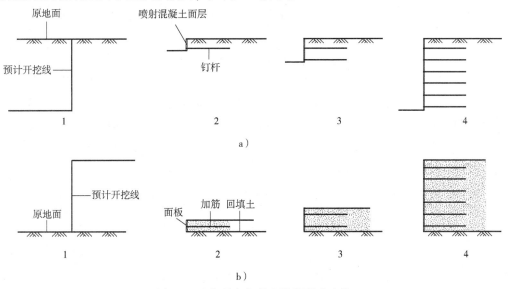

图 4-2　土钉墙与加筋土墙的形成过程
a）土钉墙　b）加筋土墙

2）土钉墙用于原状土的挖方工程，对于土的质量无法选择和控制；加筋土墙用于填方工程，在一般情况下，对土的种类可以选择，对土的工程性质是可以控制的。

3）随着新型工程材料的不断出现，加筋条多采用土工合成材料，直接同土接触而起作用；而土钉则多用金属杆，通过砂浆同土接触而起作用。

4）加筋杆件一般水平设置，而土钉则与水平面有一定的夹角安设。

（2）土钉的概念　土钉是用来加固、锚固现场原位土体的细长杆件。通常采用土中钻孔，置入变形钢筋，并沿孔全长注浆的方法做成。土钉依靠与土体之间的界面黏结力或摩擦力，在土体发生变形的条件下被动受力，并主要承受拉力作用。土钉也可采用钢管、角钢直接击入土中，并全长注浆的方法做成。

土钉与锚杆两者的工作机理不同，主要体现在下列几个方面：

1）锚杆安装后，通常施加预应力，主动约束结构的变位，在其末端的锚固段内作为受力段与周围土体接触，提供锚固力。而土钉一般不施加预应力或施加很小的预应力，须借助土体产生少量变位，而使土钉受力后工作，故两者的受力状态不同，结构上的要求自然也不同。

2）锚杆只在锚固长度内受力，而自由段长度内只起传力作用；土钉则是全长受力，沿长度分布不均匀，一般是中间大、两头小，故两者在杆件长度方向上的应力分布是不同的，如图4-3所示。

3）锚杆密度小，每个杆件都是重要的受力部位；而土钉密度大，靠土钉的相互作用形成复合整体作用，其中个别土钉发生破坏或不起作用，对整个结构物的影响不大。

4）锚杆挡墙或锚杆被拉的挡土结构受力较大，要求锚头特别牢固；而在主动区和抗力区内土钉叠加后使土钉自身趋于力平衡状态，因此土钉面板基本不受力，不属于主要受力构件，它的主要作用是稳定井挖面上的局部土体，防止其塌落和受到侵蚀。

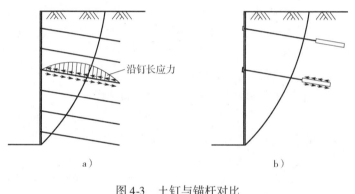

图4-3　土钉与锚杆对比

a）土钉　b）锚杆

（图中标注：沿钉长应力）

5）锚杆一般较长，直径较大，所需的各种机具也较大；而土钉的长度一般较短（3～12m），直径较小，所需的各种机具均较灵便。

（3）土钉墙的作用机理　试验表明，直立的土钉墙在坡顶的承载力约是天然土坡的两倍以上。采用土钉支护后边坡的变形有弹性变形阶段、塑性变形阶段、渐进变形阶段和破坏阶段，而天然边坡则没有渐进变形开裂阶段。土钉在复合土体中有以下几种作用机理：

1）箍束骨架作用。该作用是由土钉本身的刚度和强度，以及它在土体内分布的空间所决定的。它在复合体中其骨架作用，使复合土体构成一个整体，从而约束土体的变形和破坏。

2）分担作用。在复合体内，土钉与土体共同承担外荷载和自重应力，土钉起着分担作用。由于土钉有较高的抗弯、抗剪、抗拉强度和土体无法相比的抗弯刚度，当土体变形进入塑性变形阶段后，应力逐渐向土钉转移，这样就减少了土体中的应力集中，避免了塑性区的进一步扩大，提高了土体的承载力。

3）应力传递与扩散作用。研究表明，当荷载增加到一定程度，边坡表面和内部裂缝已经发展到一定宽度，坡脚应力达到最大。此时，下部土钉位于滑裂区域以外土体中的部分仍然能够提供较大的抗力。土钉通过它的应力传递作用可将滑裂区域内的应力传递到后面稳定的土体中，分布在较大范围的土体内，降低应力集中程度。

4）对坡面变形的约束作用。在坡面上设置的与土钉连在一起的钢筋网喷射混凝土面板对坡面变形起到约束作用，面板的约束力取决于土钉表面与土之间的摩阻力，当复合土体开裂面区域扩大并连成片时，摩阻力主要来自开裂区域后的稳定复合土体。

（4）土钉墙的适用条件

1）基坑侧壁安全等级宜为二级、三级的非软土场地（孔道侧壁安全等级根据侧壁破坏后果的严重程度划分）。

2）基坑深度不宜大于 12m。

3）当地下水位高于坑底面时，应采取降水或截水措施。

当土质较差，且基坑边坡靠近重要建筑设施，需要严格控制支护变形时，宜开挖前先沿基坑边缘设置密排的竖向微型桩（图 4-4），其间距不宜大于 1m，深入基坑底部 1 ~ 3m。微型桩可用无缝钢管或焊管，直径 58 ~ 150mm，管壁上应设置出浆孔。小直径的钢管可分段在不同开挖深处击打方法置入并注浆；较大直径（大于 100mm）的钢管宜采用钻孔置入并注浆，在距孔底 1/3 孔深范围内的管壁上设置注浆孔，注浆孔直径 10 ~ 15mm，间距 400 ~ 500mm。

当支护变形需要严格限制在不良土体中施工时，宜联合使用其他支护技术，将土钉支护扩展为土钉-预应力锚杆联合支护、土钉-桩联合支护、土钉-防渗墙联合支护等，并参照相应标准进行设计施工。

（5）土钉及土钉墙的受力状态和破坏形式

1）土钉墙在自身重力等荷载作用下，可能沿内部或外部破裂面产生整体破坏（图 4-5）。

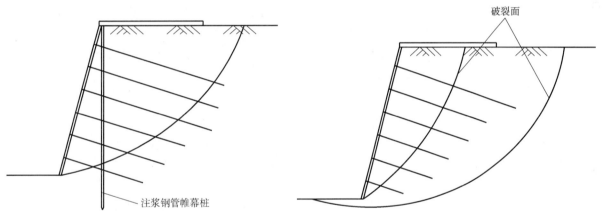

图 4-4　超前设置微型桩的土钉支护　　　　图 4-5　土钉墙沿内部或外部破裂面

2）土钉墙沿墙底产生滑移，或沿墙趾产生倾覆。

3）单根土钉多在拉力作用下被拔出。土体在自身重力等荷载作用下产生变形，作用土压力于面层，面层传递给土钉，土钉承受了由面层及周围土体传递过来的拉力，有向基坑方形拔出的趋势；同时破裂面以外稳定土体与土钉的黏结力对土钉产生抗拔力，阻止土钉向外拔出。当拉力大于抗拔力时，土钉被拔出。

4）土钉墙墙底承载力不够，产生破坏。

4.1.4　土钉墙支护结构设计

1. 土钉墙的设计内容

1）确定土钉墙的结构尺寸及分段施工长度与高度。

2）设计土钉的长度、间距及布置、孔径、钢筋直径等。

3）进行内部和外部稳定性分析计算。

4）设计面层和注浆参数，必要时，进行土钉墙变形分析。

5）进行构造设计及指定质量控制要求。

2. 土钉墙的设计步骤

1）根据边坡高度、土质条件及工程性质，初步确定土钉墙的结构尺寸、土钉布置方式和间距，分段开挖深度。

2）根据现场抗拔试验结果、土压力分布、土抗剪参数，并结合以往经验，确定土钉类型尺寸、土钉直径和长度。

3）进行内部稳定性分析，包括不同开挖阶段、不同位置处沿最危险破裂面的缓坡破坏、土钉本身的强度破坏、拔出破坏以及喷射混凝土面板的破坏等。

4）进行外部稳定性验算，把土钉视为挡土墙，进行抗滑、抗倾覆、底部地基承载力验算。

5）进行第3）、4）项的稳定性验算，如不满足，调整第1）、2）项的设计内容。重复上述过程直至得到满意结果。

6）进行施工图设计、构造设计及质量控制设计。

3. 土钉墙结构尺寸

在初步设计时，应先根据基坑环境条件和工程地质资料，确定土钉墙的适用性，然后确定土钉墙结构尺寸。土钉墙高度由工程开挖深度决定，开挖面坡度可取60°～90°，在条件许可时，尽可能降低坡面坡度。

土钉墙采用分层分段施工，每层开挖的最大高度取决于该土体可以自然"直立"而不破坏的能力。在砂性土中，每层开挖高度一般为0.5～2.0m；在黏性土中可以增大一些。开挖高度一般与土钉竖向间距相同，常用1.0～1.5m；每层单次开挖的纵向长度，取决于土体维持稳定的最长时间和施工流程的相互衔接，一般多用10m长。

4. 土钉支护设计参数

土钉支护设计参数主要包括土钉长度、间距、布置、孔径和钢筋直径等。

（1）土钉长度　在实际工程中，土钉长度 L 常采用坡面垂直高度 H 的60%～70%。土钉一般下斜，与水平面的夹角宜为5°～20°。布鲁斯（Bruce）和杰威尔（Jewell）（1987）通过对十多项土钉工程的分析表明：对钻孔注浆型土钉，用于粒状土陡坡加固时，L/H 一般为0.5～0.8；对打入型土钉，用于加固粒状土陡坡时，其 L/H 一般为0.5～0.6。土钉长度应按各层土钉受力均匀、各土钉拉力与相应土钉极限承载力的比值相接近的原则确定。

（2）土钉直径及间距　土钉直径 D 一般由施工方法确定。成孔注浆型钢筋土钉，成孔直径宜取70～120mm，土钉钢筋宜选用HRB400、HRB500级钢筋，钢筋直径宜取16～32mm。钢管土钉的钢管外径不宜小于48mm，壁厚不宜小于3mm。

土钉间距包括水平间距（列距）s_x 和垂直间距（行距）s_z，其数值对土钉的整体作用效果有重要影响，大小宜为1～2m，当基坑较深、土的抗剪强度较低时，土钉间距应取小值。对钻孔注浆型土钉，可按6～12倍土钉直径选定土钉行距和列距，且满足：

$$s_x \times s_z = K \times D \times L \tag{4-5}$$

式中　K——注浆工艺系数，一次压力注浆，取 $K = 1.5 \sim 2.5$；

D、L——土钉直径和长度（m）；

s_x、s_z——土钉水平间距和垂直间距（m）。

（3）土钉钢筋直径 d 的选择　土钉钢筋直径 d 按下式计算：

$$d = (20 \sim 25) \times 10^{-3} (s_x \times s_z)^{1/2} \tag{4-6}$$

式中　d——土钉钢筋直径（m）；

s_x、s_z——土钉水平间距和垂直间距（m）。

统计资料表明，对黏结型土钉，用于粒状土陡坡加固时，其布筋率 $d^2 / (s_x \times s_z)$ 为 $(0.4 \sim 0.8) \times 10^{-3}$；对击入型土钉，用于粒状陡坡时，其布筋率为 $(1.3 \sim 1.9) \times 10^{-3}$。

5. 单根土钉抗拉承载力计算

单根土钉的极限抗拔承载力应符合下式规定：

$$\frac{R_{k,j}}{N_{k,j}} \geq K_t \tag{4-7}$$

式中　K_t——土钉抗拔安全系数，安全等级二级、三级时，K_t 分别取 1.6、1.4；

　　　$N_{k,j}$——第 j 层土钉的轴向拉力标准值（kN），按式（4-8）计算；

　　　$R_{k,j}$——第 j 层土钉的极限抗拔承载力标准值（kN），按式（4-12）计算。

（1）单根土钉的轴向拉力标准值 $N_{k,j}$　土钉的设计计算时，只考虑土钉的受拉作用；土钉的尺寸应满足设计（受拉荷载）的要求，同时还要满足支护内部整体稳定性的要求。

单根土钉的轴向拉力标准值为

$$N_{k,j} = \frac{1}{\cos\alpha_j} \zeta \eta_j p_{ak,j} s_{x,j} s_{z,j} \tag{4-8}$$

式中　$N_{k,j}$——第 j 层土钉的轴向拉力标准值（kN）；

　　　α_j——第 j 层土钉的倾角（°）；

　　　ζ——墙面倾斜时的主动土压力折减系数，可按式（4-9）确定；

　　　η_j——第 j 层土钉轴向拉力调整系数，可按式（4-10）计算；

　　　$p_{ak,j}$——第 j 层土钉处的主动土压力强度标准值（kPa）；

　　　$s_{x,j}$——土钉的水平间距（m）；

　　　$s_{z,j}$——土钉的垂直间距（m）。

墙面倾斜时的主动土压力折减系数 ζ 可按下式计算：

$$\zeta = \tan\frac{\beta - \varphi_m}{2}\left[\frac{1}{\tan\dfrac{\beta + \varphi_m}{2}} - \frac{1}{\tan\beta}\right]\bigg/ \tan^2\left(45° - \frac{\varphi_m}{2}\right) \tag{4-9}$$

式中　β——土钉墙坡面与水平方向的夹角（°）；

　　　φ_m——基坑地面以上各土层按厚度加权的等效内摩擦角平均值（°）。

土钉轴向拉力调整系数 η_j 可按下列公式计算：

$$\eta_j = \eta_a - (\eta_a - \eta_b)\frac{z_j}{h} \tag{4-10}$$

$$\eta_a = \frac{\sum (h - \eta_b z_j)\Delta E_{aj}}{\sum (h - z_j)\Delta E_{aj}} \tag{4-11}$$

式中　z_j——第 j 层土钉至基坑顶面的垂直距离（m）；

　　　h——基坑深度（m）；

　　　ΔE_{aj}——作用在以 $s_{x,j}$、$s_{z,j}$ 为边长的面积内的主动土压力标准值（kN）；

　　　η_a——计算系数，按式（4-11）确定；

　　　η_b——经验系数，可取 0.6 ~ 1.0；

　　　n——土钉层数。

（2）单根土钉的极限抗拔承载力 $R_{k,j}$　单根土钉的极限抗拔承载力 $R_{k,j}$ 应按下列规定确定：

1）单根土钉的极限抗拔承载力应通过抗拔试验确定，试验方法应符合《建筑基坑支护技术规程》（JGJ 120—2012）附录 D 的规定。

2）单根土钉的极限抗拔承载力标准值也可按式（4-12）估算，但应通过《建筑基坑支护技术规程》（JGJ 120—2012）附录 D 规定的土钉抗拔试验进行验证。

$$R_{k,j} = \pi d_j \sum q_{sk,i} l_i \tag{4-12}$$

式中　d_j——第 j 层土钉的锚固体直径（m），对成孔注浆土钉，按成孔直径计算，对打入钢管土钉，按钢管直径计算；

　　　$q_{sk,i}$——第 j 层土钉与第 i 土层的极限粘结强度标准值（kPa），应根据工程经验并结合表4-5取值；

　　　l_i——第 j 层土钉滑动面以外的部分在第 i 土层中的长度（m），直线滑动面与水平面的夹角取 $(\beta + \varphi_m)/2$。

3）对安全等级为三级的土钉墙，可按式（4-12）确定单根土钉的极限抗拔承载力。

4）当按上述第1）～3）确定的土钉极限抗拔承载力标准值大于 $f_{yk}A_s$ 时，应取 $R_{k,j} = f_{yk}A_s$。

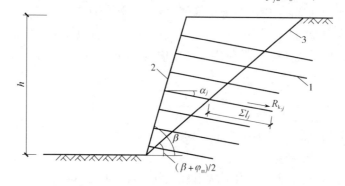

图4-6　土钉抗拔承载力计算
1—土钉　2—喷射混凝土面层　3—滑动面

表 4-5　土钉的极限粘结强度标准值

土的名称	土的状态	q_{sk}/kPa	
		成孔注浆土钉	打入钢管土钉
素填土		15～30	20～35
淤泥质土		10～20	15～25
黏性土	$0.75 < I_L \leqslant 1$	20～30	20～40
	$0.25 < I_L \leqslant 0.75$	30～45	40～55
	$0 < I_L \leqslant 0.25$	45～60	55～70
	$I_L \leqslant 0$	60～70	70～80
粉土		40～80	50～90
砂土	松散	35～50	50～65
	稍密	50～65	65～80
	中密	65～80	80～100
	密实	80～100	100～120

土的名称	土的状态或密实度	q_{sk}/kPa	
		一次常压注浆	二次压力注浆
中砂	稍密	54～74	70～100
	中密	74～90	100～130
	密实	90～120	130～170
粗砂	稍密	80～130	100～140
	中密	130～170	170～220
	密实	170～220	220～250

（续）

土的名称	土的状态	q_{sk}/kPa	
		成孔注浆土钉	打入钢管土钉
砾砂	中密、密实	190~250	240~290
风化岩	全风化	80~100	120~150
	强风化	150~200	200~250

注：1. 采用泥浆护壁成孔工艺时，应按表取低值后再根据具体情况适当折减。

　　2. 采用套管护壁成孔工艺时，可取表中的高值。

　　3. 采用扩孔工艺时，可在表中数值基础上适当提高。

　　4. 采用二次压力分段劈裂注浆工艺时，可在表中二次压力注浆数值基础上适当提高。

　　5. 当砂土中的细粒含量超过总质量的 30% 时，表中数值应乘以 0.75。

　　6. 对有机质含量为 5%~10% 的有机质土，应按表取值后适当折减。

　　7. 当锚杆锚固段长度大于 16m 时，应对表中数值适当折减。

6. 土钉体的受拉承载力计算

土钉体的受拉承载力按下式计算：　　　　　$N_j \leqslant f_y A_s$　　　　　　　　　　　　　　　（4-13）

式中　N_j——第 j 层土钉的轴向拉力设计值（kN），$N_j = \gamma_0 \gamma_F N_{k,j}$；

　　　f_y——土钉杆体的抗拉强度设计值（kPa）；

　　　A_s——土钉杆体的截面面积（m²）。

4.1.5　土钉墙内部稳定性验算

1. 整体滑移稳定性验算

土钉支护的内部整体稳定性验算是指边坡土体中可能出现的破坏面发生在支护内部并穿过全部或部分土钉，破坏模式如图 4-7 所示，破坏面为圆弧面，不能够考虑土钉的拉力，采用圆弧滑动面条分法对支护作整体稳定性验算。

采用圆弧滑动条分法时，其整体滑动稳定性应符合下列规定（图 4-7）：

$$\min(K_{s,1},\ K_{s,2},\ \cdots,\ K_{s,i},\ \cdots) \geqslant K_s$$

$$K_{s,i} = \frac{\sum\{c_j l_j + [(q_j b_j + \Delta G_j)\cos\theta_j - u_j l_j]\tan\varphi_j\} + \sum R'_{K,k}[\cos(\theta_k + \alpha_k) + \psi_v]/s_{X,k}}{\sum(q_j b_j + \Delta G_j)\sin\theta_j} \quad (4\text{-}14)$$

式中　K_s——圆弧滑动稳定安全系数；安全等级为二级、三级的土钉墙，K_s 分别不应小于 1.30、1.25；

　　　$K_{s,i}$——第 i 个圆弧滑动体的抗滑力矩与滑动力矩的比值；抗滑力矩与滑动力矩之比的最小值宜通过搜索不同圆心及半径的所有潜在滑动圆弧确定；

　　c_j、φ_j——第 j 土条滑弧面处土的黏聚力（kPa）、内摩擦角（°）；

　　　b_j——第 j 土条的宽度（m）；

　　　θ_j——第 j 土条滑弧面中点处的法线与垂直面的夹角（°）；

　　　l_j——第 j 土条的滑弧长度（m），取 $l_j = b_j/\cos\theta_j$；

　　　q_j——第 j 土条上的附加分布荷载标准值（kPa）；

　　ΔG_j——第 j 土条的自重（kN），按天然重度计算；

　　　u_j——第 j 土条滑弧面上的水压力（kPa）；采用落底式截水帷幕时，对地下水位以下的砂土、碎石土、砂质粉土，在基坑外侧，可取 $u_j = \gamma_w h_{wa,j}$，在基坑内侧，可取 $u_j = \gamma_w h_{wp,j}$；滑弧面在地下水位以上或对地下水位以下的黏性土，取 $u_j = 0$；

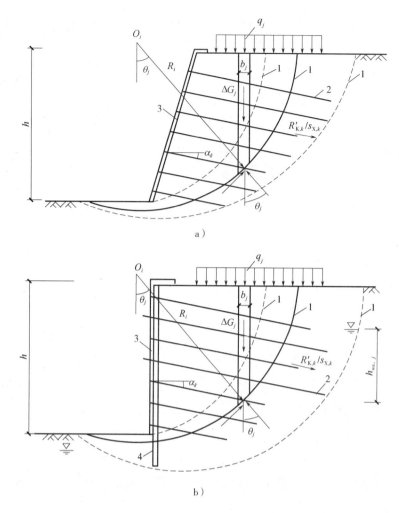

图 4-7　土钉墙整体滑动稳定性验算

a）土钉墙在地下水位以上　　b）水泥土桩或微型桩复合土钉墙

1—滑动面　2—土钉或锚杆　3—喷射混凝土面层　4—水泥土桩或微型桩

γ_w——地下水重度（kN/m^3）；

$h_{wa,j}$——基坑外侧第 j 土条滑弧面中点的压力水头（m）；

$h_{wp,j}$——基坑内侧第 j 土条滑弧面中点的压力水头（m）；

$R'_{K,k}$——第 k 层土钉或锚杆在滑弧面以外的锚固段的极限抗拔承载力标准值与杆体受拉承载力标准值（$f_{yk}A_s$ 或 $f_{ptk}A_p$）的较小值（kN）；锚固段的极限抗拔承载力应按《建筑基坑支护技术规程》（JGJ 120—2012）第 5.2.5 条和第 4.7.4 条的规定计算，但锚固段应取圆弧滑动面以外的长度；

α_k——第 k 层土钉或锚杆的倾角（°）；

θ_k——滑弧面在第 k 层土钉或锚杆处的法线与垂直面的交角（°）；

$s_{X,k}$——第 k 层土钉或锚杆的水平间距（m）；

ψ_v——计算系数，可按 $\psi_v = 0.5\sin(\theta_k + \alpha_k)\tan\varphi$ 取值；

φ——第 k 层土钉或锚杆与滑弧交点处土的内摩擦角（°）。

2. 坑底隆起稳定性验算

基坑底面下有软土层的土钉墙结构应进行坑底抗隆起稳定性验算（图 4-8）。

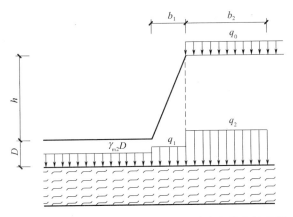

图 4-8　基坑底面下有软土层的土钉墙隆起稳定性验算

$$\frac{\gamma_{m2}DN_q + cN_c}{(q_1 b_1 + q_2 b_2)/(b_1 + b_2)} \geqslant K_b \tag{4-15}$$

$$N_q = \tan^2\left(45° + \frac{\varphi}{2}\right)e^{\pi\tan\varphi}$$

$$N_c = (N_q - 1)/\tan\varphi$$

$$q_1 = 0.5\gamma_{m1}h + \gamma_{m2}D$$

$$q_2 = \gamma_{m1}h + \gamma_{m2}D + q_0$$

式中　K_b——抗隆起安全系数，安全等级为二级、三级的土钉墙，K_b 分别不应小于 1.6、1.4；

　　　q_0——地面均布荷载（kPa）；

　　　γ_{m1}——基坑底面以上土的天然重度（kN/m³），对多层土，取各层土按厚度加权平均重度；

　　　h——基坑深度（m）；

　　　γ_{m2}——基坑地面至隆起计算平面之间土层的天然容重（kN/m³），对多层土，取各层土按厚度加权平均重度；

　　　D——基坑底面至抗隆起计算平面之间土层的厚度（m）；当抗隆起计算平面为基坑平面时，取 $D = 0$；

　N_q、N_c——承载力系数；

　　c、φ——抗隆起计算平面以下土的黏聚力（kPa）、内摩擦角（°）；

　　　b_1——土钉墙坡面的计算宽度（m），当土钉墙坡面垂直时取 $b_1 = 0$；

　　　b_2——地面均布荷载的计算宽度（m），可取 $b_2 = h$。

3. 地下水渗透稳定性验算

土钉墙与截水帷幕结合时，应按《建筑基坑支护技术规程》（JGJ 120—2012）附录 C 进行地下水渗透稳定性验算。

坑底以下有水头高于坑底的承压水含水层，且未用帷幕隔断其基坑内外的水力联系时，承压水作用下的坑底突涌稳定性应符合下列规定（图 4-9）：

$$\frac{D\gamma}{h_w\gamma_w} \geqslant K_h \tag{4-16}$$

式中　K_h——突涌稳定性安全系数，K_h 不应小于 1.1；

　　　D——承压水含水层顶面至坑底的土层厚度（m）；

　　　γ——承压水含水层顶面至坑底土层的天然重度（kN/m³）；对多层土，取按土层厚度加权的平均天然重度；

　　　h_w——承压水含水层顶面的压力水头高度（m）；

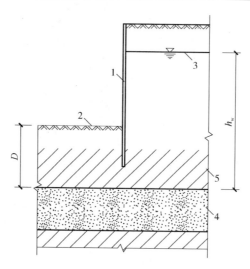

图 4-9　坑底土体的突涌稳定性验算

1—截水帷幕　2—基底　3—承压水侧管水位　4—承压水含水层　5—隔水层

γ_{w}——水的重度（$\mathrm{kN/m^3}$）。

悬挂式截水帷幕底端位于碎石土、砂土或粉土含水层时，对均质含水层，地下水渗流的流土稳定性应符合式（4-17）规定（图 4-10）。对渗透系数不同的非均质含水层，宜采用数值方法进行渗流稳定性分析。

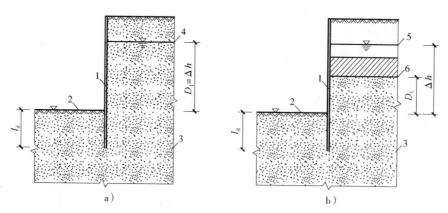

图 4-10　采用悬挂式帷幕截水时的流土稳定性验算

a）潜水　b）承压水

1—截水帷幕　2—基坑底面　3—含水层　4—潜水水位　5—承压水侧管水位　6—承压水含水层顶面

$$\frac{\gamma'(2l_{\mathrm{d}} + 0.8D_1)}{\gamma_{\mathrm{w}}\Delta h} \geqslant K_{\mathrm{f}} \tag{4-17}$$

式中　K_{f}——流土稳定安全系数；安全等级为一级、二级、三级的支护结构，K_{f} 分别不应小于 1.6、1.5、1.4；

l_{d}——截水帷幕在坑底以下的插入深度（m）；

D_1——潜水面或承压水含水层顶面至基坑底面的土层厚度（m）；

γ'——土的浮重度（$\mathrm{kN/m^3}$）；

Δh——基坑内外的水头差（m）；

γ_{w}——水的重度（$\mathrm{kN/m^3}$）。

坑底以下为级配不连续的砂土、碎石土含水层时，应进行土的管涌可能性判别。

4.1.6　土钉墙外部稳定性验算

1. 土钉墙厚度确定

将土钉加固的土体分为三部分来确定墙厚度。第一部分为墙体的均匀压缩加固带，如图 4-11 所示，它的厚度为 $\frac{2}{3}L$（L 为土中平均钉长）；第二部分为钢筋网喷射混凝土支护的厚度，土钉间土体由喷射混凝土面板稳定，通过面层设计计算保证土钉间土体的稳定，因此喷射混凝土支护作用区厚度取为 $\frac{1}{6}L$；第三部分为土钉尾部非均匀压缩带，厚度为 $\frac{1}{6}L$，但不能全部作为土墙厚度来考虑，取 $\frac{1}{2}$ 值作为土墙的计算厚度，即 $\frac{1}{12}L$。土层厚度为三部分之和，即 $\frac{11}{12}L$。当土钉倾斜时，土墙的计算厚度为 $\frac{11}{12}L\cos\alpha$。

2. 土钉墙的稳定性计算

参照重力式挡墙的方法分别计算简化土钉墙的抗滑稳定性、抗倾覆稳定性和墙底部土的承载能力，如图 4-12 所示。计算时纵向取一个单元，一般取土钉的水平间距进行计算。

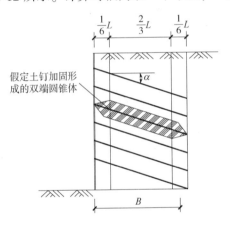

图 4-11　土钉墙的计算厚度

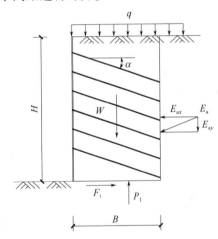

图 4-12　土钉墙外部稳定性计算模型

（1）抗滑移稳定性验算　抗滑移安全系数按下式计算：

$$K_{sl} = \frac{F_t}{E_{ax}} \tag{4-18}$$

式中　E_{ax}——简化土墙后主动土压力水平分力；

　　　F_t——简化土墙底断面上产生的抗滑合力，$F_t = (W + qB)S_x\tan\varphi + cBS_x$。

（2）抗倾覆稳定性验算　抗倾覆安全系数按下式计算：

$$K_{ov} = \frac{M_W}{M_0} \tag{4-19}$$

式中　M_W——抗倾覆力矩，$M_W = (W + qB)(0.5B + 0.5H/\tan\beta)$；

　　　M_0——土压力产生的倾覆力矩，$M_0 = \frac{1}{3}(H + H_0)E_{ax}$；

　　　H_0——荷载当量土柱高度，$H_0 = q/\gamma$。

（3）墙底土承载力验算　承载力安全系数按下式计算：

$$K_c = \frac{Q_0}{p_0} \tag{4-20}$$

式中　Q_0——墙底处部分塑性承载力，按下式计算：

$$Q_0 = \frac{\pi c \cot\varphi + (1/3)\gamma B}{\cot\varphi + \varphi - \pi/2} + \gamma H \tag{4-21}$$

　　p_0——墙底处最大压应力，按下式计算：

$$p_0 = \frac{W + qB}{B} + \frac{6(M_0 - E_{ay}B)}{B_0^2} \tag{4-22}$$

4.1.7　土钉墙的变形分析

土钉墙的变形可以采用有限元法进行估计，但单纯的有限元计算不一定能得出可信的定量数据，所以目前对土钉墙变形性能的认识主要来自对检测资料的分析。

埃利亚斯（Elias）和朱兰（Juran）几何工程实测和室内试验，提出了以下几点结论：

1）土钉墙变形引起的地表角变形和位移随 L/H 增加而减少。

2）粗颗粒土中离开面层水平距离（1~1.25）H 时，地表角变形（局部倾斜）已不会对周围地表建（构）筑物造成影响。

3）顶部最大水平位移和竖向沉降的比值随 L/H 减少而增加，其最大值为1.0，对于常用的 $L/H=$ 0.6~1.0 的情况，可取为 1.0~0.75，这与一般内撑式支护相近。

4）增大土钉倾角，会增加地表变形与支护位移。

5）水平位移过大将导致支护结构的破坏，最大水平位移一般不能大于 $0.5\% H$。

施洛瑟（Schlosser）指出，在土钉墙面层顶部，最大水平位移 δ_h 与竖向位移 δ_v 大体相等。最大水平位移 δ_h 与墙高 H 的比值为 0.1%~0.3%（法国）、0.25%~0.3%（德国）。地表的水平位移和竖向位移在离开墙面为 λ 处接近零，即

$$\lambda = k(1 - \tan\alpha)H \tag{4-23}$$

式中　α——支护层面与铅垂线的夹角，直立开挖时 $\alpha=0$；

　　　k——系数，对风化岩层、砂性土和黏性土分别为 0、1.25 和 1.5。但根据有些测斜仪的实测数据来看，式（4-23）给出的 λ 值可能偏小。

在基坑支护设计中，我国一般要求对土钉墙支护结构的水平位移和沉降进行监测。从已有的工程实际来看，对一般非饱和土中的土钉墙支护，如出现 δ_h/H 大于 0.3%~0.4% 就应视为有趋向失常的可能，需要密切监视。

4.1.8　土钉墙面层设计

面层的工作机理是土钉设计中最难理解的问题之一。目前，面层设计计算有两种做法：

1）认为面层只承受土钉竖向间距 s_z 范围内的局部土压，取（1~2）s_z 作为高度来确定主动土压力并以此作为面层所受的土压力。

2）将面层作为结构的主要受力部件，受到的土压力与锚杆支护中的面部墙体（桩）相同。较为合理的算法是将面积 $s_x \times s_z$ 上的面层土压合理取为该处土钉最大拉力的一部分。

面层在土压力作用下受弯计算模型可取为以土钉为支点的连续板进行内力分析并验算抗弯强度和所需的配筋率。另外，土钉与面层连接处要作抗剪验算和局部承压验算。

当支护有地下水作用或地表有较大局部或集中荷载时，支护面层则有可能成为重要的受力构件。土钉支护的地表加载试验表明，地表荷载引起的面层土压力要小于按主动土压力算出的数值。因此，设计时如取地表均布荷载 q 引起的面层土压力为 $K_a q$，则应该偏于安全。当有地下水作用时，还要考虑侧向水压力。

4.1.9　土钉墙的构造要求

1. 土钉墙的构造要求

1）土钉墙的墙面垂直高度与水平宽度的比值（即"坡比"）不宜大于 1:0.2；当基坑较深、土的抗剪强度较低时，宜取较小坡比。对砂土、碎石土、松散填土，确定土钉墙坡度时应考虑开挖时坡面的局部自稳能力。微型桩、水泥土桩复合土钉墙，应采用微型桩、水泥土桩与土钉墙面层贴合的垂直墙面。

2）土钉墙宜采用洛阳铲成孔的钢筋土钉。对易塌孔的松散或稍密的砂土、稍密的粉土、填土，或易缩径的软土宜采用打入式钢管土钉。对洛阳铲成孔或钢管土钉打入困难的土层，宜采用机械成孔的钢筋土钉。

3）土钉水平间距和竖向间距宜为 1～2m；当基坑较深、土的抗剪强度较低时，土钉间距应取小值。土钉倾角宜为 5°～20°。土钉长度应按各层土钉受力均匀、各土钉拉力与相应土钉极限承载力比值相近的原则确定。

4）成孔注浆型钢筋土钉的构造要求：

①成孔直径宜取 70～120mm。

②土钉钢筋宜选用 HRB400、HRB500 钢筋，钢筋直径宜取 16～32mm。

③应沿土钉全长设置对中定位支架，其间距宜取 1.5～2.5m，土钉钢筋保护层厚度不宜小于 20mm。

④土钉孔注浆材料可采用水泥浆或水泥砂浆，其强度不宜低于 20MPa。

5）钢管土钉的构造要求：

①钢管的外径不宜小于 48mm，壁厚不宜小于 3mm；钢管的注浆孔应设置在钢管末端 $l/2 ～ 2l/3$ 范围内（l 为钢管土钉的总长度）；每个注浆截面的注浆孔宜取 2 个，且应成对布置，注浆孔的孔径宜取 5～8mm，注浆孔外应设置保护倒刺。

②钢筋的连接采用焊接时，接头强度不应低于钢管强度；钢管焊接可采用数量不少于 3 根、直径不小于 16mm 的钢筋沿截面均匀分布拼焊，双面焊接时钢筋长度不应小于钢管直径的 2 倍。

6）土钉墙高度不大于 12m 时，喷射混凝土面层的构造要求：

①喷射混凝土面层厚度宜取 80～100mm。

②喷射混凝土设计强度等级不宜低于 C20。

③喷射混凝土面层中应配置钢筋网和通长的加强钢筋，钢筋网宜采用 HPB300 级钢筋，钢筋直径宜取 6～10mm，钢筋间距宜取 150～250mm；钢筋网的搭接长度应大于 300mm；加强筋的直径宜取 14～20mm；当充分利用土钉杆体的抗拉强度时，加强钢筋的截面面积不应小于土钉杆体截面面积的 1/2。

7）土钉与加强钢筋宜采用焊接连接，其连接应满足承受土钉拉力的要求；当在土钉拉力作用下喷射混凝土面层的局部受冲切承载力不足时，应采取设置承压钢板等加强措施。

8）当土钉墙后存在滞水时，应在含水层部位的墙面设置泄水孔或采取其他疏水措施。

2. 复合土钉墙的构造要求

1）采用预应力锚杆复合土钉墙时，预应力锚杆构造要求：

①宜采用钢绞线锚杆。

②用于减小地面变形时，锚杆宜布置在土钉墙的较上部位；用于增强面层抵抗土压力的作用时，锚杆不应布置在土压力较大及墙背土层较软弱的部位。

③锚杆的拉力设计值不应大于土钉墙墙面的局部承压承载力。

④预应力锚杆应设置自由段，自由段长度应超过土钉墙坡体的潜在滑动面。

⑤锚杆与喷射混凝土面层之间应设置腰梁连接，腰梁可采用槽钢腰梁或混凝土腰梁，腰梁与喷射

混凝土面层应紧密接触，腰梁规格应根据锚杆拉力设计值确定。

⑥除应符合上述规定外，锚杆的构造尚应符合《建筑基坑支护技术规程》（JGJ 120—2012）第4.7节有关构造的规定。

2）采用微型桩垂直复合土钉墙时，微型桩构造要求：

①应根据微型桩施工工艺对土层特性和基坑周边环境条件的适用性选用微型钢管桩、型钢桩或灌注桩等桩型。

②采用微型桩时，宜同时采用预应力锚杆。

③微型桩的直径、规格应根据对复合墙面的强度要求确定；采用成孔后插入微型钢管桩、型钢桩的工艺时，成孔直径宜取 130～300mm，对钢管，其直径宜取 48～250mm，对工字形钢，其型号宜取 I10～I22，孔内应灌注水泥浆或水泥砂浆并充分填密实；采用微型的混凝土灌注桩时，其直径宜取 200～300mm。

④微型桩的间距应满足土钉墙施工时桩间土的稳定性要求。

⑤微型桩伸入坑底的长度宜大于桩径的 5 倍，且不应小于1m。

⑥微型桩应与喷射混凝土面层贴合。

3）采用水泥土桩复合土钉墙时，水泥土桩构造要求：

①应根据水泥土桩施工工艺对土层特性和基坑周边环境条件的适用性选用搅拌桩、旋喷桩等桩型。

②水泥土桩伸入坑底的长度宜大于桩径的 2 倍，且不应小于1m。

③水泥土桩应与喷射混凝土面层贴合。

④桩身 28d 无侧限抗压强度不宜小于1MPa。

⑤水泥土桩用作截水帷幕时，应符合《建筑基坑支护技术规程》（JGJ 120—2012）第 7.2 节对截水的要求。

4.1.10 土钉墙的施工技术

土钉墙施工主要包括以下几个方面：

（1）边坡开挖和修正 土钉墙是分层分段施工形成的，每完成一层土钉和土钉位置以上的喷射混凝土面层后，基坑才能挖至下一层土钉施工标高。

分层开挖深度主要取决于暴露坡面的"直立"能力。在粒状土中开挖深度一般为 0.5～2.0m；对黏性土中每层开挖深度 h 可按式（4-24）计算；对超固结黏性土开挖深度可加大。

$$h = \frac{2c}{\gamma \tan(45° - \varphi/2)} \tag{4-24}$$

式中 c——土的黏聚力（kPa）；

　　　　λ——土的重度（kN/m³）；

　　　　φ——土的内摩擦角（°）。

考虑到土的施工设备，分段开挖宽度至少要 6m，开挖长度取决于交叉施工期间能保持坡面稳定的坡面面积。当要求变形过于严格时，各段长度一般为 10m。

采用反铲挖土机，预留 200～300mm 人工修坡，开挖深度在土钉孔位下 500mm，开挖宽度保证10m 以上，以保证土钉墙成孔机械钻孔机的工作面。

施工时，严格按设计规定的分层开挖深度按作业顺序施工，在每层土钉及相应混凝土面层完成并达到设计要求的强度后才能开挖下一层土钉施工面以上的土方，挖土严禁超过下一层土钉施工面。

（2）制作面层 一般情况下，为了防止土体松弛和崩解，必须尽快做第一层面层。喷射混凝土顺序可根据地层情况"先锚后喷"，土质条件不好时采取"先喷后锚"。喷射作业应分段依次进行，同一分段内应自下而上均匀喷射，依次喷射厚度宜为 30～80mm。喷射混凝土通常在每步开挖的底部预留

300mm 暂不喷射，并做成 45°的斜面形状，这样会有利于下部开挖后安装钢筋网，和下部 45°倒角的喷射混凝土层施工搭接。

喷射作业时，空压机的风量一般需达到 9m³/min，输料管的承受压力需不小于 0.2MPa 的要求；喷射作业时，喷头应与土钉墙面保持垂直，其距离宜为 0.6 ~ 1.0m。

喷射混凝土设计强度等级不宜低于 C20，细骨料宜选用中粗砂，含泥量应小于 3%；粗骨料宜选用粒径不大于 20mm 的级配砾石；水泥与砂石的重量比宜取 1∶4 ~ 1∶4.5，砂率宜取 45% ~ 55%，水灰比宜取 0.4 ~ 0.45；采用速凝剂时，应通过试验确定外加剂掺量。

在喷射混凝土中，应配置一定数量的钢筋网，钢筋网能对面层起加强作用，并对调整面层应力有重要意义。钢筋网间距通常为 200 ~ 300mm，钢筋直径为 6 ~ 10mm，在喷射混凝土面层中配置 1 ~ 2 层。有时，用粗钢筋将土钉相互连接，以进一步加强面层的整体性。钢筋与坡面的间隙应大于 20mm；钢筋网可采用绑扎固定；钢筋连接宜采用搭接焊，焊缝长度不应小于钢筋直径的 10 倍；采用双层钢筋网时，第二层钢筋网应在第一层钢筋网被混凝土覆盖后铺设。

喷射混凝土的养护时间根据环境的气温条件确定，一般为 3 ~ 7d；上层混凝土终凝超过 1h 后，再进行下层混凝土喷射，下层混凝土喷射时先对上层喷射混凝土表面喷水。喷射混凝土终凝 2h 后及时喷水养护。

（3）土钉施工　土钉施工包括定位、成孔、置筋、注浆等工序，一般情况下，可借鉴土层锚杆的施工经验和规范。

定位：按设计图由测量人员用短钢筋（直径 8mm，长度 20cm）放出每个土钉的位置。

成孔：应根据土层的性状选用洛阳铲、螺旋钻、冲击钻、地质钻等成孔方法，采用的成孔方法应能保证孔壁的稳定性、减小对孔壁的扰动。对易塌孔的松散土层宜采用机械成孔工艺，成孔困难时，可采用注入水泥浆等方法进行护壁。

置筋：在置筋前，最好采用压缩空气将孔内残留及扰动的废土清除干净。土钉钢筋宜选用 HRB400、HRB500 钢筋，钢筋直径宜取 16 ~ 32mm，钢筋保护层厚度不宜小于 20mm。土钉钢筋按设计长度加 20cm 下料，外端设成 90°角、长度 20cm 的弯钩。为了保证钢筋在孔中的位置，沿土钉全长设置间距为 1.5 ~ 2.5m 的对中定位支架，对中支架可选用直径 6 ~ 8mm 的钢筋焊制。

注浆：注浆材料可选用水泥浆或水泥砂浆，水泥浆的水灰比宜取 0.5 ~ 0.55，水泥砂浆的水灰比宜取 0.4 ~ 0.45，同时，灰砂比宜取 0.5 ~ 1.0，拌合用砂宜选用中粗砂，按重量计的含泥量不得大于 3%。

注浆应采用将注浆管插至孔底由孔底注浆的方式，且注浆管端部至孔底的距离不宜大于 200mm；注浆机拔管时，注浆管出浆口应始终埋入注浆液面内，并应在新鲜浆液从孔口溢出后停止注浆；注浆后，当浆液液面下降时，应进行补浆。

（4）土钉防腐　在正常环境条件下，对临时性支护工程，一般仅由砂浆做锈蚀防护层，有时可在钢筋表明涂一层防锈涂料；对永久性工程，可在钢筋外加环状塑料保护层或涂多层防腐涂料，以提高钢筋锈蚀防护的能力。

（5）边坡表面处理　对临时性支护的土钉墙工程而言，只要求喷射混凝土同边坡面很好地粘结在一起就可以，而对永久性工程而言，边坡表面还必须考虑美观的要求，有时使用预制的面板或喷涂。

4.1.11　土钉墙质量检验与监测

土钉墙工程质量检验包括土钉的基本抗拔力试验、土钉抗拔力检验试验、原材料的进场检验、喷射混凝土面层强度和厚度检验等。

土钉墙中，土钉群共同受力，以整体作用考虑。对单根土钉的要求不像锚杆那样受力明确，各自承担荷载。但土钉仍有必要进行抗拔检测，只是其离散型要求可比锚杆放松。土钉的抗拔承载力进行检测时，土钉检测数量不宜少于土钉总数的 1%，且同一土层中的土钉检查数量不应少于 3 根。对安全等级为二级、三级的土钉墙，抗拔承载力检测值分别不应小于土钉轴向拉力标准值的 1.3 倍、1.2 倍。检测试验应在注浆固结强度达到 10MPa 或达到设计强度的 70% 后进行，按《建筑基坑支护技术规程》（JGJ 120—2012）附录 D 的试验方法进行。

抗压强度是喷射混凝土的主要指标，应对土钉墙面层喷射混凝土的现场试块强度进行试验，每 500m² 喷射混凝土面积的试验数量不应少于一组，每组试块不应少于 3 个。喷射混凝土试块最好采用在喷射混凝土板件上切取制作，但由于目前实际工程中受切割加固条件限制，也允许使用 150mm 的立方体无底试模，喷上混凝土制作试块。

土钉墙的喷射混凝土面层厚度进行检测时，每 500m² 喷射混凝土面积的检测数量不少于一组，每组的检测点不应少于 3 个；全部监测点的面层厚度平均值不应小于厚度设计值，最小厚度不应小于厚度设计值的 80%。喷射混凝土厚度的检测最好在施工中随时进行，也可在喷射混凝土施工完成后统一检查。

保证土钉墙基坑工程质量和安全，应对土钉墙基坑支护工程进行监测，监测内容包括土钉墙顶面水平位移和垂直位移（沉降）；土体内部变形的监测，可在坡面后不同距离的位置布置测斜管，用测斜仪进行观测；其他监测项目，如土钉应力、面层钢筋应力和土压力等，可根据实际工程的需要选择。

4.2　设计实例

拟建建筑位于某市高新开发区，主干道东侧，宿舍楼西侧，如图 4-13 所示。原有地形为坡地，局部为水塘。由人工堆填平整，场地较为平整，地面标高为 67.9m。

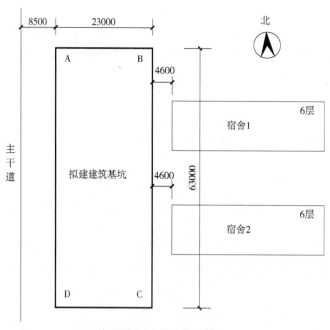

图 4-13　基坑平面图

4.2.1　设计资料

（1）基坑开挖深度　9.00m

（2）基坑周边环境条件　基坑西侧为马路，最近距离为 8.5m，东侧为 6 层高的工商局宿舍楼，其最近距离为 4.6m。

（3）岩土层分布特征　根据地质勘察报告，在 A-B-C-D 段主要分布的土层如下（图 4-14）：

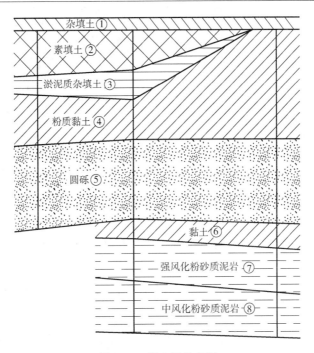

图 4-14　岩土层分布图

杂填土①（Q_{ml}）：褐灰至褐红色，以黏性土为主，含大量砖块及碎石生活垃圾，人工填积，结构松散，不含地下水，湿。埋深 1.00 ~ 1.11m，层厚 1.20 ~ 4.00m，层底标高 66.70 ~ 66.80m。

素填土②（Q_{ml}）：褐红色，以黏性土为主，含少量砖块及碎石。人工新近堆积，未完成自重固结，结构松散，不含地下水，湿。埋深 0.00 ~ 1.10m，厚层 1.20 ~ 4.00m，层底标高 63.10 ~ 66.70m。

淤泥质杂填土③（Q_{al}）：褐色至灰黑色，含大量碎石及生活垃圾腐烂物，具有臭味，含地下水，软塑状，易变形，很湿。埋深 1.80 ~ 4.00m，层厚 0.70 ~ 2.90m，层底标高 63.10 ~ 64.10m。

粉质黏土④（Q_{al}）：褐黄至红色，含有少量灰白色团状高岭土及铁锰氧化物，裂隙发育，摇震无反应。土状光泽，干强度一般，顶部受水浸泡严重。硬塑，中密，稍湿。埋深 0.00 ~ 4.70m，层厚 2.10 ~ 6.70m，层底标高 60.30 ~ 62.00m。

圆砾⑤（Q_{al}）：黄至黄褐色，以石英硅质岩碎屑为主。含少量砂粒及黏性土，胶结一般。粗颗粒呈圆状，中风化。粒径大于 20mm 占 35%，5 ~ 20mm 占 25%，黏性土占 5%，富含地下水，中密饱和。埋深 5.00 ~ 7.60m，层厚 4.50 ~ 5.30m，层底标高 55.80 ~ 56.70m。

黏土⑥（Q_{al}）：紫红色，由下伏基岩风化残积而成，含少量斑状白色高岭土及石英粉砂、云母碎屑，裂隙发育，土状光泽，摇震无反应。干强度一般，可塑，中密，湿。

强风化粉砂质泥岩⑦（K）：紫红色，粉砂泥质结构，层状构造，以泥质成分为主，石英粉砂为次，岩石风化强烈，裂隙发育，裂面见铁锰氧化膜，浸水易软化，干燥易散碎，顶部风化呈土状。坚硬、致密、稍湿。埋深 12.50 ~ 13.20m，层厚 2.00 ~ 3.70m，层底标高 51.50 ~ 53.10m。

中风化粉砂质泥岩⑧（K）：紫红色，粉砂泥质结构，以泥质成分为主，石英粉砂为次，见云母小片，岩芯表面见绿泥石斑块，偶见石膏细脉充填与裂隙中，岩石较完整，裂隙较发育，局部夹泥岩透镜体，分布无规律。浸水易软化，干燥易碎裂。坚硬、致密、稍湿。埋深 14.80 ~ 16.40m，层厚 2.40 ~ 9.80m，层底标高 43.10 ~ 49.70m。

地下水简况：场地主要见上层滞水带及潜水。上层滞水主要赋存于素填土②和淤泥质杂填土③中，受大气降水及地表水的补给，季节性变化明显，潜水主要赋存于圆砾⑤中，受同层地下水补给。测得初见水位 0.30 ~ 7.00m，相应标高 60.90 ~ 67.60m，测得的静止水位 0.40 ~ 2.50m，相应标高 65.40 ~ 67.40m。场地地下水对混凝土结构无腐蚀性，对钢筋混凝土结构中的钢筋无腐蚀性。

根据本工程岩土工程勘察报告，各土层的设计计算参数如表4-6所示。

表4-6　土层设计计算参数

序号	土类名称	基坑各向平均厚度/m		重度/（kN/m³）	黏聚力/kPa	内摩擦角（°）
		AB、CD、DA 区段	BC 区段			
1	粉质黏土④	6.3	6.7	20.2	12.0	22.6
2	圆砾⑤	5.1	4.7	20.0	—	35.0 *
3	黏土⑥	1.3	1.5	20.2	20.0	13.6
4	强风化粉砂质泥岩⑦	2.6	2.8	22.5	18.0 *	23.0 *
5	中风化粉砂质泥岩⑧	>5.0	>5.0	25.4	23.5 *	27.0 *

注：带"＊"的值为估计值。

（4）基坑侧壁安全等级及重要性系数　该工程的基坑安全等级为二级，基坑重要性系数 $\gamma_0 = 1.0$。

4.2.2　基坑支护方案的选择

本工程地下水位较高，基坑开挖深度为9.00m，且BC侧由于距离建筑物较近（4.6m）。经过详细的方案分析比较确定：将基坑分为 AB、CD、AD 和 BC 两个计算区段，如图4-15所示。由于 BC 区段距离建筑物较近，为减少施工对其东侧建筑物造成较大的影响，减少施工噪声，降低造价费用，拟采用钻孔灌注桩与锚杆支撑。由于基坑距周围建筑物太近，如采用降水井降水，会对已有周围建筑物造成较大影响，不使用浸水井降水，则本工程排水沟排水，采用深层搅拌桩作为止水帷幕。AB、CD、AD 区段可以采用土钉墙支护形式。本课程设计实例主要介绍 AB、AD、CD 区段土钉支护结构设计计算方法。

根据具体环境条件、地下结构及土层分布厚度，将该基坑划分为两个计算区段，其附加荷载及计算开挖深度见表4-7。

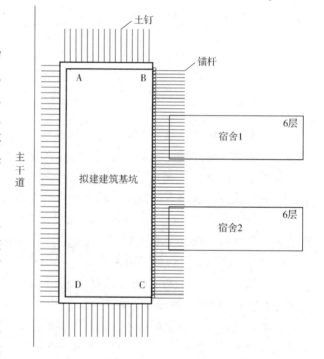

图4-15　基坑平面图

表4-7　计算区段的划分

段位编号	AB、CD、DA 区段	BC 区段
地面荷载/kPa	10	10
开挖深度/m	9	9

4.2.3　土钉墙支护结构方案确定

土钉墙支护是在基坑开挖过程中将较密排列的细长杆件置于原位土体中，并在坡面上喷射钢筋网混凝土面层。通过土钉、土体和喷射混凝土面层的共同工作，形成复合土体。

土钉墙设计内容包括方案确定、土钉计算、结构计算（包括抗倾覆、抗滑移稳定验算）、水泥掺量及外加剂配合比、构造处理等。

AB、CD、AD 区段围护结构采用土钉墙支护结构方案，该段基坑采用土钉墙支护进行施工，基坑实际开挖深度10m，结构外侧地面附加荷载 q 取10kPa。钻孔直径 $D = 100mm$，开挖斜面坡度 β 取80°，土钉长度一般取 0.5 ~ 1.2 倍开挖深度，暂取 8.0 ~ 11.0m，然后再验算。土钉水平、垂直间距均为 1.5m，土钉垂直倾角为 15°。见表 4-8 和表 4-9。

表 4-8　AB、CD、AD 区段基坑土层分布一览　　　　　　　　（单位：m）

序号	土类名称	平均厚度/m
1	粉质黏土④	6.3
2	圆砾⑤	5.1
3	黏土⑥	1.3
4	强风化粉砂质泥岩⑦	2.6
5	中风化粉砂质泥岩⑧	>5.0

表 4-9　AB、CD、AD 区段基坑土层系数

序号	土类名称	平均厚度/m	重度/(kN/m³)	黏聚力 c/kPa	内摩擦角 φ（°）	K_a	K_p
1	粉质黏土④	6.3	20.2	12.0	22.6	0.445	2.248
2	圆砾⑤	5.1	20.0	—	35.0 *	0.271	3.690

注：K_a、K_p 计算公式分别为 $K_a = \tan^2\left(45° - \dfrac{\varphi}{2}\right)$，$K_p = \tan^2\left(45° + \dfrac{\varphi}{2}\right)$。

4.2.4　土钉计算

共设 6 层土钉，土钉的水平、垂直间距 $s_{x,j} = s_{z,j} = 1.5$m，如图 4-16 所示。直线滑动面与水平面的夹角取 $(\beta + \varphi_m)/2$。

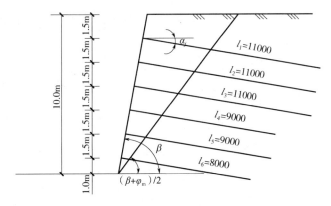

图 4-16　土钉分布简图

基坑底面以上各土层按厚度加权的等效内摩擦角平均值 φ_m：

$$\varphi_m = \frac{6.3 \times 22.6° + 3.7 \times 35°}{10} = 27.188°$$

墙面倾斜时的主动土压力折减系数 ζ：

$$\zeta = \tan\frac{\beta - \varphi_m}{2}\left[\frac{1}{\tan\dfrac{\beta + \varphi_m}{2}} - \frac{1}{\tan\beta}\right]\Big/\tan^2\left(45° - \frac{\varphi_m}{2}\right)$$

$$= \tan\frac{80° - 27.188°}{2} \times \left[\frac{1}{\tan\dfrac{80° + 27.188°}{2}} - \frac{1}{\tan 80°}\right]\Big/\tan^2\left(45° - \frac{27.188°}{2}\right) = 0.7474$$

根据经验 $\eta_b = 0.5 \sim 1.0$，取 $\eta_b = 0.6$。$\Delta E_{aj} = (\gamma_i z_j + q)K_{a,i} \times s_{x,j} \times s_{z,j}$，计算过程见表 4-10。

表 4-10　$\Delta E_{a,j}$ 计算过程

序号	z_j/m	γ_i/（kN/m³）	q/kPa	$\gamma_i z_j + q$/kPa	$K_{a,i}$	$s_{x,j}$/m	$s_{z,j}$/m	$\Delta E_{a,j}$
1	1.5	20.2	10.0	40.3	0.445	1.5	1.5	40.35
2	3.0	20.2	10.0	70.6	0.445	1.5	1.5	70.69
3	4.5	20.2	10.0	100.9	0.445	1.5	1.5	101.03
4	6.0	20.2	10.0	131.2	0.445	1.5	1.5	131.36
5	7.5	20.0	10.0	161.26	0.271	1.5	1.5	98.33
6	9.0	20.0	10.0	181.26	0.271	1.5	1.5	110.52

$$\eta_a = \frac{\sum (h - \eta_b z_j) \Delta E_{aj}}{\sum (h - z_j) \Delta E_{aj}} = \frac{3574.273}{2275.255} = 1.571 \ (表 4\text{-}11)$$

表 4-11　η_a 计算过程

序号	h/m	z_j/m	η_b	$h - \eta_b z_j$/m	$h - z_j$/m	ΔE_{aj}	$(h - \eta_b z_j)\Delta E_{aj}$	$(h - z_j)\Delta E_{aj}$
1	10.0	1.5	0.6	9.1	8.5	40.35	367.185	342.975
2	10.0	3.0	0.6	8.2	7.0	70.69	579.658	494.830
3	10.0	4.5	0.6	7.3	5.5	101.03	737.519	555.665
4	10.0	6.0	0.6	6.4	4.0	131.36	840.704	525.440
5	10.0	7.5	0.6	5.5	2.5	98.33	540.815	245.825
6	10.0	9.0	0.6	4.6	1.0	110.52	508.392	110.52
合计							3574.273	2275.255

第 j 层土钉轴向拉力调整系数 η_j：

$$\eta_j = \eta_a - (\eta_a - \eta_b)\frac{z_j}{h} = 1.571 - (1.571 - 0.6) \times \frac{z_j}{10.0} = 1.571 - 0.971\frac{z_j}{10.0}$$

$$\eta_1 = 1.571 - 0.971 \times \frac{1.5}{10} = 1.4254$$

$$\eta_2 = 1.571 - 0.971 \times \frac{3.0}{10} = 1.2797$$

$$\eta_3 = 1.571 - 0.971 \times \frac{4.5}{10} = 1.1341$$

$$\eta_4 = 1.571 - 0.971 \times \frac{6.0}{10} = 0.9884$$

$$\eta_5 = 1.571 - 0.971 \times \frac{7.5}{10} = 0.8428$$

$$\eta_6 = 1.571 - 0.971 \times \frac{9.0}{10} = 0.6971$$

单根土钉的轴向拉力标准值为

$$N_{k,j} = \frac{1}{\cos\alpha_j}\zeta\eta_j p_{ak,j} s_{x,j} s_{z,j}$$

第 j 层土钉的倾角 $\alpha_j = 15°$；

第 j 层土钉处的主动土压力强度标准值 $p_{ak,j} = \sigma_{ak,j} K_{a,i} - 2c_i \sqrt{K_{a,i}}$ 其中 $\sigma_{ak,j} = \gamma_i z_j + q$，坡上超载 $q = 10\text{kPa}$。

$$N_{k,1} = \frac{1}{\cos 15°} \times 0.7474 \times 1.4254 \times \left[(20.2 \times 1.5 + 10) \times 0.445 - 2 \times 12 \times \sqrt{0.445} \right] \times 1.5 \times$$

$1.5\text{kN} = 4.773\text{kN}$

$$N_{k,2} = \frac{1}{\cos 15°} \times 0.7474 \times 1.2797 \times [(20.2 \times 3.0 + 10) \times 0.445 - 2 \times 12 \times \sqrt{0.445}] \times 1.5 \times$$

$1.5\text{kN} = 34.326\text{kN}$

$$N_{k,3} = \frac{1}{\cos 15°} \times 0.7474 \times 1.1341 \times [(20.2 \times 4.5 + 10) \times 0.445 - 2 \times 12 \times \sqrt{0.445}] \times 1.5 \times$$

$1.5\text{kN} = 57.043\text{kN}$

$$N_{k,4} = \frac{1}{\cos 15°} \times 0.7474 \times 0.9884 \times [(20.2 \times 6.0 + 10) \times 0.445 - 2 \times 12 \times \sqrt{0.445}] \times 1.5 \times$$

$1.5\text{kN} = 72.916\text{kN}$

$$N_{k,5} = \frac{1}{\cos 15°} \times 0.7474 \times 0.8428 \times [(20.2 \times 6.3 + 20.0 \times 1.2 + 10) \times 0.271 - 0] \times 1.5 \times$$

$1.5\text{kN} = 64.123\text{kN}$

$$N_{k,6} = \frac{1}{\cos 15°} \times 0.7474 \times 0.6971 \times [(20.2 \times 6.3 + 20.0 \times 2.7 + 10) \times 0.271 - 0] \times 1.5 \times$$

$1.5\text{kN} = 62.904\text{kN}$

单根土钉的极限抗拔承载力标准值

$$R_{k,j} = \pi d_j \sum q_{sk,i} l_i$$

式中 d_j——第 j 层土钉的锚固体直径（m），对成孔注浆土钉，按成孔直径计算，对打入钢管土钉，按钢管直径计算；

  $q_{sk,i}$——第 j 层土钉与第 i 土层的极限粘结强度标准值（kPa）；

  l_i——第 j 层土钉滑动面以外的部分在第 i 土层中的长度（m）。

根据图 4-17 几何关系，可得第 j 层土钉滑动面以外的部分在第 i 土层中的长度 l_i（表 4-12）：

$$l_i = l_j - \frac{h - z_j}{\cos(90° - \beta)} \tan(\beta - \varphi_m)/2$$

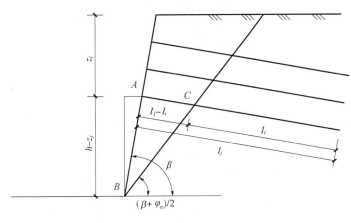

图 4-17 l_i 计算简图

表 4-12 l_i 计算过程   （单位：mm）

序号	z_j	$h - z_j$	l_j	$\dfrac{h - z_j}{\cos(90° - \beta)}\tan(\beta - \varphi_m)/2$	l_i
1	1500	8500	11000	4285.65	6714.35
2	3000	7000	11000	3529.36	7470.64
3	4500	6500	11000	3277.27	7722.73
4	6000	4000	9000	2016.78	6983.22

（续）

序号	z_j	$h-z_j$	l_j	$\dfrac{h-z_j}{\cos(90°-\beta)}\tan(\beta-\varphi_{\mathrm{m}})/2$	l_i
5	7500	2500	9000	1260.49	7739.51
6	9000	1000	8000	504.20	7495.80

根据《建筑基坑支护技术规程》（JGJ 120—2012），第 j 层土钉与第 i 土层的极限粘结强度标准值 $q_{\mathrm{sk},i}$ 取值为粉质黏土：$q_{\mathrm{sk},i}=60\mathrm{kPa}$；圆砾：$q_{\mathrm{sk},i}=200\mathrm{kPa}$。

单根土钉的极限抗拔承载力标准值：$R_{\mathrm{k},j}=\pi d_j\sum q_{\mathrm{sk},i}l_i$

$$R_{\mathrm{k},1}=\pi\times0.1\times60.0\times6.71435\mathrm{kN}=126.56\mathrm{kN}$$
$$R_{\mathrm{k},2}=\pi\times0.1\times60.0\times7.47064\mathrm{kN}=140.82\mathrm{kN}$$
$$R_{\mathrm{k},3}=\pi\times0.1\times60.0\times7.72273\mathrm{kN}=145.57\mathrm{kN}$$
$$R_{\mathrm{k},4}=\pi\times0.1\times60.0\times6.98322\mathrm{kN}=131.63\mathrm{kN}$$
$$R_{\mathrm{k},5}=\pi\times0.1\times200.0\times7.73951\mathrm{kN}=486.29\mathrm{kN}$$
$$R_{\mathrm{k},6}=\pi\times0.1\times200.0\times7.4958\mathrm{kN}=470.98\mathrm{kN}$$

则，

$$\frac{R_{\mathrm{k},1}}{N_{\mathrm{k},1}}=\frac{126.56}{4.773}=26.52$$
$$\frac{R_{\mathrm{k},2}}{N_{\mathrm{k},2}}=\frac{140.82}{34.326}=4.10$$
$$\frac{R_{\mathrm{k},3}}{N_{\mathrm{k},3}}=\frac{145.57}{57.043}=2.55$$
$$\frac{R_{\mathrm{k},4}}{N_{\mathrm{k},4}}=\frac{131.63}{72.916}=1.81$$
$$\frac{R_{\mathrm{k},5}}{N_{\mathrm{k},5}}=\frac{486.29}{64.123}=7.58$$
$$\frac{R_{\mathrm{k},6}}{N_{\mathrm{k},6}}=\frac{470.98}{62.904}=7.49$$

可见 $\dfrac{R_{\mathrm{k},j}}{N_{\mathrm{k},j}}>K_{\mathrm{t}}=1.6$（安全等级二级），满足要求。

深度在 10m 的各层土钉，其计算结果见表 4-13。

表 4-13　各层土钉计算结果

土钉	$K_{\mathrm{a},i}$	$\sqrt{K_{\mathrm{a},i}}$	c/kPa	$\varphi(°)$	z_j/m	$N_{\mathrm{k},j}/\mathrm{kN}$	l/m	l_i/m	$R_{\mathrm{k},j}/\mathrm{kN}$	K_{t}
1	0.445	0.667	12.0	22.6	1.5	4.773	11.0	6.714	126.56	—
2	0.445	0.667	12.0	22.6	3.0	34.326	11.0	7.471	140.82	4.10
3	0.445	0.667	12.0	22.6	4.5	57.043	11.0	7.723	145.57	2.55
4	0.445	0.667	12.0	22.6	6.0	72.916	9.0	6.983	131.63	1.81
5	0.271	0.521	0	35.0	7.5	64.123	9.0	7.740	486.29	7.58
6	0.271	0.521	0	35.0	9.0	62.904	8.0	7.496	470.98	7.49

由表 4-13 可见，土钉 1~6 最大的轴向拉力标准值 $N_{\mathrm{k},j}=72.916\mathrm{kN}$，其设计值 $N_j=\gamma_0\gamma_{\mathrm{F}}N_{\mathrm{k},j}=1.0\times1.25\times72.916\mathrm{kN}=91.145\mathrm{kN}$。

土钉钢筋选用 HRB400（$f_{\mathrm{y}}=360\mathrm{MPa}$）

所需土钉杆体的截面面积 $A_{\mathrm{s}}=\dfrac{N_j}{f_{\mathrm{y}}}=\dfrac{91.145\times10^3}{360}\mathrm{mm}^2=253.18\mathrm{mm}^2$

选配Φ20(314.0mm²)

土钉墙高度10m(小于12m)，喷射混凝土面层厚度100mm，喷射混凝土强度等级C20，混凝土面层配置Φ8@200mm×200mm钢筋网。

4.2.5　土钉支护结构稳定性验算

(1)抗滑移稳定性验算

滑动力：$E_{ax} = \sum N_{k,j} = 296.085 kN$

墙体宽度 B 可取 $0.4 \sim 0.8h$，取 $B = 0.6h = 6.0m$

内摩擦角 φ 按底部取值，即 $\varphi = 35°$

抗滑动力：$(\gamma h + q) Bs_x \tan\varphi = (20.2 \times 10 + 10) \times 6.0 \times 1.5 \times \tan 35° kN = 1336.0 kN$

抗滑移安全系数 $K_{sl} = \dfrac{(\gamma h + q) Bs_x \tan\varphi}{E_{ax}} = \dfrac{1336.0}{296.085} = 4.51 > 1.2$ (满足要求)

(2)抗倾覆稳定性验算

土的自重平衡弯矩 M_G：

$$M_G = \left[(\gamma h + q) Bs_x \right] \times \frac{B}{2} = (20.2 \times 10 + 10) \times 6.0 \times 1.5 \times \frac{6}{2} kN \cdot m = 5724.0 kN \cdot m$$

土压力引起弯矩 M_E

$$M_E = \sum N_{k,j} \times \frac{H}{3} = 296.085 \times \frac{10}{3} kN \cdot m = 986.95 kN \cdot m$$

抗倾覆安全系数 $K_{ov} = \dfrac{M_G}{M_E} = \dfrac{5724.0}{986.95} = 5.80 > 1.3$ (满足要求)

思　考　题

[4-1] 解释下列术语，并比较其异同：锚拉式支挡结构、支撑式支挡结构、悬臂式支挡结构。

[4-2] 解释下列术语，并说明其适用范围：土钉墙、复合土钉墙。

[4-3] 基坑支护结构选型时应考虑哪些因素？

[4-4] 支护结构的安全等级分为几级？对同一基坑的不同部位，是否可采用不同的安全等级？

[4-5] 什么情况下的基坑支护结构的安全等级可定为一级？

[4-6] 某深基坑开挖深度 $H = 9m$，若场地地质条件为一般性黏土，可选择哪些支护结构方案？若为淤泥或软土地质条件，可选择哪些支护结构方案？

[4-7] 支护结构构件按承载力极限状态设计时的作用基本组合综合分项系数 γ_F 取1.25，为什么 γ_F 不取1.35？

[4-8] 有一个砂土路堤和一个黏性土路堤，当它们由天然状态淹没在静水中时，假设它们的强度指标都不变(砂土的内摩擦角 φ 与黏土的黏聚力 c 和内摩擦角 φ 在淹没前后都不变化)，它们的边坡稳定安全系数有什么变化？

[4-9] 土钉墙支护结构由哪些部分组成？

[4-10] 简要说明土钉墙与加筋土墙的区别与联系。

[4-11] 试比较分析土钉与锚杆的工作机理。

[4-12] 简述土钉墙的作用机理。

[4-13] 土钉墙支护结构的适用条件有哪些？

[4-14] 土钉墙的设计内容包括哪些？简述土钉墙的设计步骤。

[4-15] 如何确定土钉长度、间距、孔径和钢筋直径等支护结构参数？

[4-16] 如何确定单根土钉的极限抗拔承载力？

[4-17] 如何计算作用于土钉墙垂直墙面上的主动土压力？ζ、η_j 修正系数的意义是什么？

[4-18] 如何验算土钉支护结构内部稳定性？

[4-19] 土钉墙外部稳定性验算时，如何确定土钉墙的厚度 B？

[4-20] 简述土钉墙的变形规律。

[4-21] 土钉墙应满足哪些构造要求？

[4-22] 何谓土钉墙的坡比值？如何取值？

[4-23] 土钉墙支护的土钉布置应符合哪些要求？

[4-24] 如何进行土钉墙分层、分段开挖施工？

[4-25] 土钉墙工程质量检测的项目有哪些？应满足哪些技术指标？

[4-26] 土钉墙支护结构监测的主要项目有哪些？

第5章 地下连续墙支护结构设计

【知识与技能点】

1. 熟悉基坑支护类型的选择方法。
2. 掌握地下连续墙结构设计计算方法。
3. 掌握基坑施工要求及安全监测的设计。
4. 掌握基坑施工图的绘制方法。

5.1 设计解析

土木工程专业地下工程方向设置"基坑支护课程设计"（1周），相对应"基坑支护"课程。各高校可根据各校土木工程专业不同的课程群设置不同的基坑及边坡支护工程课程设计任务，可以选择土钉墙支护结构设计、地下连续墙支护结构设计等。本章解析基坑地下连续墙支护结构设计方法和构造要求，并相应给出一个完整的设计实例。土钉墙支护结构设计解析和实例详见第4章。

5.1.1 地下连续墙的特点及适用条件

地下连续墙是连续构筑在地下的一道钢筋混凝土墙，是在地面上用一种特制的挖槽设备，沿着开挖工程的周边，依靠泥浆（又称稳定液）护壁的支护，开挖一定槽段长度的沟槽；再将制好的钢筋笼放入沟槽内。采用导管法浇筑水下混凝土，形成一个单元墙段，各墙段之间采用特定的接头方式（施工接头）互相连接，形成连续的地下钢筋混凝土墙。

地下连续墙具有以下优点：

1）施工具有低噪声、低振动等优点，工程施工对环境的影响小。

2）连续墙刚度大、整体性好，基坑开挖过程中安全性高，支护结构变形较小。

3）墙身具有良好的抗渗能力，坑内降水时对坑外的影响较小。

4）可作为地下室结构外墙，可配合逆作法施工，以缩短工程的工期、降低工程造价。

但地下连续墙施工也存在以下不足之处：

1）弃土和废泥浆处理问题。施工后对废泥浆的处理会增加造价，处理不当时还会造成环境污染。

2）粉砂地层易引起槽壁坍塌问题。当地下水位急剧上升，护壁泥浆液面急剧下降，土层中有软弱疏松或砂性夹层，泥浆的性质不符合要求，施工管理不善等均可能引起槽壁坍塌，引起地面沉降，危害邻近工程结构和地下管线安全。同时，也可能使墙体混凝土体积超方，墙面结构超出允许界限。

3）地下连续墙仅作为施工临时挡土墙结构时不够经济，若结合工程实际，使其既作为临时围护、抗渗墙，又作为地下永久结构，则将降低工程造价。

地层连续墙适用条件：

1）基坑深度大于10m。

2）软土地基或砂土地基。

3）在密集的建筑群中施工基坑，对周围地面沉降、建筑物的沉降需严格限制时，宜采用地下连续墙。

4）围护结构与主体结构相结合，用作主体结构的一部分，且对抗渗有较为严格要求时，宜采用地下连续墙。

5）采用逆作法施工，地上和地下同步施工时，一般采用地下连续墙作为围护墙。

6）在超深基坑中，如30~50m的深基坑工程，采用其他围护体系无法满足要求时，常采用地下连续墙作为围护体。

地下连续墙的设计包括槽壁稳定及槽幅设计、槽段划分、导墙设计、连续墙内力计算及配筋设计、连续墙接头设计等内容。

地下连续墙设计计算的主要内容包括以下几个方面：

1）荷载计算（包括土压力、水压力等）。

2）确定地下连续墙的入土深度。

3）槽壁稳定验算。

4）地下连续墙内力计算。

5）截面设计（配筋计算、构件强度验算、裂缝开展验算、垂直接头计算等）。

5.1.2　支护结构设计原则

基坑支护结构应采用分项系数表示的极限状态设计表达式进行设计。基坑支护结构极限状态可分为下列两类：

1. 承载能力极限状态

1）支护结构构件或连接因超过材料强度或过度变形的承载能力极限状态设计，应符合下式要求：

$$\gamma_0 S_d \leqslant R_d \tag{5-1}$$

式中　γ_0——支护结构重要性系数，按表5-1采用；

　　　S_d——作用基本组合的效应（轴力、弯矩等）设计值；

　　　R_d——结构构件的抗力设计值。

对临时性支护结构，作用基本组合的效应设计值应按下式确定：

$$S_d = \gamma_F S_k \tag{5-2}$$

式中　γ_F　作用基本组合的综合分项系数，γ_F不应小于1.25；

　　　S_k——作用标准组合的效应。

2）整体滑动、基坑隆起失稳、挡土构件嵌固段推移、锚杆与土钉拔动、支护结构倾覆与滑移、土体渗透破坏等稳定性计算和验算，均应符合下式要求：

$$\frac{R_k}{S_k} \geqslant K \tag{5-3}$$

式中　R_k——抗滑力、抗滑力矩、抗倾覆力矩、锚杆和土钉的极限抗拔承载力等土的抗力标准值；

　　　S_k——滑动力、滑动力矩、倾覆力矩、锚杆和土钉的拉力等作用标准值的效应；

　　　K——安全系数。

地下连续墙的弯矩、剪力和轴力设计值可按下式确定：

弯矩设计值　　　　　　　　　　　$M = \gamma_0 \gamma_F M_k$ 　　　　　　　　　　　(5-4a)

剪力设计值　　　　　　　　　　　$V = \gamma_0 \gamma_F V_k$ 　　　　　　　　　　　(5-4b)

轴力设计值　　　　　　　　　　　$N = \gamma_0 \gamma_F N_k$ 　　　　　　　　　　　(5-4c)

式中　M、V、N——弯矩、剪力和轴力设计值；

　　　M_k、V_k、N_k——作用标准组合的弯矩、剪力和轴力值。

2. 正常使用极限状态

由支护结构水平位移、基坑周边建筑物和地面沉降等控制的正常使用极限状态设计，应符合式

（5-5）的要求：

$$S_d \leqslant C \tag{5-5}$$

式中　S_d——作用标准组合的效应（位移、沉降等）设计值；

　　　　C——支护结构水平位移、基坑周边建筑物和地面沉降的限值。

基坑支护结构设计应根据表 5-1 选用相应的支护结构安全等级及重要性系数。

表 5-1　支护结构的安全等级及重要性系数

安全等级	破坏后果	重要性系数
一级	支护结构失效、土体过大变形对基坑周围环境或主体结构施工安全的影响很严重	≥1.1
二级	支护结构失效、土体过大变形对基坑周围环境或主体结构施工安全的影响严重	≥1.0
三级	支护结构失效、土体过大变形对基坑周围环境或主体结构施工安全的影响不严重	≥0.9

注：对同一基坑的不同部位，可采用不同的安全等级。

支护结构设计应考虑其结构水平变形、地下水的变化对周围环境的水平和竖向变形的影响。基坑支护设计时，支护结构的水平位移控制值和基坑周边环境的沉降控制值应按下列要求设定：

1）当基坑开挖影响范围内有建筑物时，支护结构水平位移控制值、建筑物的沉降控制值应按不影响其正常使用的要求确定，并应符合《建筑地基基础设计规范》（GB 50007—2012）中对地基变形允许值的规定。

2）当基坑开挖影响范围内有管线、地下构筑物、道路时，支护结构水平位移控制值、地面沉降控制值应按不影响其正常使用的要求确定，并应符合相关规范的允许变形的规定。

3）当支护结构构件同时用作主体地下结构构件时，支护结构水平位移控制值不应大于主体结构设计对其变形的限值。

5.1.3　地下连续墙荷载计算

施工阶段的荷载：基坑开挖阶段的水土压力、地面施工荷载、逆作法施工时的上部结构传递的垂直承重荷载等。

使用阶段的荷载：使用阶段的水土压力、主体结构使用阶段传递的恒载和活荷载等。

地下连续墙作为挡土墙结构时，水平方向的水土压力是主要荷载。

地下连续墙的位移与土压力的分布见图 5-1。对于无支撑的情况，基坑开挖前，地下连续墙设置在完全没有位移的地基中，作用在墙两侧的土压力即为静止土压力 p_0（图 5-1a）。开挖后，地下墙尚未有位移，作用在墙两侧的土压力也为静止土压力 p_{01}、p_{02}（图 5-1b）。当墙体在非开挖一侧的土压力作用下向开挖一侧产生位移 δ（图 5-1c）时，此时墙体上土压力 p 因墙体位移 δ 而从静止土压力 p_0 减去 $K\delta$，即

$$p = p_0 - K\delta \quad (p \geqslant p_a) \tag{5-6}$$

式中　p——作用在墙体上的土压力（kPa）；

　　　　p_0——作用在墙体上的静止土压力（kPa）；

　　　　p_a——作用于墙体上的主动土压力（kPa）；

　　　　K——水平地基系数（kN/m³）；

　　　　δ——墙体水平位移（m）。

从图 5-1 中可以看出，墙体在②侧土压力作用下向①侧发生位移 δ 时，①侧作用在墙体上的土压力 p 变成 $p_0 + K\delta$，其最大值为被动土压力 p_p。

一般墙体变位（δ）、基坑深度（H）与土压力取值的关系见表 5-2。

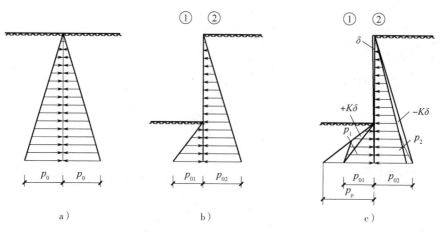

图 5-1　地下连续墙的位移与土压力的分布

a) 开挖前　b) 开挖后，地下墙尚未有位移　c) 开挖后，地下墙产生了位移

表 5-2　一般墙体变位（δ）、基坑深度（H）与土压力取值的关系

土压力类别	δ/H	土压力类别	δ/H
静止土压力	$0 < \delta/H \leqslant 0.2\%$	降低的被动土压力	$0 < \delta/H \leqslant 0.2\%$
提高的主动土压力	$0.2\% < \delta/H \leqslant 0.4\%$	被动土压力	$0.2\% < \delta/H \leqslant 0.5\%$
主动土压力	$0.4\% < \delta/H \leqslant 1.0\%$		

支护结构外侧的主动土压力强度标准值宜按下列公式计算（图 5-2）：

1）地下水位以上或水土合算的土层。

$$p_{ak} = \sigma_{ak}K_{a,k} - 2c_i\sqrt{K_{a,k}} \tag{5-7}$$

$$K_{a,k} = \tan^2\left(45° - \frac{\varphi_i}{2}\right) \tag{5-8}$$

式中　p_{ak}——支护结构外侧，第 i 层土中计算点的主动土压力强度标准值（kPa）；当 $p_{ak} < 0$ 时，应取 $p_{ak} = 0$；

　　　σ_{ak}——支护结构外侧计算点的土中竖向应力标准值（kPa）；

　　　$K_{a,k}$——第 i 层土的主动土压力系数，按式（5-8）计算；

　　c_i、φ_i——第 i 层土的黏聚力（kPa）、内摩擦角（°）。

2）对于水土分算的土层。

$$p_{ak} = (\sigma_{ak} - u_a)K_{a,k} - 2c_i\sqrt{K_{a,k}} + u_a \tag{5-9}$$

式中　u_a——支护结构外侧计算点的水压力（kPa）。

支护结构内侧的被动土压力强度标准值宜按下式计算（图 5-2）：

1）地下水位以上或水土合算的土层。

$$p_{pk} = \sigma_{pk}K_{p,k} + 2c_i\sqrt{K_{p,k}} \tag{5-10}$$

$$K_{p,k} = \tan^2\left(45° + \frac{\varphi_i}{2}\right) \tag{5-11}$$

式中　p_{pk}——支护结构内侧，第 i 层土中计算点的被动土压力强度标准值（kPa）；

　　　σ_{pk}——支护结构内侧计算点的土中竖向应力标准值（kPa）；

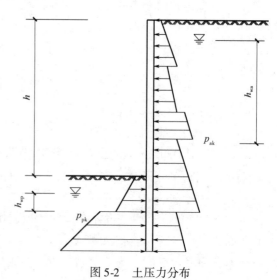

图 5-2　土压力分布

$K_{p,k}$——第 i 层土的被动土压力系数，按式 (5-11) 计算。

2）对于水土分算的土层。

$$p_{pk} = (\sigma_{pk} - u_p)K_{p,k} + 2c_i \sqrt{K_{p,k}} + u_p \tag{5-12}$$

式中　u_p——支护结构内侧计算点的水压力（kPa）；

　　　　c_i——第 i 层土的黏聚力；其他符号含义同前。

静止地下水的水压力可按下列公式计算：

$$u_a = \gamma_w h_{wa} \tag{5-13}$$

$$u_p = \gamma_w h_{wp} \tag{5-14}$$

式中　γ_w——地下水重度（kN/m^3），取 $\gamma_w = 10kN/m^3$；

　　　　h_{wa}——基坑外侧地下水位至主动土压力强度计算点的垂直距离（m）；对承压水，地下水位取测压管水位；当有多个含水层时，应取计算点所在含水层的地下水位；

　　　　h_{wp}——基坑内侧地下水位至被动土压力强度计算点的垂直距离（m）；对承压水，地下水位取测压管水位。

土中竖向应力标准值应按下列公式计算：

$$\sigma_{ak} = \sigma_{ac} + \sum \Delta\sigma_{k,j} \tag{5-15}$$

$$\sigma_{pk} = \sigma_{pc} \tag{5-16}$$

式中　σ_{ac}——支护结构外侧计算点，由土的自重产生的竖向总应力（kPa）；

　　　　σ_{pc}——支护结构内侧计算点，由土的自重产生的竖向总应力（kPa）；

　　　　$\Delta\sigma_{k,j}$——支护结构外侧第 j 个附加荷载作用下计算点的土中附加竖向应力标准值（kPa）。

均布附加荷载 q_0 作用下的土中附加竖向应力标准值（图 5-3）应按下式计算：

$$\Delta\sigma_k = q_0 \tag{5-17}$$

式中　q_0——均布附加荷载标准值（kPa）。

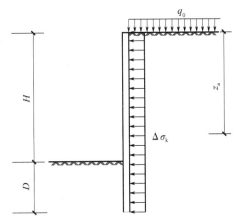

图 5-3　均布竖向附加荷载作用下的土中附加竖向应力计算

5.1.4　连续墙深度及厚度的初选

（1）连续墙深度的确定　连续墙的深度等于基坑开挖深度（H）和其入土深度（D）之和，D/H 的比值称为入土径比。

连续墙的深度确定可预先根据工程经验假定一个入土径比（D/H），进行反复试算，直至满足基坑稳定性为止。根据工程经验，连续墙入土径比依地质条件不同一般为 0.7 ~ 1.0。

连续墙入土深度也可采用以下两种古典的稳定判别方法直接计算得到一个初值，然后通过基坑稳定性验算最终确定合理的入土径比。

1）板桩底端为自由的稳定状态（图5-4）。板桩在横撑或锚杆轴力 T、主动土压力 E_a、被动土压力 E_p 作用下达到平衡，通过平衡条件（$\sum X = 0$、$\sum M = 0$），即可求得支承轴力 T、板桩入土深度 D。

2）板桩底端为嵌固的稳定状态（图5-5）。当板桩的入土深度较大或底端打入较硬的地层，底端达到嵌固程度时，板桩在 E_a 和 E_{p1} 组成力偶，为了平衡，必须在底端作用一个向左的力 E_{p2}，使板桩达到平衡状态。通过平衡条件（$\sum X = 0$、$\sum M = 0$），即可求得 E_{p1}、板桩入土深度 D。

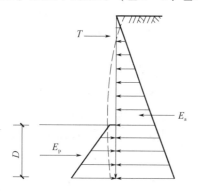

图5-4　板桩底端为自由稳定状态

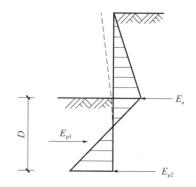

图5-5　板桩底端为嵌固稳定状态

（2）连续墙厚度的确定　地下连续墙的墙体厚度宜根据成槽机的规格，按现有施工设备能力，现浇地下连续墙最大墙厚可达1500mm，采用特制挖槽机械的薄层地下连续墙，最小厚度仅450mm，常用成槽机械的规格为600mm、800mm、1000mm或1200mm墙厚。

5.1.5　槽幅设计

槽幅设计内容包括槽段长度的确定，即槽段划分。槽段长度最好与施工选用的连续墙成槽设备的尺寸（抓斗张开尺寸、钻挖设备的宽度等）成模数关系，最小不得小于一次抓挖（钻挖）的宽度，而最大尺寸应根据槽壁稳定性确定。

（1）槽壁稳定性验算　泥浆护壁稳定性计算主要是用来确定在深度已知条件下的设计分段长度，可采用理论分析和经验公式方法［梅耶霍夫（Meyerhof）经验公式、非黏性土的经验公式］进行验算。

1）梅耶霍夫（Meyerhof）经验公式。开挖槽段的临界深度 H_{cr}：

$$H_{cr} = \frac{Nc_u}{K_0\gamma' - \gamma_1'} \tag{5-18}$$

$$N = 4\left(1 + \frac{L}{B}\right) \tag{5-19}$$

式中　c_u——黏土的不排水抗剪强度（kPa）；

　　　K_0——静止土压力系数；

　　　γ'——黏土的有效重度（kN/m³）；

　　　γ_1'——泥浆的有效重度（kN/m³）；

　　　N——条形基础的承载力系数，按式（5-19）计算；

　　　B——槽壁的平面宽度（m）；

　　　L——槽壁的平面长度（m）。

槽壁的坍塌安全系数 F_s：

$$F_s = \frac{Nc_u}{p_{0m} - p_{1m}} \tag{5-20}$$

式中　p_{0m}、p_{1m}——开挖的外侧（土压力）和内侧（泥浆压力）槽底水平压力强度。

开挖槽壁的横向变形 Δ：

$$\Delta = (1 - \mu^2)(K_0\gamma' - \gamma_1')\frac{zL}{E_s} \tag{5-21}$$

式中　z——所考虑点的深度（m）；

E_s——土的压缩模量（kN/m^2）；

μ——土的泊松比。

对黏性土，当 $\mu = 0.5$ 时，式（5-21）可表示为

$$\Delta = 0.75(K_0\gamma' - \gamma_1')\frac{zL}{E_s} \tag{5-22}$$

2）非黏性土的经验公式。对于无黏性的砂土（$\mu = 0$），安全系数 F_s：

$$F_s = \frac{2\sqrt{\gamma - \gamma'}\tan\varphi_b}{\gamma - \gamma'} \tag{5-23}$$

式中　γ——砂土的重度（kN/m^3）；

γ'——泥浆的重度（kN/m^3）；

φ_b——砂土的内摩擦角（°）。

由式（5-23）可见，对于砂土没有临界深度，F_s 为常数，与槽壁深度无关。

（2）槽段划分　地下连续墙施工时，槽段划分应结合成槽施工顺序、连续墙段接头形式、主体结构布置及设缝要求等确定。槽段划分的要求如下：

1）地质条件对槽段稳定性的影响。当地层不稳定时，为防止槽壁倒塌，应减小槽段长度，以缩短成槽时间。

2）对相邻建筑物的影响。当附近有高大建筑物或地面有较大荷载时，为了保证槽壁的稳定应缩短槽段长度，以缩短槽壁暴露时间。

3）槽段最小长度不得小于挖槽机械工作装置的长度。

4）起重机械的起重能力。根据起重机械起重能力估算钢筋笼的尺寸和质量，以此推算槽段长度。

5）混凝土的供应能力。一般情况下每个单元槽段内的混凝土宜在 4h 内浇筑完毕。

6）泥浆池的泥浆储备能力。通常情况下泥浆池的容量应不少于每个单元槽段容量的 2 倍。

7）槽段间接头的设置。一般情况下应避免设在转角处及地下连续墙与内部结构的连接处，以保证地下连续墙有较好的整体性。

8）作业面和连续作用时间。单元槽段可采用 2~4 个挖掘最小长度，一般可取 4~8m，但最后封闭槽段应采用 2 个挖掘单元。

5.1.6　地下连续墙内力计算方法

连续墙需要对基坑开挖不同阶段工况进行计算，地下连续墙的计算方法见表5-3。

表 5-3　地下连续墙计算方法

分类	假设条件	方法名称
古典理论	土压力已知 不考虑墙体变形 不考虑横撑变形	自由墙法、弹性线法、等值梁法、1/2 分割法、矩形荷载经验法、太沙基法等
横撑轴向力、墙体弯矩不变的方法	土压力已知 考虑墙体变形 不考虑横撑变形	山肩邦男法、张有龄法、m 法

（续）

分类	假设条件	方法名称
横撑轴向力、墙体弯矩可变的方法	土压力已知 考虑墙体变形 考虑横撑变形	日本《建筑基础结构设计法规》的弹塑性法、有限单元法
共同变形理论	土压力随墙体变位而变化 考虑墙体变形 考虑横撑变形	森重龙马法、有限单元法（包括土体介质）

（1）横撑轴向力、墙体弯矩不变的方法

1）山肩邦男法（精确解）（图5-6）。基本假定：

①在黏土地层中，墙体作为无限长的弹性体。

②墙背土压力在开挖面以上取为三角形，在开挖面以下取为矩形。

③开挖面以下土的横向抵抗反力分为两个区域：达到被动土压力的塑性区，高度为l，以及反力与墙体变形呈直线关系的弹性区。

④横撑设置后，即作为不动支点。

⑤下道横撑设置后，认为上道横撑的轴向压力值保持不变，而且下道横撑点以上的墙体仍然保持原来的位置。

2）山肩邦男法（近似解）（图5-7）

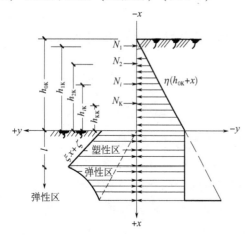

图5-6　山肩邦男法（精确解）

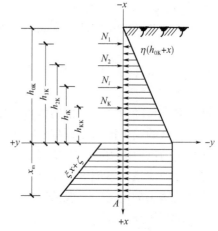

图5-7　山肩邦男法（近似解）

基本假定：

①在黏土地层中，墙体作为底端自由的有限长的弹性体。

②墙背土压力在开挖面以上取为三角形，在开挖面以下取为矩形（已抵消开挖面一侧的静止土压力）。

③开挖面以下土的横向抵抗反力取为被动土压力。

④横撑设置后，即作为不动支点。

⑤下道横撑设置后，认为上道横撑的轴向压力值保持不变，而且下道横撑点以上的板桩仍然保持原来的位置。

⑥开挖面以下板桩弯矩为零的点，假想为一个铰，而且忽略此铰以下的墙体对上面墙体的剪力传递。

$\sum Y = 0$

$$N_k = \frac{1}{2}\eta h_{0k}^2 + \eta h_{0k} x_m - \sum_1^{k-1} N_i - \zeta x_m - \frac{1}{2}\xi x_m^2 \tag{5-24}$$

$\sum M = 0$

$$\frac{1}{3}\xi x_m^3 - \frac{1}{2}(\eta h_{0k} - \zeta - \xi h_{kk})x_m^2 - (\eta h_{0k} - \zeta)h_{kk}x_m$$

$$- \left[\sum_1^{k-1} N_i h_{ik} - h_{kk}\sum_1^{k-1} N_i + \frac{1}{2}\eta h_{0k}^2\left(h_{kk} - \frac{1}{3}h_{0k}\right)\right] = 0 \tag{5-25}$$

解题步骤:

a. 在第一阶段开挖后, $k = 1$, 由式 (5-25) 求出 x_m, 将 x_m 代入式 (5-24) 算出 N_1;

b. 在第二阶段开挖后, $k = 2$, N_1 已知, 由式 (5-25) 求出 x_m, 将 x_m 代入式 (5-24) 算出 N_2;

c. 在第二阶段开挖后, $k = 3$, N_1、N_2 已知, 由式 (5-25) 求出 x_m, 将 x_m 代入式 (5-24) 算出 N_3;

d. 以此类推。

3) 国内常用的计算方法。

基本假定同山肩邦男法, 但墙后的水、土压力不一样, 开挖面以下的水压力认为衰减至零。被动侧土压力认为达到被动土压力。为区别于山肩邦男法已减去静止土压力部分, 以 $(\omega x + v)$ 代替 $(\xi x + \zeta)$, 见图 5-8。

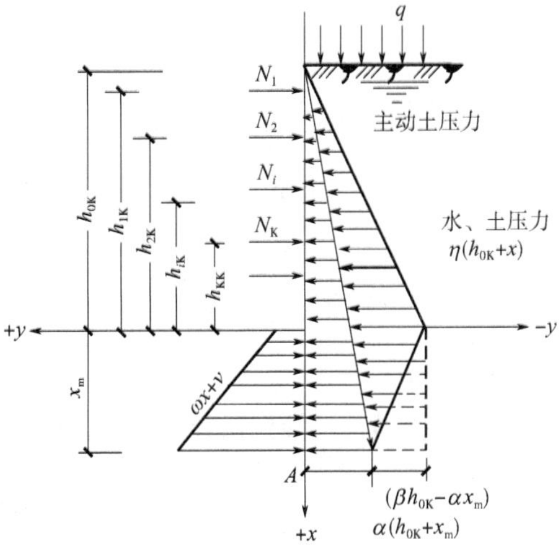

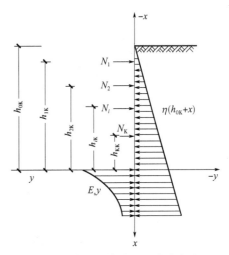

图 5-8　国内常用计算方法

$\sum Y = 0$

$$N_k = \frac{1}{2}\eta h_{0k}^2 + \eta h_{0k}x_m - \frac{1}{2}\omega x_m^2 - \nu x_m$$

$$- \sum_1^{k-1} N_i - \frac{1}{2}\beta h_{0k}x_m + \frac{1}{2}\alpha x_m^2 \tag{5-26a}$$

$$\beta = \eta - \alpha$$

$\sum M = 0$

$$\frac{1}{3}(\omega - \alpha)x_m^3 - \left(\frac{1}{2}\eta h_{0k} - \frac{1}{2}\nu - \frac{1}{2}\omega h_{kk} + \frac{1}{2}\alpha h_{kk} - \frac{1}{3}\beta h_{0k}\right)x_m^2 - \left(\eta h_{0k} - \nu - \frac{1}{2}\beta h_{0k}\right)h_{kk}x_m$$

$$- \left[\sum_1^{k-1} N_i h_{ik} - h_{kk}\sum_1^{k-1} N_i + \frac{1}{2}\eta h_{0k}^2\left(h_{kk} - \frac{1}{3}h_{0k}\right)\right] = 0 \tag{5-26b}$$

4) 弹性法。

a. 墙体作为无限长的弹性体, 主动侧向土压力为已知, 入土面 (开挖底面) 以下只有被动侧向土抗力, 土抗力数值与墙体变位成正比, 建立微分方程求解, 计算简图见图 5-9。

b. 局部修改弹性模型 (同济大学)。

基本假定 (图 5-10):

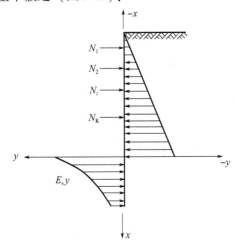

图 5-9　计算简图

图 5-10　修正计算简图 (同济大学)

A. 墙体为无限长的弹性体。

B. 已知水、土压力，并假定呈三角形分布。

C. 开挖面以下作用在墙体上的土抗力，假定与墙体变位成正比。

D. 横撑（楼板）设置后，横向支点视为不动支点。

E. 下道横撑设置后，认为上道横撑的轴向压力值保持不变，其上部的墙体也保持以前的变位。

符号规定：

y——墙体变位（m）；

k_h——侧向地层压缩系数（kN/m^3）；

E——墙体弹性模量（kN/m^2）；

$E_s = k_h B$——土横向弹性模量（kN/m^2）；

B——墙体水平长度，取 1.0m；

η——水、土压力斜率。

公式推导：

在第 k 道横撑至开挖面的区间（$-h_{kk} \leq x \leq 0$）

$$M = \frac{1}{2}\eta(h_{0k}+x)(h_{0k}+x) \times \frac{1}{3}(h_{0k}+x) - \sum_{i=1}^{k} N_i(h_{ik}+x) \tag{5-27}$$

$$M = \frac{1}{6}\eta(h_{0k}+x)^3 - \sum_{i=1}^{k} N_i(h_{ik}+x)$$

$$\frac{d^2 y_1}{dx^2} = \frac{M}{EI} = \frac{1}{6EI}\eta(h_{0k}+x)^3 - \sum_{i=1}^{k}\frac{N_i}{EI}(h_{ik}+x)$$

$$\frac{dy_1}{dx} = \frac{1}{24EI}\eta(h_{0k}+x)^4 - \sum_{i=1}^{k}\frac{N_i}{2EI}(h_{ik}+x)^2 + c_1$$

$$y_1 = \frac{1}{120EI}\eta(h_{0k}+x)^5 - \sum_{i=1}^{k}\frac{N_i}{6EI}(h_{ik}+x)^3 + c_1 x + c_2$$

$$EI\frac{d^3 y_1}{dx^3} = \frac{1}{2}\eta(h_{0k}+x)^2 - \sum_{i=1}^{k} N_i \tag{5-28}$$

在开挖面以下的弹性区间（$x \geq 0$）

$$EI\frac{d^4 y_2}{dx^4} = q = \eta(h_{0k}+x) - E_s y_2$$

$$EI\frac{d^4 y_2}{dx^4} + E_s y_2 = \eta(h_{0k}+x) \tag{5-29}$$

齐次方程 $EI\dfrac{d^4 y_2}{dx^4} + E_s y_2 = 0$ 的通解为

$$y_{2,1} = He^{\beta x}\cos\beta x + We^{\beta x}\sin\beta x + Ae^{-\beta x}\cos\beta x + Fe^{-\beta x}\sin\beta x$$

式中，$\beta = \sqrt[4]{\dfrac{E_s}{4EI}}$。

边界条件：$x = \infty$，$EI\dfrac{d^2 y_2}{dx^2} = 0$；$x = 0$，$EI\dfrac{d^3 y_2}{dx^3} = 0$

当 $x = \infty$ 时，$e^{\beta x}$、$\sin\beta x$，$\cos\beta x$ 均不可能为零，只有 $W = H = 0$

则
$$y_{2,1} = e^{-\beta x}(A\cos\beta x + F\sin\beta x) \tag{5-30}$$

非其次方程的特解：

令 $y_{2,2} = Px + R$，代入式（5-29）可得

$$E_s(Px + R) = \eta(h_{0k}+x)$$

由上式可得，$E_s P = \eta$、$E_s R = \eta h_{0k}$，即 $P = \dfrac{\eta}{E_s}$，$R = \dfrac{\eta h_{0k}}{E_s}$

则

$$y_{2,2} = Px + R = \frac{\eta}{E_s}x + \frac{\eta h_{0k}}{E_s} = \frac{\eta}{E_s}(h_{0k} + x) \tag{5-31}$$

由式（5-30）、式（5-31）可得微分方程解

$$y_2 = e^{-\beta x}(A\cos\beta x + F\sin\beta x) + \frac{\eta}{E_s}(h_{0k} + x) \tag{5-32}$$

由式（5-32）可得

$$\frac{dy_2}{dx} = -\beta e^{-\beta x}\big[(A-F)\cos\beta x + (A+F)\sin\beta x\big] + \frac{\eta}{E_s} \tag{5-33}$$

$$\frac{d^2 y_2}{dx^2} = -2\beta^2 e^{-\beta x}\big[F\cos\beta x - A\sin\beta x\big] \tag{5-34}$$

$$\frac{d^3 y_2}{dx^3} = 2\beta^3 e^{-\beta x}\big[(A+F)\cos\beta x - (A-F)\sin\beta x\big] \tag{5-35}$$

由连续边界条件：$x = 0$，$y_1 = y_2$，$\dfrac{dy_1}{dx} = \dfrac{dy_2}{dx}$可得

$$\frac{1}{120EI}\eta h_{0k}^5 - \sum_{i=1}^{k}\frac{N_i}{6EI}h_{ik}^3 + c_2 = A + \frac{\eta}{E_s}h_{0k} \tag{5-36}$$

$$\frac{1}{24EI}\eta h_{0k}^4 - \sum_{i=1}^{k}\frac{N_i}{2EI}h_{ik}^2 + c_1 = -\beta(A-F) + \frac{\eta}{E_s} \tag{5-37}$$

$x = 0$ 处弯矩：

$$M\big|_{x=0} = \frac{1}{6}\eta h_{0k}^3 - \sum_{i=1}^{k}N_i h_{ik}$$

由式（5-34）可得

$$M\big|_{x=0} = -2\beta^2 F \times EI$$

$$F = \frac{-M\big|_{x=0}}{2\beta^2 EI} \tag{5-38}$$

$x = 0$ 处剪力：

由式（5-28）可得

$$Q\big|_{x=0} = \frac{1}{2}\eta h_{0k}^2 - \sum_{i=1}^{k}N_i$$

由式（5-35）可得

$$Q\big|_{x=0} = 2\beta^3(A+F)EI$$

$$A = \frac{Q\big|_{x=0}}{2\beta^3 EI} - F$$

由式（5-38）代入上式，可得

$$A = \frac{Q\big|_{x=0}}{2\beta^3 EI} + \frac{M\big|_{x=0}}{2\beta^2 EI} = \frac{1}{2\beta^3 EI}(Q\big|_{x=0} + \beta M\big|_{x=0}) \tag{5-39}$$

将式（5-39）代入式（5-36）可得

$$c_2 = \frac{1}{2\beta^3 EI}(Q\big|_{x=0} + \beta M\big|_{x=0}) + \frac{\eta}{E_s}h_{0k} + \sum_{i=1}^{k}\frac{N_i}{6EI}h_{ik}^3 - \frac{1}{120EI}\eta h_{0k}^5 \tag{5-40}$$

将式（5-38）和式（5-39）代入式（5-37）可得

$$c_1 = -\frac{1}{2\beta^2 EI}(Q\big|_{x=0} + 2\beta M\big|_{x=0}) + \frac{\eta}{E_s} + \sum_{i=1}^{k}\frac{N_i}{2EI}h_{ik}^2 - \frac{1}{24EI}\eta h_{0k}^4 \tag{5-41}$$

弹性曲线的最终形式：

① 区间（$-h_{kk} \leqslant x \leqslant 0$）。

$$y_1 = \frac{1}{120EI}\eta (h_{0k}+x)^5 - \sum_{i=1}^{k} \frac{N_i}{6EI}(h_{ik}+x)^3 + c_1 x + c_2$$

将 c_1、c_2 代入整理可得

$$y_1 = N_k A_1 + A_2 + A_3 \tag{5-42}$$

$$N_k = \frac{1}{A_1}(y_1 - A_2 - A_3) \tag{5-43}$$

其中，

$$A_1 = \frac{1}{EI}\Big[\frac{x}{2\beta^2} - \frac{1}{6}(h_{kk}+x)^3 + \frac{x}{2}h_{kk}^2 + \frac{x}{\beta}h_{kk} + \frac{h_{kk}^3}{6} - \frac{1}{2\beta^3} - \frac{h_{kk}}{2\beta^2}\Big] \tag{5-44}$$

$$A_2 = \sum_1^{k-1}\frac{N_i}{2EI}h_{ik}^2 x - \sum_1^{k-1}\frac{N_i}{6EI}(h_{ik}+x)^3 + \frac{1}{2\beta^2 EI}\sum_1^{k-1}N_i h_{ik}x + \frac{1}{\beta EI}\sum_1^{k-1}N_i h_{ik}x + \sum_1^{k-1}\frac{N_i}{6EI}h_{ik}^3 - \frac{1}{2\beta^3 EI}\sum_1^{k-1}N_i - \frac{1}{2\beta^2 EI}\sum_1^{k-1}N_i h_{ik} \tag{5-45}$$

$$A_3 = \frac{1}{EI}\Big[\frac{\eta}{120}(h_{0k}+x)^5 + \frac{EI}{E_s}\eta x - \frac{\eta}{24}h_{0k}^4 x - \frac{\eta h_{0k}^2}{4\beta^2}x - \frac{\eta h_{0k}^3}{6\beta}x + \frac{EI}{E_s}\eta h_{0k} - \frac{\eta}{120}h_{0k}^5 + \frac{\eta h_{0k}^2}{4\beta^3} + \frac{\eta h_{0k}^3}{12\beta^2}\Big] \tag{5-46}$$

$$M(x) = \frac{\eta}{6}(h_{kk}+x)^3 - \sum_1^k N_i(h_{ik}+x) \tag{5-47}$$

$$Q(x) = \frac{\eta}{2}(h_{kk}+x)^2 - \sum_1^k N_i \tag{5-48}$$

②区间（$x \geqslant 0$）。

$$y_2 = e^{-\beta x}(A\cos\beta x + F\sin\beta x) + \frac{\eta}{E_s}(h_{0k}+x) \tag{5-49}$$

$$M(x) = EI\frac{d^2 y_2}{dx^2} = -2EI\beta^2 e^{-\beta x}(F\cos\beta x - A\sin\beta x) \tag{5-50}$$

$$Q(x) = EI\frac{d^3 y_2}{dx^3} = 2EI\beta^3 e^{-\beta x}\big[(A+F)\cos\beta x - (A-F)\sin\beta x\big] \tag{5-51}$$

具体计算步骤如下：

a. 第一次开挖时，第一道横撑支点作为不动点，即取 $\delta_1 = y_1 = 0$，用式（5-43）计算第一道横撑的轴向压力 N_1 以及用式（5-42）计算第二道横撑预定位置的变位 δ_2。

b. 第二次开挖时，将 N_1 和 δ_2 作为定值，用式（5-43）计算第二道横撑的轴向压力 N_2 以及用式（5-42）计算第三道横撑预定位置的变位 δ_3。

c. 第三次开挖时，将 N_1、N_2 和 δ_3 作为定值，用式（5-43）计算第三道横撑的轴向压力 N_3 以及用式（5-42）计算第四道横撑预定位置的变位 δ_4。

d. 以此重复计算。

（2）支护内力随开挖过程而变化的计算方法　即将每一开挖过程结束以后均未作轴向力与弯矩不变的假设，也即自上而下的各道横撑轴力及墙体弯矩均随开挖工程、支撑工程的进展而不断发生变化。该法基本点：

1）考虑支承的弹性变性，用弹簧表示支撑。

2）主动侧的土压力可用实测资料，并假设为坐标的二次函数。

3）入土部分为已达到朗金土压力的塑性区及土抗力与墙体变位成正比的弹性区。

4）墙体作为有限长，前端支承可以是自由、铰接、固定。

变位符号规定如下：

①区间：

$$y_i = \delta_i + g_i \tag{5-52}$$

式中　y_i——支撑在 i 点的变位；

　　　δ_i——支撑在 i 点安装前的变位；

　　　g_i——支撑在 i 点安装后的变位。

②区间：变位为 y_p。

③区间：变位为 y_c。

弹性曲线方程的建立：

①区间

$$EI \frac{\mathrm{d}^4 y_i}{\mathrm{d}x_i^4} = a_i x_i^2 + b_i x_i + c_i$$

则

$$y_i = \frac{1}{EI} \left(\frac{a_i x_i^9}{360} + \frac{b_i x_i^5}{120} + \frac{c_i x_i^4}{24} + \frac{A_i x_i^3}{6} + \frac{B_i x_i^2}{2} + C_i x_i + D_i \right)$$

其中，$0 \leqslant x_i \leqslant h_i$；$i = 1 \sim (k+1)$，$k$ 为支撑数；未知量为 A_i、B_i、C_i、D_i 共 4$(k+1)$ 个。

②区间（开挖面以下主动土压力为定值）

$$EI \frac{\mathrm{d}^4 y_p}{\mathrm{d}z_1^4} = - \left[\gamma_s \tan^2 \left(45° + \frac{\varphi}{2} \right) z_1 + 2c \tan \left(45° + \frac{\varphi}{2} \right) - P_{k+1} \right]$$

式中　γ_s——土的湿重度（$\mathrm{kN/m^3}$）。

令 $K_p = \tan^2 \left(45° + \frac{\varphi}{2} \right)$，$\alpha = K_p g \gamma_s$，$\alpha S_0 = 2c \tan \left(45° + \frac{\varphi}{2} \right)$，$z_1 = 0 \sim l$

$$y_p = \frac{1}{EI} \left(-\frac{\alpha}{120} z_1^5 - \frac{\alpha S_0}{24} z_1^4 + \frac{E_1}{6} z_1^3 + \frac{E_2}{2} z_1^2 + E_3 z_1 + E_4 \right)$$

其中，E_1、E_2、E_3、E_4 为未知量。

③区间

$$EI \frac{\mathrm{d}^4 y_c}{\mathrm{d}z_2^4} = -E_s y_c$$

$$y_c = \frac{1}{EI} \left[\mathrm{e}^{\beta z_2} (F_1 \cos\beta z_2 + F_2 \sin\beta z_2) + \mathrm{e}^{-\beta z_2} (F_3 \cos\beta z_2 + F_4 \sin\beta z_2) \right]$$

其中

$$\beta = \sqrt[4]{\frac{E_s}{4EJ}}, \quad z_2 = 0 \sim \lambda$$

F_1、F_2、F_3、F_4 为未知量。

其余未知量尚有 g_i（支撑安装后的变位值）K 个，以及②区间长度 l。因此，总未知量：$4(K+1) + 4 + 4 + K + 1 = 5K + 13$（个），利用 $(5K+13)$ 个边界条件和连续条件即可求解。

5.1.7　整体稳定性验算

1. 瑞典圆弧滑动条分法

瑞典圆弧滑动条分法，是将假定滑动面以上的土体分成 n 个垂直土条，对作用于土条上的力进行力和力矩的平衡分析，求出在极限平衡状态下土体稳定的安全系数。该方法由于忽略土条之间的相互作用力的影响，因此是条分法中最简单的一种方法。

瑞典圆弧滑动条分法分析步骤：

1）按比例绘出土坡剖面。

2）任选一圆心 O，确定滑动面，将滑动面以上土体分成几个等宽或不等宽的土条。

3）每个土条的受力分析如图 5-11 所示。

由土条的静力平衡条件可得

$$N_i = W_i \cos\beta_i, \quad T_i = W_i \sin\beta_i$$

则

$$\sigma_i = \frac{N_i}{l_i} = \frac{1}{l_i} W_i \cos\beta_i, \quad \tau_i = \frac{T_i}{l_i} = \frac{1}{l_i} W_i \sin\beta_i$$

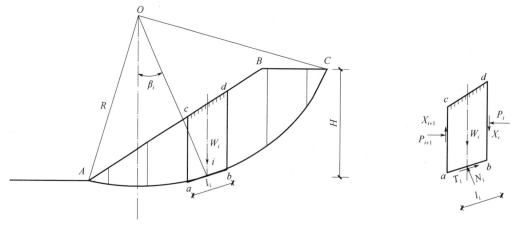

图 5-11　瑞典圆弧滑动条分法的受力分析

4）滑动面的总滑动力矩

$$TR = R\sum T_i = R\sum W_i\sin\beta_i$$

5）滑动面的总抗滑力矩

$$T'R = R\sum\tau_{\mathrm{fi}}l_i = R\sum(\sigma_i\tan\varphi_i + c_i)l_i = R\sum(W_i\cos\beta_i\tan\varphi_i + c_il_i)$$

6）确定安全系数

$$K_{\mathrm{s},i} = \frac{T'R}{TR} = \frac{\sum(W_i\cos\beta_i\tan\varphi_i + c_il_i)}{\sum W_i\sin\beta_i} \tag{5-53}$$

条分法是一种试算法，应选取不同圆心位置和不同半径进行计算，求最小的安全系数。

$$\min\{K_{\mathrm{s},1},\ K_{\mathrm{s},2},\ \cdots,\ K_{\mathrm{s},i},\ \cdots\} \geqslant K_{\mathrm{s}} \tag{5-54}$$

式中　K_{s}——圆弧滑动稳定系数，安全等级为一级、二级、三级的支挡式结构，K_{s}分别不应小于

1.35、1.30、1.25。

2. 简化毕肖普（BIshop）法

简化毕肖普法计算简图见图 5-12，图中
土条自重：$W_i = \gamma b_ih_i$；有效法向反力：$\overline{N}'_i$；
抗剪力：$\overline{T}_i$；孔隙水压力：u_il_i；侧面法向力：
$\Delta E_i = E_{i+1} - E_i$；侧面切向力：$\Delta X_i = X_{i+1} - X_i$。

根据每一土条垂直方向力的平衡条件：

$W_i + X_i - X_{i+1} - T_i\sin\theta_i - N_i\cos\theta_i - u_il_i\cos\theta_i = 0$
或　$N_i\cos\theta_i = W_i + (X_i - X_{i+1}) - T_i\sin\theta_i - u_ib_i$

(5-55)

按照安全系数的定义及摩尔—库伦准则，
T_i可用式（5-56）表示

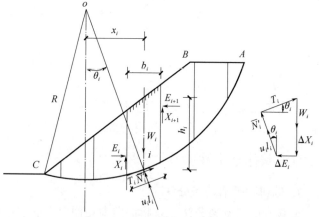

图 5-12　简化毕肖普法

$$T_i = \frac{I_{\mathrm{fi}}l_i}{K} = \frac{(c_i + \sigma_i\tan\varphi)l_i}{K} = \frac{c_il_i}{K} + N_i\frac{\tan\varphi}{K} \tag{5-56}$$

将式（5-56）代入式（5-55），可得土条底部总法向力 N_i 为

$$N_i = \frac{1}{m_{\theta i}}\Big[W_i + (X_i - X_{i+1}) - \frac{u_ib_i - c_il_i}{K}\sin\theta_i\Big] \tag{5-57}$$

$$m_{\theta i} = \cos\theta_i + \frac{\tan\varphi\sin\theta_i}{K} \tag{5-58}$$

极限平衡时，各土条对圆形的力矩之和等于零，此时条间力的作用将相互抵消，因此可得

$$\sum W_ix_i - \sum T_iR + \sum Q_ie_i = 0$$

或

$$\sum T_i = \sum W_i \frac{x_i}{R} + \sum Q_i \frac{e_i}{R} = \sum W_i \sin\theta_i + \sum Q_i \frac{e_i}{R} \tag{5-59}$$

将式（5-56）、式（5-57）代入式（5-59）整理可得安全系数的计算公式为

$$K = \frac{\sum \dfrac{1}{m_{\theta i}} \{ c_i b_i + [W_i + (X_i - X_{i+1}) - u_i b_i] \tan\varphi \}}{\sum W_i \sin\theta_i + \sum Q_i \dfrac{e_i}{R}} \tag{5-60}$$

式（5-60）中的 X_i 及 X_{i+1} 是未知量，为使问题得解，毕肖普假定各土条之间的切向条件力均略去不计，也就是土条间的合力是水平的，这样式（5-60）可简化为

$$K = \frac{\sum \dfrac{1}{m_{\theta i}} [c_i b_i + (W_i - u_i b_i) \tan\varphi]}{\sum W_i \sin\theta_i + \sum Q_i \dfrac{e_i}{R}} \tag{5-61}$$

式中 　W_i——第 i 土条块的质量；

　　　　u_i——第 i 土条块的孔水压力；

　　　　θ_i——第 i 土条块底面与水平线的夹角；

　　　　Q_i——第 i 土条块所受的水平向作用力；

　　　　e_i——第 i 土条块所受的水平向作用力至滑弧圆心垂距；

　　　　b_i——第 i 土条块的宽度，$b_i = l_i \cos\theta_i$；

　　　　R——滑动半径。

在计算时，一般先假定 $K = 1$，按式（5-61）求出 $m_{\alpha i}$，再根据式（5-58）求出 K，如此反复迭代，直至假定的 K 与算出的 K 非常接近为止。根据经验，通常只要迭代 3 ~ 4 次即可满足进度要求。

注意：

1）对于 θ_i 负值的那些土条，要注意会不会使 $m_{\theta i}$ 趋近于零。如果这样，简化毕肖普条分法就不能使用，因为此时 $\overline{N_i'}$ 会趋于无限大，这显然是不合理的。当任一土条的 $m_{\theta i} \leqslant 0.2$ 时，计算就会产生较大的误差，此时最好采用其他方法。

2）当坡顶土条的 θ_i 很大时，会使该土条出现 $\overline{N_i'} < 0$，此时可取 $\overline{N_i'} = 0$ 计算。

5.1.8　基坑抗隆起稳定验算

由于基坑内外地基土体的压力差使墙背土向基坑内推移，造成坑内土体向上隆起，坑外地面下沉的变形现象。基坑隆起稳定验算方法是基于滑动面假定的计算方法、基于地基极限承载力能力假定的计算方法。

（1）圆弧滑动抗隆起稳定验算　在开挖面以下，假定一个圆弧滑动面，转动中心的位置为基坑最下一道支撑与围护墙的交点处，如图 5-13 所示。根据滑动面上土的抗剪强度对滑动圆弧中心的力矩与墙背开挖面标高以上土体重量（包括地面荷载）对滑动中心的力矩平衡条件，计算隆起安全度。

隆起滑动力矩　　$M_{SL} = \dfrac{1}{2} (\gamma h_0' + q) D^2$

抗隆起力矩　　$M_{RL} = R_1 K_a \tan\varphi + R_2 \tan\varphi + R_3 c$

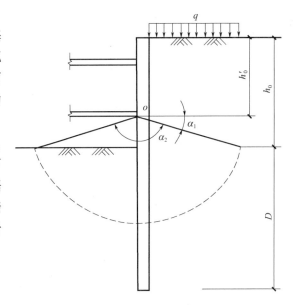

图 5-13　滑动面假定计算简图

$$R_1 = D\left(\frac{\gamma h_0^2}{2} + qh_0\right) + \frac{1}{2}D^2 q_f(\alpha_2 - \alpha_1 + \sin\alpha_2\cos\alpha_2 - \sin\alpha_1\cos\alpha_1) - \frac{1}{3}\gamma D^2(\cos^3\alpha_2 - \cos^3\alpha_1)$$

$$R_2 = \frac{1}{2}D^2 q_f\left[\alpha_2 - \alpha_1 - \frac{1}{2}(\sin 2\alpha_2 - \sin 2\alpha_1)\right] - \frac{1}{3}\gamma D^3\left[\sin^2\alpha_2\cos\alpha_2 - \sin^2\alpha_1\cos\alpha_1 + 2(\cos\alpha_2 - \cos\alpha_1)\right]$$

$$R_3 = h_0 D + (\alpha_2 - \alpha_1)D^2$$

$$q_f = \gamma h_0' + q$$

$$K_a = \tan^2\left(\frac{\pi}{4} - \frac{\varphi}{2}\right)$$

式中　α_1、α_2——单位为弧度；

　　　　q——地面荷载（kPa）；

　　　　D——支护结构入土深度（m）；

　　　　γ——土的重度（kN/m³）；

　　c、φ——支护结构地面以下土的黏聚力（kPa）、内摩擦角（°）。

抗隆起安全系数　　　　　　　　　　$K_b = \dfrac{M_{RL}}{M_{SL}}$　　　　　　　　　　　　　　（5-62）

（2）地基极限承载力假定

1）太沙基—佩克方法（Terzaghi-Peck 方法）（图 5-14）。当开挖面以下形成滑动面时，由于墙后土体下沉，使墙后土在垂直面上的抗剪强度得以发挥，减少了在开挖面标高上墙后土的垂直压力，其值可按下式估算：

$$P = W - S_u H = (\gamma H + q)\frac{B}{\sqrt{2}} - S_u H$$

相应的垂直分布力 $p_u = \gamma H + q - \dfrac{\sqrt{2}}{B}S_u H$，在饱和软土中土的抗剪强度采用 $\varphi = 0$，$S_u = c$，地基极限承载力为 $R = 5.7c$，由此可以得到抗隆起的安全系数为

$$K_b = \frac{R}{p_u} = \frac{5.7c}{\gamma H + q - \dfrac{\sqrt{2}}{B}cH}$$　　　　　　　　　　（5-63）

式中　γ——墙背开挖面以上土的平均重度（kN/m³）；

　　　　c——土的黏聚力（kPa）。

2）墙底地基承载力验算。考虑土的黏聚力 c、内摩擦角 φ 值的地基承载力的稳定验算方法（图 5-15）。

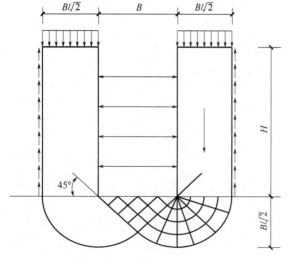

图 5-14　Terzaghi-Peck 方法

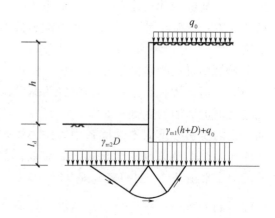

图 5-15　挡土构件底端平面下土的隆起稳定性验算

墙背在围护墙底平面上的垂直荷载：$p_1 = \gamma_{m1}(h + l_d) + q_0$

墙前在围护墙底平面上的垂直荷载：$p_2 = \gamma_{m2}l_d$

在极限平衡时，墙前地基极限承载力：$R = \gamma_{m2}l_d N_q + cN_c$

墙底地基承载力的安全系数：

$$K_b = \frac{R}{p_1} = \frac{\gamma_{m2}l_d N_q + cN_c}{\gamma_{m1}(h + l_d) + q_0} \tag{5-64}$$

$$N_q = \tan^2\left(45° + \frac{\varphi}{2}\right)e^{\pi\tan\varphi} \tag{5-65}$$

$$N_c = (N_q - 1)/\tan\varphi \tag{5-66}$$

式中　K_b——抗隆起安全系数，安全等级为一级、二级、三级的支护结构，K_b 分别不应小于 1.8、1.6、1.4；

γ_{m1}、γ_{m2}——基坑外、基坑内挡土构件底面以上土的天然容重（kN/m³），对多层土，取各层土按厚度加权平均重度；

l_d——挡土构件的嵌固深度（m）；

h——基坑深度（m）；

q_0——地面均布荷载（kPa）；

N_q、N_c——承载力系数，分别按式（5-65）、式（5-66）计算；

c、φ——挡土构件底面以下土的黏聚力（kPa）、内摩擦角（°）。

5.1.9　坑底抗渗流稳定性验算

（1）坑底突涌稳定性验算　由于基坑内外水位差，导致基坑外的地下水绕过围护结构下端向基坑内渗流，这种渗流产生的动水压力在墙背后向下作用，而在墙前（基坑内侧）向上作用，当动水压力大于土的浸水重度时，土颗粒就会随水流向上喷涌。在砂性土中，开始时土中细粒通过粗粒的间隙被水流带出，产生管涌现象。随着渗流通道变大，土颗粒对水流阻力减小，动水力增加，使大量砂粒随水流涌出，形成流沙，加剧危害。在软黏土地基中渗流力往往使地基产生突发性的泥流涌出。以上现象发生后，使基坑内土体向上推移，基坑外地面产生下沉，墙前被动土压力减少甚至丧失，威胁支护结构的稳定。验算抗渗流稳定的基本原则是使基坑内土体的有效压力大于地下水向上的渗流压力。

坑底以下有水头高于坑底的承压水含水层，且未用帷幕隔断其基坑内外的水力联系时，承压水作用下的坑底突涌稳定性应符合下列规定（图 5-16）：

$$\frac{D\gamma}{h_w \gamma_w} \geqslant K_h \tag{5-67}$$

式中　K_h——突涌稳定性安全系数，K_h 不应小于 1.1；

D——承压水含水层顶面至坑底的土层厚度（m）；

γ——承压水含水层顶面至坑底土层的天然重度（kN/m³）；对多层土，取按土层厚度加权的平均天然重度；

h_w——承压水含水层顶面的压力水头高度（m）；

γ_w——水的重度（kN/m³）。

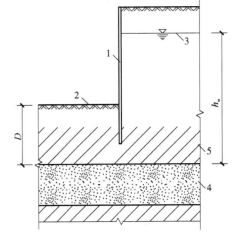

图 5-16　坑底土体的突涌稳定性验算

1—截水帷幕　2—基底　3—承压水侧管水位

4—承压水含水层　5—隔水层

（2）承压水的影响　在不透水的黏土层下，有一层承压含水层，或者含水层中虽然不是承压水，但由于土方开挖形成的基坑内外水头差，使基坑内侧含水层中的水压力大于静水压力，此时静水压力向上浮托开挖面下黏土层的地面，有可能使开挖面上抬，或者承压水携带土粒沿围护支挡结构内表面和基坑内桩的周面与土层接触处的薄弱部位上喷，形成管涌现象，导致基坑外的周围地面下沉。

悬挂式截水帷幕底端位于碎石土、砂土或粉土含水层时，对均质含水层，地下水渗流的流土稳定性应符合下式规定（图 5-17）。对渗透系数不同的非均质含水层，宜采用数值方法进行渗流稳定性分析。

$$\frac{\gamma'(2l_{\mathrm{d}} + 0.8D_1)}{\gamma_{\mathrm{w}}\Delta h} \geqslant K_{\mathrm{f}} \tag{5-68}$$

式中　K_{f}——流土稳定安全系数；安全等级为一级、二级、三级的支护结构，K_{f} 分别不应小于 1.6、
　　　　1.5、1.4；

　　　l_{d}——截水帷幕在坑底以下的插入深度（m）；

　　　D_1——潜水面或承压水含水层顶面至基坑底面的土层厚度（m）；

　　　γ'——土的浮重度（kN/m³）；

　　　Δh——基坑内外的水头差（m）；

　　　γ_{w}——水的重度（kN/m³）。

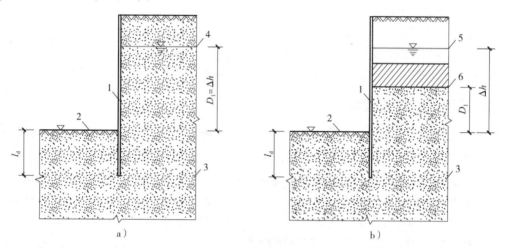

图 5-17　采用悬挂式帷幕截水时的流土稳定性验算

a）潜水　b）承压水

1—截水帷幕　2—基坑底面　3—含水层　4—潜水水位　5—承压水侧管水位　6—承压水含水层顶面

5.1.10　基坑工程的变形计算

基坑工程变形计算包括基坑坑底降起或回弹计算及基坑围护墙外地层变形估算。基坑降起或回弹变形既是基坑工程安全的重要指标，也是控制后建整体结构回填再压缩变形的关键数据；基坑围护墙外地层变形是基坑工程环境保护的重要指标，也是评价基坑围护结构设计方案是否达到基坑安全等级要求的重要指标，基坑设计根据该指标提出周围环境的具体保护措施。

1. 基坑坑底隆起计算

（1）实用计算法　基坑开挖时土体隆起量按式（5-69）计算：

$$s_{\mathrm{c}} = \sum_{i=1}^{n} b \frac{\rho_0}{E_{si}} (\delta_i - \delta_{i-1}) \tag{5-69}$$

式中　E_{si}——第 i 层土体的割线膨胀模量；

　　　ρ_0——基坑顶面荷载，即把挖去的土重反向作用于基坑顶面；

　　　b——基坑宽度；

δ_i、δ_{i-1}——沉降系数。

基坑再加荷沉降变形按式（5-70）计算：

$$s_c = b\rho_0 \sum_{i=1}^{n} \frac{1}{E_{si}}(\delta_i - \delta_{i-1}) \tag{5-70}$$

式中　E_{si}——第 i 层土体的割线再压缩模量；

　　　ρ_0——基坑顶面荷载，即建筑物传下来的荷载。

（2）同济大学模型试验经验公式　同济大学对深基坑工程采用室内相似模拟试验，对不同地质条件和开挖深度的基坑的坑底隆起进行了一系列试验，得到以下的基坑隆起量 δ 计算的经验公式：

$$\delta = -29.17 + 0.0167\gamma H' + 12.5 \left(\frac{D}{H}\right)^{-0.5} + 0.637\gamma c^{-0.04}(\tan\varphi)^{-0.54} \tag{5-71}$$

式中　H——基坑开挖深度，$H' = H + \dfrac{q}{\gamma}$；

　　　q——地面超载；

　　　D——墙体入土深度；

c、φ、γ——土体的黏聚力、内摩擦角和重度。

由模型试验研究结果还可以得出在已知基底容许隆起量时，求墙体入土深度的经验公式：

$$\frac{D}{H} = \frac{1}{[0.08[\delta] + 2.33 + 0.00134\gamma H' - 0.051\gamma c^{-0.05}(\tan\varphi)^{-0.54}]^2} \tag{5-72}$$

式中　$[\delta]$——基底容许隆起量，其值分别按下列取值：当基坑旁无建筑物或地下管线时，$[\delta] = H/100$；当基坑旁有建筑物或地下管线时，$[\delta] = (0.2 \sim 0.5)H/100$；当有特殊要求时，$[\delta] = (0.04 \sim 0.2)H/100$；当 $[\delta] \leqslant 0.5H/100$ 时需要进行地基加固。

2. 基坑围护墙外土体沉降估算

经验计算方法：首先结合工程经验假定坑外地表沉降曲线，然后根据地层损失相等的概念，即假定地表沉降槽的面积等于挡土墙水平变形与挡墙围成的面积。这样，只要计算得到墙体的变形，即可推算坑外地表的沉降曲线。

（1）三角形沉降曲线　三角形沉降曲线一般发生在围护墙位移较大的情况，如图 5-18 所示。

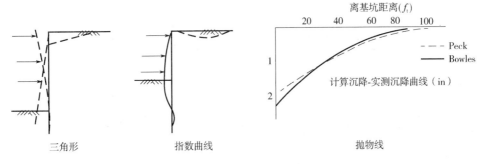

图 5-18　地表沉降曲线类型

地表沉降范围：

$$x_0 = H_g \tan\left(45° - \frac{\varphi}{2}\right) \tag{5-73}$$

式中　H_g——围护墙的高度；

　　　φ——墙体所穿越土层的平均内摩擦角。

根据沉降面积与墙体的侧移面积相等，可得

$$\frac{1}{2}x_0\delta_{max} = s_w \rightarrow \delta_{max} = \frac{2s_w}{x_0}$$

（2）指数曲线　佩克（Peck）教授理论，地面沉降槽取用正态分布曲线（图5-19），根据实际工程情况，对佩克（Peck）教授的理论进行修正（图5-20），并在此假定的基础上，取 $x_0 \approx 4i$。

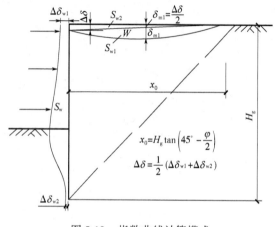

图 5-19　指数曲线计算模式

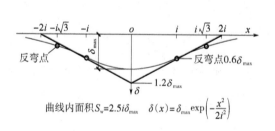

曲线内面积 $S_w = 2.5i\delta_{max}$　　$\delta(x) = \delta_{max}\exp\left(-\dfrac{x^2}{2i^2}\right)$

图 5-20　沉降槽曲线

$$s_{w1} = 2.5\left(\frac{1}{4}x_0\right)\delta_{m1} \quad \rightarrow \quad \delta_{m1} = \frac{4s_{w1}}{2.5x_0}$$

$$\Delta\delta = \frac{1}{2}(\Delta\delta_{w1} + \Delta\delta_{w2}) \tag{5-74}$$

式中　$\Delta\delta_{w1}$——围护墙顶位移；

　　　$\Delta\delta_{w2}$——围护墙底水平位移，为了保证基坑稳定，防止出现"踢脚"和上支撑失稳，控制小于 2.0cm。

则

$$s_{w2} = \frac{1}{2}x_0\Delta\delta$$

$$s_{w1} = s_w - s_{w2} = s_w - \frac{1}{2}x_0\Delta\delta$$

$$\delta_{m1} = \frac{4s_{w1}}{2.5x_0} = \frac{4}{2.5}\left(\frac{s_w - \frac{1}{2}x_0\Delta\delta}{x_0}\right) = \frac{1.6s_w}{x_0} - 0.8\Delta\delta$$

各点的沉降：　　　　　　　　　$$\Delta\delta_i = \delta_{m1}\left(\frac{x_i}{x_0}\right)^2$$

最大沉降值：　　$$\Delta\delta_{max} = \delta_{m1} + \delta_{m2} = \frac{1.6s_w}{x_0} - 0.8\Delta\delta + \frac{\Delta\delta}{2} = \frac{1.6s_w}{x_0} - 0.3\Delta\delta$$

5.1.11　导墙设计

导墙是指地下连续墙开挖施工前，沿连续墙轴线方向全长周边设置的导向槽。导墙的作用包括：①测量基准作用：导墙规定了沟槽的位置走向，划分了单元槽段，作为测量挖槽标高、垂直度和精度的基准。②挡土作用：在挖掘地下连续墙沟槽时，地表松软容易坍塌，因此在单元槽段挖完之前，导墙起挡土作用。③承重作用：导墙既是挖槽机械轨道的支承，又是钢筋笼接头管等搁置的支点，有时还承受其他施工设备的荷载。④稳定泥浆液作用：导墙可存储泥浆，稳定槽内泥浆液面，泥浆液面始终保持导墙面以下 20cm，并高出地下水位 1m，以稳定槽壁。⑤其他作用：导墙还可以防止泥浆漏失，阻止雨水等地面水流入槽内；地下连续墙距现有建筑物很近时，导墙还起到一定的补强作用。

导墙截面形式如图 5-21 所示，采用现浇钢筋混凝土，其厚度一般为 200~300mm，混凝土强度等级 C20。导墙深度以墙脚进入原状土不小于 300mm 为宜，墙顶面需高出地面 100～200mm，防止周围的散水流入槽段内。宽度要求大于地下连续墙的设计宽度 30～50mm。

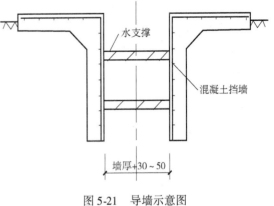

图 5-21　导墙示意图

5.1.12　地下连续墙接头选用原则

地下连续墙的槽段接头应按下列原则选用：

1）地下连续墙宜采用圆形锁口管接头、波纹管接头、楔形接头、工字形钢接头或混凝土预制接头等柔性接头。

2）当地下连续墙作为主体地下结构外墙，且需要形成整体墙体时，宜采用刚性接头。刚性接头可采用一字形或十字形穿孔钢板接头、钢筋承插式接头等。当采取地下连续墙顶设置通常冠梁、墙壁内侧槽段接缝位置设置结构壁柱、基础底板与地下连续墙刚性连接等措施时，也可采用柔性接头。

槽段接头是地下连续墙的重要部件，工程中常用的施工接头如图 5-22、图 5-23 所示。

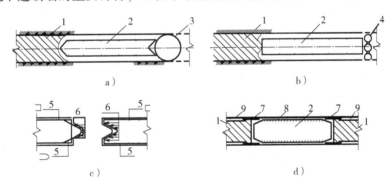

图 5-22　地下连续墙柔性接头

a）圆形锁口管接头　b）波形管接头　c）楔形接头　d）工字形型钢接头

1—先行槽段　2—后续槽段　3—圆形锁扣管　4—波形管　5—水平钢筋　6—端头纵筋

7—工字钢接头　8—地下连续墙钢筋　9—止浆板

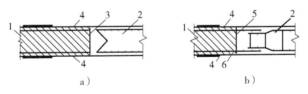

图 5-23　地下连续墙刚性接头

a）十字形穿孔钢板刚性接头　b）钢筋承插式接头

1—先行槽段　2—后续槽段　3—十字钢板　4—止浆片　5—加强筋　6—隔板

5.1.13　地下连续墙构造要求

1）地下连续墙的转角处或有特殊要求时，单元槽段的平面形状可采用 L 形、T 形等。

2）地下连续墙的混凝土强度等级宜取 C30～C40。地下连续墙用于截水时，墙体混凝土抗渗等级不宜小于 P6。当地下连续墙同时作为主体结构构件时，墙体混凝土抗渗等级应满足《地下工程防水技术规范》（GB 50108—2008）等相关标准要求。

3）地下连续墙的纵向受力钢筋应沿墙身两侧均匀配置，可按内力大小沿墙体纵向分段配置，但通长配置的纵向钢筋不应小于总数的 50%；纵向受力钢筋宜选用 HRB400、HRB500 钢筋，直径不宜小于 16mm，净距不宜小于 75mm。

水平钢筋及构造钢筋宜选用 HPB300 或 HRB400 钢筋，直径不宜小于 12mm，水平钢筋间距宜取 200~400mm。

冠梁按构造设置时，纵向钢筋伸入冠梁的长度宜取冠梁厚度。冠梁按结构受力构件设置时，墙身纵向受力钢筋伸入冠梁的锚固长度应符合《混凝土结构设计规范》（GB 50010—2010）（2015 年版）对钢筋锚固的有关规定。当不能满足锚固长度的要求时，其钢筋末端可采取机械锚固措施。

4）地下连续墙纵向受力钢筋的保护层厚度，在基坑内侧不宜小于 50mm，在基坑外侧不宜小于 70mm。

5）钢筋笼端部与槽段接头之间、钢筋笼端部与相邻墙段混凝土面之间的间隙不应大于 150mm，纵向钢筋下端 500mm 长度范围内宜按 1:10 的斜度向内收口。

6）地下连续墙采用分幅施工，墙顶应设置通长的混凝土冠梁将地下连续墙连接成结构整体。冠梁宽度不宜小于墙厚，高度不宜小于墙厚的 0.6 倍。冠梁宜与地下连续墙迎土面平齐，以避免凿除导墙，用导墙对墙顶以上挡土护坡。

7）地下连续墙墙顶应设置混凝土冠梁，冠梁宽度不宜小于墙厚，高度不宜小于墙厚的 0.6 倍。

5.2　设计实例

5.2.1　设计资料

某深基坑开挖深度（H）13.0m，地质条件见表 5-4，地下水位离地面 1.0m，承压水头绝对标高为 3.0m，埋深约为 4.5m。地面超载 $p = 60kN/m^2$，用水土分算法计算主动土压力和水压力，侧向地层压缩系数 $k_h = 18000kN/m^3$。试选择基坑支护方案，并进行基坑支护结构的设计。

表 5-4　地质条件

类型	地质描述	厚度/m	容重/（kN/m³）	黏聚力/kPa	内摩擦角/（°）
①素填土	黄褐色，由碎石和黏土组成，硬质充填物含量 70%，松散	3	16	11	15
②粉质黏土	淤泥质，灰黑色，可塑，饱和，具有腥臭味，上部含有压入回填土	2	17	15	24
③卵石	灰黄色，饱和，稍密—中密，亚圆形，主要成分为石英岩，粒径 20~80mm，含量 60% 间隙充填有砂土及黏性土	2	18	19	25
④强风化岩	灰黄色，结构大部分破坏，成分显著变化，节理裂隙发育，岩芯呈碎屑状	3	19	23	26
⑤中风化板岩	青灰色，板状构造，板理节理较发育，裂隙面多见黄褐色水锈，岩芯多呈块状，少量短柱状，岩质坚硬	13	20	27	27

5.2.2　支护方案确定

场地周围邻近建筑物较多，必须控制好施工对周围引起的振动和沉降。考虑到该工程开挖深度 13.0m，开挖较深，要保持地铁深基坑支护结构万无一失，需要进入中风化岩。

因此，最佳支护方案是选择地下连续墙围护。

地下连续墙工艺具有如下特点：

1）墙体刚度大，整体性好，因而结构和地基变形都较小，即可用于超深围护结构，也可用于主体结构。

2）适用各种地质条件，对中风化岩层时，钢板桩难以施工，但可采用合适的成槽机械施工的地下连续墙结构。

3）可减少工程施工时对环境的影响，施工时振动少，噪声低，对周围相邻的工程结构和地下管线的影响较低，对沉降和变位较易控制。

4）可进行逆作法施工，有利于加快施工进度，降低造价。

5.2.3 地下连续墙土压力计算

开挖深度 $H = 13.0m$，地面超载 $p = 60kN/m^2$，地下水位离地面 $1.0m$，用水土分算法计算主动土压力和水压力，侧向地层压缩系数 $k_h = 1800kN/m^3$。

（1）计算各截面处的平均物理指标 在地下连续墙深度范围内，由于土的重度、凝聚力、内摩擦角和厚度都各不相同，为了达到计算方便和合理的目的，各指标采用土层厚度的加权平均值来计算。

地下连续墙深度范围内的加权平均重度 γ：

$$\gamma = \frac{\sum \gamma_i h_i}{\sum h_i} = \frac{16 \times 3 + 17 \times 2 + 18 \times 2 + 19 \times 3 + 20 \times 30}{3 + 2 + 2 + 3 + 30} kN/m^3 = 19.375kN/m^3$$

地下连续墙深度范围内的加权平均凝聚力 c：

$$c = \frac{\sum c_i h_i}{\sum h_i} = \frac{11 \times 3 + 15 \times 2 + 19 \times 2 + 23 \times 3 + 27 \times 30}{3 + 2 + 2 + 3 + 30} kPa = 24.5kPa$$

地下连续墙深度范围内的加权平均摩擦角 φ：

$$\varphi = \frac{\sum \varphi_i h_i}{\sum h_i} = \frac{15° \times 3 + 24° \times 2 + 25° \times 2 + 26° \times 3 + 27° \times 30}{3 + 2 + 2 + 3 + 30} = 25.775°$$

（2）计算地下连续墙嵌固深度 由经验公式计算嵌固深度：

$$\frac{D}{H} = \frac{1}{[0.08\delta + 2.33 + 0.00134\gamma H' - 0.051\gamma c^{-0.04}(\tan\varphi)^{-0.54}]^2}$$

$$H' = H + \frac{q}{\gamma}$$

式中 D——墙体嵌固深度（m）；

H——基坑开挖深度（m），本工程 $H = 13.0m$；

δ——容许变形量，根据《建筑基坑支护技术规程》（JGJ 120—2012）确定，$\delta = 0.1H/100$。

$$H' = H + \frac{q}{\gamma} = \left(13.0 + \frac{60}{19.375}\right)m = 16.10m$$

$$\delta = 0.1H/100 = 0.1 \times 13.0m/100 = 0.013m$$

$$D = \frac{H}{[0.08\delta + 2.33 + 0.00134\gamma H' - 0.051\gamma c^{-0.04}(\tan\varphi)^{-0.54}]^2}$$

$$= \frac{13.0}{[0.08 \times 0.013 + 2.33 + 0.00134 \times 19.375 \times 16.1 - 0.051 \times 19.375 \times 24.5^{-0.04} \times (\tan 25.775°)^{-0.54}]^2}m$$

$$= 6.09m$$

为了方便施工，取 $6.50m$，则地下连续墙底至自然地面埋深为 $(13.0 + 6.5)m = 19.5m$。

（3）土层压力计算 利用朗金土压力理论计算土压力，并按地下水位计算水压力。沿墙体长度方向取单位长度，$B = 1.0m$。

主动土压力系数 $K_a = \tan^2\left(45° - \frac{\varphi}{2}\right) = \tan^2\left(45° - \frac{25.775°}{2}\right) = 0.394$

$$\sqrt{K_a} = \tan\left(45° - \frac{\varphi}{2}\right) = \tan\left(45° - \frac{25.775°}{2}\right) = 0.628$$

被动土压力系数　$K_p = \tan^2\left(45° + \frac{\varphi}{2}\right) = \tan^2\left(45° + \frac{25.775°}{2}\right) = 2.539$

$$\sqrt{K_p} = \tan\left(45° + \frac{\varphi}{2}\right) = \tan\left(45° + \frac{25.775°}{2}\right) = 1.593$$

当 $Z = 0$ 时，$p_a = 0$

当 $Z > 0$ 时，$p_a = \sigma_a K_a - 2c\sqrt{K_a} = (\gamma h_i + p) K_a - 2c\sqrt{K_a}$

$Z = 1\text{m}$，$p_a = \left[(19.375 \times 1.0 + 60) \times 0.394 - 2 \times 24.5 \times 0.628\right]\text{kN/m}^2 = 0.5018\text{kN/m}^2$

$Z = 3\text{m}$，$p_a = \{[19.375 \times 1.0 + (19.375 - 10) \times 2.0 + 60] \times 0.394 - 2 \times 24.5 \times 0.628\}\text{kN/m}^2 = 7.889\text{kN/m}^2$

$p = p_a + p_w = (7.889 + 10 \times 2)\text{kN/m}^2 = 27.889\text{kN/m}^2$

$Z = 5\text{m}$，$p_a = \{[19.375 \times 1.0 + (19.375 - 10) \times 4.0 + 60] \times 0.394 - 2 \times 24.5 \times 0.628\}\text{kN/m}^2 = 15.277\text{kN/m}^2$

$p = p_a + p_w = (15.277 + 10 \times 4)\text{kN/m}^2 = 55.277\text{kN/m}^2$

水压力图总斜率 η

$$\eta = 55.277/5 = 11.055$$

地下连续墙厚度800mm，混凝土强度等级 C30，弹性模量 $E_c = 3 \times 10^4 \text{N/mm}^2 = 3 \times 10^6 \text{t/m}^2$

$$I = \frac{bh^3}{12} = \frac{1.0 \times 0.8^3}{12}\text{m}^4 = 0.0427\text{m}^4$$

$$k_h = 18000\text{kN/m}^3，E_s = k_h B = k_h \times 1 = 18000\text{kN/m}^2 = 1800\text{t/m}^2$$

$$\frac{EI}{E_s} = \frac{3 \times 10^6 \times 0.0427}{1800} = 71.1667$$

$$\beta = \sqrt[4]{\frac{E_s}{4EI}} = \sqrt[4]{\frac{1800}{4 \times 3 \times 10^6 \times 0.0427}} = 0.243，\beta^2 = 0.059，\beta^3 = 0.014$$

5.2.4　地下连续墙墙体内力计算

1. 支撑布置

设置三道支撑，钢管支撑，具体的基坑三道支撑位置及开挖深度见表5-5。

表5-5　支撑设置位置及基坑开挖深度　　　　　　　　　　　　　　（单位：m）

支撑序号	支撑离地面的距离	基坑开挖深度
第一道	1.0	5.0
第二道	5.0	9.0
第三道	9.0	13.0

2. 墙体内力计算

按弹性法计算地下连续墙的内力。

（1）第一道支撑　第1阶段开挖深度5m，单支撑设置在离顶面1m处，如图5-24所示。

$N_i = 0$，$h_{ik} = 0$，$h_{kk} = h_{1k} = 4\text{m}$，$h_{0k} = 5\text{m}$，$N_k = N_1$，令 $\delta_1 = 0$，即 $y'|_{x=-4} = 0$，可知 $A_2 = 0$，将 $x = -4$ 代入

$$A_1 = \frac{1}{EI}\left[\frac{x}{2\beta^2} - \frac{1}{6}(h_{kk} + x)^3 + \frac{x}{2}h_{kk}^2 + \frac{x}{\beta}h_{kk} + \frac{h_{kk}^3}{6} - \frac{1}{2\beta^3} - \frac{h_{kk}}{2\beta^2}\right]$$

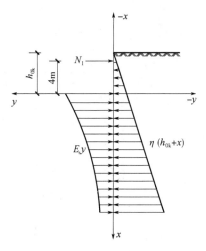

图 5-24　计算简图（一道支撑）

$$= \frac{1}{EI} \left[\frac{-4}{2 \times 0.059} - \frac{1}{6}(4-4x)^3 + \frac{-4}{2} \times 4^2 + \frac{-4}{0.243} \times 4 + \frac{4^3}{6} - \frac{1}{2 \times 0.014} - \frac{4}{2 \times 0.059} \right]$$

$$= -\frac{190.69}{EI}$$

$$A_2 = 0$$

$$A_3 = \frac{1}{EI} \left[\frac{\eta}{120}(h_{0k}+x)^5 + \frac{EI}{E_s}\eta x - \frac{\eta}{24}h_{0k}^4 x - \frac{\eta h_{0k}^2}{4\beta^2}x - \frac{\eta h_{0k}^3}{6\beta}x + \frac{EI}{E_s}\eta h_{0k} - \frac{\eta}{120}h_{0k}^5 + \frac{\eta h_{0k}^2}{4\beta^3} + \frac{\eta h_{0k}^3}{12\beta^2} \right]$$

$$= \frac{11.055}{EI} \left[\frac{1}{120} \times (5-4)^5 + 71.1667 \times (-4) - \frac{1}{24} \times 5^4 \times (-4) - \frac{5^2}{4 \times 0.059} \times (-4) - \frac{5^3}{6 \times 0.243} \times (-4) + \right.$$

$$\left. 71.1667 \times 5 - \frac{1}{120} \times 5^5 + \frac{5^2}{4 \times 0.014} + \frac{5^3}{12 \times 0.059} \right]$$

$$= \frac{11.055 \times 1538.948}{EI} = \frac{17013.07}{EI}$$

$$N_k = \frac{1}{A_1}(y_1 - A_2 - A_3) = N_1 = \frac{-17013.07}{-190.69} kN = 89.22 kN$$

确定第二道支撑预定位置的变位 δ_2（此时以 $x=0$ 代入相应公式）

$$A_1 = \frac{1}{EI} \left[\frac{x}{2\beta^2} - \frac{1}{6}(h_{kk}+x)^3 + \frac{x}{2}h_{kk}^2 + \frac{x}{\beta}h_{kk} + \frac{h_{kk}^3}{6} - \frac{1}{2\beta^3} - \frac{h_{kk}}{2\beta^2} \right]$$

$$= \frac{1}{EI} \left[\frac{0}{2 \times 0.059} - \frac{1}{6}(4-0)^3 + \frac{0}{2} \times 4^2 + \frac{0}{0.243} \times 4 + \frac{4^3}{6} - \frac{1}{2 \times 0.014} - \frac{4}{2 \times 0.059} \right]$$

$$= -\frac{69.61}{EI}$$

$$A_2 = 0$$

$$A_3 = \frac{1}{EI} \left[\frac{\eta}{120}(h_{0k}+x)^5 + \frac{EI}{E_s}\eta x - \frac{\eta}{24}h_{0k}^4 x - \frac{\eta h_{0k}^2}{4\beta^2}x - \frac{\eta h_{0k}^3}{6\beta}x + \frac{EI}{E_s}\eta h_{0k} - \frac{\eta}{120}h_{0k}^5 + \frac{\eta h_{0k}^2}{4\beta^3} + \frac{\eta h_{0k}^3}{12\beta^2} \right]$$

$$= \frac{11.055}{EI} \left[\frac{1}{120} \times (5+0)^5 + 71.1667 \times (0) - \frac{1}{24} \times 5^4 \times (0) - \frac{5^2}{4 \times 0.059} \times (0) - \frac{5^3}{6 \times 0.243} \times (0) + 71.1667 \times \right.$$

$$\left. 5 - \frac{1}{120} \times 5^5 + \frac{5^2}{4 \times 0.014} + \frac{5^3}{12 \times 0.059} \right]$$

$$= \frac{11.055 \times 978.816}{EI} = \frac{10820.81}{EI}$$

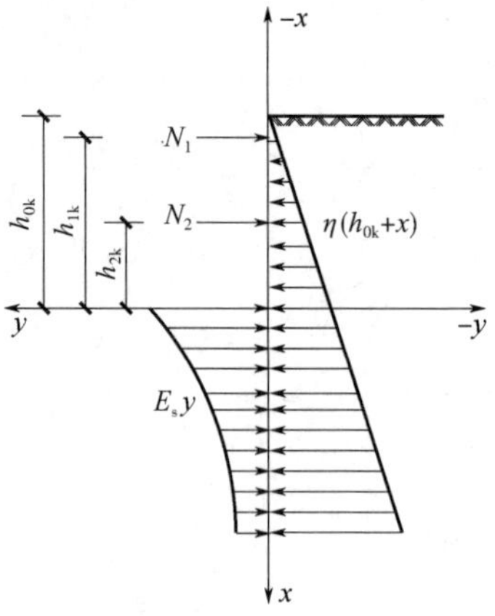

$$\delta_2 = y_1 = N_k A_1 + A_2 + A_3 = 89.22 \times \left(-\frac{69.61}{EI} \right) + 0 + \frac{10820.81}{EI}$$

$$= \frac{4610.206}{EI} = \frac{4610.206}{3 \times 10^7 \times 0.0427} \text{m} = 0.0036 \text{m}$$

$$M_1 = \frac{1}{2} \times 1 \times 0.5018 \times \frac{1}{3} \times 1 \text{kN·m} = 0.084 \text{kN·m}$$

$$M_2 = \left[\frac{1}{2} \times 5 \times (11.055 \times 5) \times \frac{1}{3} \times 5 - 89.22 \times 4 \right] \text{kN·m} = -126.57 \text{kN·m}$$

（2）第二道支撑（图 5-25）　第 2 阶段开挖深度 9m，两道支撑，$N_1 = 89.22 \text{kN}$，$\delta_2 = 0.0036 \text{m}$，$k = 2$，$h_{0k} = 9 \text{m}$，$h_{1k} = 8 \text{m}$，$h_{kk} = h_{2k} = 4 \text{m}$，求 $N_k = N_2$、δ_3。

因 δ_2 在 $x = -4 \text{mm}$，以 $x = -4 \text{mm}$ 代入各式计算

图 5-25　计算简图（二道支撑）

$$A_1 = \frac{1}{EI} \left[\frac{x}{2\beta^2} - \frac{1}{6}(h_{kk} + x)^3 + \frac{x}{2} h_{kk}^2 + \frac{x}{\beta} h_{kk} + \frac{h_{kk}^3}{6} - \frac{1}{2\beta^3} - \frac{h_{kk}}{2\beta^2} \right]$$

$$= \frac{1}{EI} \left[\frac{-4}{2 \times 0.059} - \frac{1}{6}(4 - 4x)^3 + \frac{-4}{2} \times 4^2 + \frac{-4}{0.243} \times 4 + \frac{4^3}{6} - \frac{1}{2 \times 0.014} - \frac{4}{2 \times 0.059} \right]$$

$$= -\frac{190.69}{EI}$$

$$A_2 = \sum_1^{k-1} \frac{N_i}{2EI} h_{ik}^2 x - \sum_1^{k-1} \frac{N_i}{6EI}(h_{ik} + x)^3 + \frac{1}{2\beta^2 EI} \sum_1^{k-1} N_i x + \frac{1}{\beta EI} \sum_1^{k-1} N_i h_{ik} x + \sum_1^{k-1} \frac{N_i}{6EI} h_{ik}^3 - \frac{1}{2\beta^3 EI} \sum_1^{k-1} N_i - \frac{1}{2\beta^2 EI} \sum_1^{k-1} N_i h_{ik}$$

$$= \frac{N_1}{2EI} h_{1k}^2 x - \frac{N_1}{6EI}(h_{1k} + x)^3 + \frac{N_1 x}{2\beta^2 EI} + \frac{N_1 h_{1k} x}{\beta EI} + \frac{N_1}{6EI} h_{1k}^3 - \frac{N_1}{2\beta^3 EI} - \frac{N_1 h_{1k}}{2\beta^2 EI}$$

$$= \frac{89.22}{2EI} \times 8^2 \times (-4) - \frac{89.22}{6EI} \times (8 - 4)^3 + \frac{89.22 \times (-4)}{2 \times 0.059 \times EI} + \frac{89.22 \times 8 \times (-4)}{0.243 EI} + \frac{89.22}{6EI} \times 8^3 -$$

$$\frac{89.22}{2 \times 0.014 \times EI} - \frac{89.22 \times 8}{2 \times 0.059 \times EI}$$

$$= -\frac{28767.18}{EI}$$

$$A_3 = \frac{1}{EI} \left[\frac{\eta}{120}(h_{0k} + x)^5 + \frac{EI}{E_s} \eta x - \frac{\eta}{24} h_{0k}^4 x - \frac{\eta h_{0k}^2}{4\beta^2} x - \frac{\eta h_{0k}^3}{6\beta} x + \frac{EI}{E_s} \eta h_{0k} - \frac{\eta}{120} h_{0k}^5 + \frac{\eta h_{0k}^2}{4\beta^3} + \frac{\eta h_{0k}^3}{12\beta^2} \right]$$

$$= \frac{11.055}{EI} \left[\frac{1}{120} \times (9 - 4)^5 + 71.1667 \times (-4) - \frac{1}{24} \times 9^4 \times (-4) - \frac{9^2}{4 \times 0.059} \times \right.$$

$$\left. (-4) - \frac{9^3}{6 \times 0.243} \times (-4) + 71.1667 \times 9 - \frac{1}{120} \times 9^5 + \frac{9^2}{4 \times 0.014} + \frac{9^3}{12 \times 0.059} \right] = \frac{75530.76}{EI}$$

$$N_k = \frac{1}{A_1}(\delta_2 - A_2 - A_3) = N_2 = -\frac{EI}{190.69} \left(\frac{4610.206}{EI} + \frac{28767.18}{EI} - \frac{75530.76}{EI} \right) \text{kN} = 221.06 \text{kN}$$

用下式计算第三道支撑预定位置的变位 δ_3（此时以 $x = 0$ 代入各式）

$$A_1 = \frac{1}{EI} \left[\frac{x}{2\beta^2} - \frac{1}{6}(h_{kk} + x)^3 + \frac{x}{2} h_{kk}^2 + \frac{x}{\beta} h_{kk} + \frac{h_{kk}^3}{6} - \frac{1}{2\beta^3} - \frac{h_{kk}}{2\beta^2} \right]$$

$$= \frac{1}{EI} \left[-\frac{1}{6} \times (4 - 0)^3 + \frac{4^3}{6} - \frac{1}{2 \times 0.014} - \frac{4}{2 \times 0.059} \right]$$

$$= -\frac{69.61}{EI}$$

$$A_2 = \frac{N_1}{2EI}h_{1k}^2 x - \frac{N_1}{6EI}(h_{1k} + x)^3 + \frac{N_1 x}{2\beta^2 EI} + \frac{N_1 h_{1k} x}{\beta EI} + \frac{N_1}{6EI}h_{1k}^3 - \frac{N_1}{2\beta^3 EI} - \frac{N_1 h_{1k}}{2\beta^2 EI}$$

$$= -\frac{N_1}{2\beta^3 EI} - \frac{N_1 h_{1k}}{2\beta^2 EI} = -\frac{89.22}{2 \times 0.014 \times EI} - \frac{-89.22 \times 8}{2 \times 0.059 \times EI} = -\frac{9235.24}{EI}$$

$$A_3 = \frac{1}{EI}\left[\frac{\eta}{120}(h_{0k} + x)^5 + \frac{EI}{E_s}\eta x - \frac{\eta}{24}h_{0k}^4 x - \frac{\eta h_{0k}^2}{4\beta^2}x - \frac{\eta h_{0k}^3}{6\beta}x + \frac{EI}{E_s}\eta h_{0k} - \frac{\eta}{120}h_{0k}^5 + \frac{\eta h_{0k}^2}{4\beta^3} + \frac{\eta h_{0k}^3}{12\beta^2}\right]$$

$$= \frac{1}{EI}\left[\frac{\eta}{120}(h_{0k} + x)^5 + \frac{EI}{E_s}\eta h_{0k} - \frac{\eta}{120}h_{0k}^5 + \frac{\eta h_{0k}^2}{4\beta^3} + \frac{\eta h_{0k}^3}{12\beta^2}\right]$$

$$= \frac{11.055}{EI}\left[\frac{1}{120} \times (9 + 0)^5 + 71.1667 \times 9 - \frac{1}{120} \times 9^5 + \frac{9^2}{4 \times 0.014} + \frac{9^3}{12 \times 0.059}\right]$$

$$= \frac{11.055 \times 3116.59}{EI} = \frac{34453.90}{EI}$$

$$\delta_3 = y_2 = N_k A_1 + A_2 + A_3 = 221.06 \times \left(-\frac{69.62}{EI}\right) + \left(-\frac{9235.24}{EI}\right) + \frac{34453.90}{EI}$$

$$= \frac{9830.67}{EI} = \frac{9830.67}{3 \times 10^7 \times 0.0427}\text{m} = 0.0077\text{m}$$

$$M_3 = \left[\frac{1}{2} \times 9 \times (11.055 \times 9) \times \frac{1}{3} \times 9 - 89.22 \times 8 - 221.06 \times 4\right]\text{kN·m}$$

$$= -253.06\text{kN·m}$$

（3）第三道支撑（图 5-26）　第 3 阶段开挖，深度 13m，三道支撑，$N_1 = 89.22$kN，$N_2 = 221.06$kN，$\delta_3 = \frac{9830.67}{EI}$，$k = 3$，$h_{0k} = 13$m，$h_{1k} = 12$m，$h_{2k} = 8$m，$h_{kk} = h_{3k} = 4$m，求 $N_k = N_3$、δ_4。

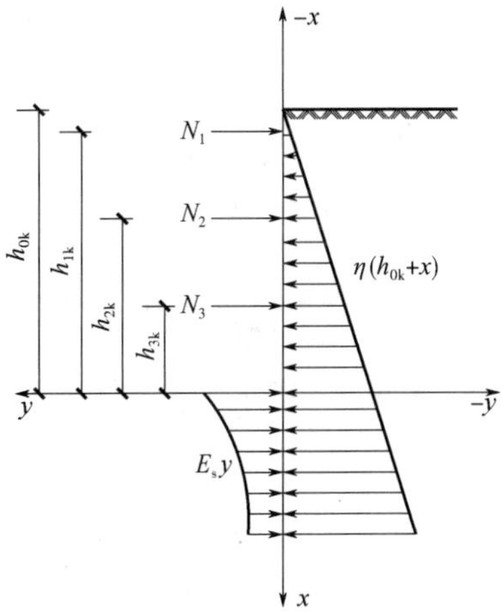

因 δ_3 在 $x = -4$mm，以 $x = -4$mm 代入各式计算

$$A_1 = \frac{1}{EI}\left[\frac{x}{2\beta^2} - \frac{1}{6}(h_{kk} + x)^3 + \frac{x}{2}h_{kk}^2 + \frac{x}{\beta}h_{kk} + \frac{h_{kk}^3}{6} - \frac{1}{2\beta^3} - \frac{h_{kk}}{2\beta^2}\right]$$

$$= \frac{1}{EI}\left[\frac{-4}{2 \times 0.059} - \frac{1}{6}(4 - 4x)^3 + \frac{-4}{2} \times 4^2 + \frac{-4}{0.243} \times 4 + \frac{4^3}{6} - \frac{1}{2 \times 0.014} - \frac{4}{2 \times 0.059}\right]$$

$$= -\frac{190.69}{EI}$$

图 5-26　计算简图（三道支撑）

$$A_2 = \sum_1^{k-1}\frac{N_i}{2EI}h_{ik}^2 x - \sum_1^{k-1}\frac{N_i}{6EI}(h_{ik} + x)^3 + \frac{1}{2\beta^2 EI}\sum_1^{k-1}N_i x + \frac{1}{\beta EI}\sum_1^{k-1}N_i h_{ik} x + \sum_1^{k-1}\frac{N_i}{6EI}h_{ik}^3 - \frac{1}{2\beta^3 EI}\sum_1^{k-1}N_i - \frac{1}{2\beta^2 EI}\sum_1^{k-1}N_i h_{ik}$$

$$= \frac{N_1}{2EI}h_{1k}^2 x + \frac{N_2}{2EI}h_{2k}^2 x - \frac{N_1}{6EI}(h_{1k} + x)^3 - \frac{N_2}{6EI}(h_{2k} + x)^3 + \frac{N_1 x}{2\beta^2 EI} + \frac{N_2 x}{2\beta^2 EI} +$$

$$\frac{N_1 h_{1k} x}{\beta EI} + \frac{N_2 h_{2k} x}{\beta EI} + \frac{N_1}{6EI}h_{1k}^3 + \frac{N_2}{6EI}h_{2k}^3 - \frac{N_1}{2\beta^3 EI} - \frac{N_2}{2\beta^3 EI} - \frac{N_1 h_{1k}}{2\beta^2 EI} - \frac{N_2 h_{2k}}{2\beta^2 EI}$$

$$= \frac{89.22}{2EI} \times 12^2 \times (-4) + \frac{221.06}{2EI}8^2 \times (-4) - \frac{89.22}{6EI} \times (12 - 4)^3 - \frac{221.06}{6EI} \times (8 - 4)^3 +$$

$$\frac{89.22 \times (-4)}{2 \times 0.059 \times EI} + \frac{221.06 \times (-4)}{2 \times 0.059 \times EI} + \frac{89.22 \times 12 \times (-4)}{0.243EI} + \frac{221.06 \times 8 \times (-4)}{0.243EI} + \frac{89.22}{6EI} \times 12^3 +$$

$$\frac{221.06}{6EI} \times 8^3 - \frac{89.22}{2 \times 0.014EI} - \frac{221.06}{2 \times 0.014EI} - \frac{89.22 \times 12}{2 \times 0.059EI} - \frac{221.06 \times 8}{2 \times 0.059EI} = -\frac{111797.53}{EI}$$

$$A_3 = \frac{1}{EI}\left[\frac{\eta}{120}(h_{0k}+x)^5 + \frac{EI}{E_s}\eta x - \frac{\eta}{24}h_{0k}^4 x - \frac{\eta h_{0k}^2}{4\beta^2}x - \frac{\eta h_{0k}^3}{6\beta}x + \frac{EI}{E_s}\eta h_{0k} - \frac{\eta}{120}h_{0k}^5 + \frac{\eta h_{0k}^2}{4\beta^3} + \frac{\eta h_{0k}^3}{12\beta^2}\right]$$

$$= \frac{11.055}{EI}\left[\frac{1}{120}\times(13-4)^5 + 71.1667\times(-4) - \frac{1}{24}\times13^4\times(-4) - \frac{13^2}{4\times0.059}\times\right.$$

$$\left.(-4) - \frac{13^3}{6\times0.243}\times(-4) + 71.1667\times13 - \frac{1}{120}\times13^5 + \frac{13^2}{4\times0.014} + \frac{13^3}{12\times0.059}\right]$$

$$= \frac{196905.47}{EI}$$

$$N_k = \frac{1}{A_1}(\delta_3 - A_2 - A_3) = N_3 = -\frac{EI}{190.69}\times\left(\frac{9830.67}{EI} + \frac{111797.53}{EI} - \frac{196905.47}{EI}\right) = 394.76\text{kN}$$

用下式计算第四道支撑预定位置的变位 δ_4（此时以 $x=0$ 代入各式）

$$A_1 = \frac{1}{EI}\left[\frac{x}{2\beta^2} - \frac{1}{6}(h_{kk}+x)^3 + \frac{x}{2}h_{kk}^2 + \frac{x}{\beta}h_{kk} + \frac{h_{kk}^3}{6} - \frac{1}{2\beta^3} - \frac{h_{kk}}{2\beta^2}\right]$$

$$= \frac{1}{EI}\left[-\frac{1}{6}\times(4-0)^3 + \frac{4^3}{6} - \frac{1}{2\times0.014} - \frac{4}{2\times0.059}\right]$$

$$= -\frac{69.61}{EI}$$

$$A_2 = \sum_1^{k-1}\frac{N_i}{2EI}h_{ik}^2 x - \sum_1^{k-1}\frac{N_i}{6EI}(h_{ik}+x)^3 + \frac{1}{2\beta^2 EI}\sum_1^{k-1}N_i x + \frac{1}{\beta EI}\sum_1^{k-1}N_i h_{ik} x + \sum_1^{k-1}\frac{N_i}{6EI}h_{ik}^3 - \frac{1}{2\beta^3 EI}\sum_1^{k-1}N_i - \frac{1}{2\beta^2 EI}\sum_1^{k-1}N_i h_{ik}$$

$$= \frac{N_1}{2EI}h_{1k}^2 x + \frac{N_2}{2EI}h_{2k}^2 x - \frac{N_1}{6EI}(h_{1k}+x)^3 - \frac{N_2}{6EI}(h_{2k}+x)^3 + \frac{N_1 x}{2\beta^2 EI} + \frac{N_2 x}{2\beta^2 EI} +$$

$$\frac{N_1 h_{1k} x}{\beta EI} + \frac{N_2 h_{2k} x}{\beta EI} + \frac{N_1}{6EI}h_{1k}^3 + \frac{N_2}{6EI}h_{2k}^3 - \frac{N_1}{2\beta^3 EI} - \frac{N_2}{2\beta^3 EI} - \frac{N_1 h_{1k}}{2\beta^2 EI} - \frac{N_2 h_{2k}}{2\beta^2 EI}$$

$$= -\frac{N_1}{6EI}(h_{1k}+x)^3 - \frac{N_2}{6EI}(h_{2k}+x)^3 + \frac{N_1}{6EI}h_{1k}^3 + \frac{N_2}{6EI}h_{2k}^3 - \frac{N_1}{2\beta^3 EI} - \frac{N_2}{2\beta^3 EI} - \frac{N_1 h_{1k}}{2\beta^2 EI} - \frac{N_2 h_{2k}}{2\beta^2 EI}$$

$$= -\frac{89.22}{6EI}\times(12)^3 - \frac{221.06}{6EI}\times(8)^3 + \frac{89.22}{6EI}\times12^3 + \frac{221.06}{6EI}\times8^3 - \frac{89.22}{2\times0.014\times EI} - \frac{221.06}{2\times0.014\times EI} -$$

$$\frac{89.22\times12}{2\times0.059\times EI} - \frac{221.06\times8}{2\times0.059\times EI}$$

$$= -\frac{35141.77}{EI}$$

$$A_3 = \frac{1}{EI}\left[\frac{\eta}{120}(h_{0k}+x)^5 + \frac{EI}{E_s}\eta x - \frac{\eta}{24}h_{0k}^4 x - \frac{\eta h_{0k}^2}{4\beta^2}x - \frac{\eta h_{0k}^3}{6\beta}x + \frac{EI}{E_s}\eta h_{0k} - \frac{\eta}{120}h_{0k}^5 + \frac{\eta h_{0k}^2}{4\beta^3} + \frac{\eta h_{0k}^3}{12\beta^2}\right]$$

$$= \frac{\eta}{EI}\left[\frac{1}{120}(h_{0k}+x)^5 + \frac{EI}{E_s}h_{0k} - \frac{1}{120}h_{0k}^5 + \frac{h_{0k}^2}{4\beta^3} + \frac{h_{0k}^3}{12\beta^2}\right]$$

$$= \frac{11.055}{EI}\times\left[\frac{1}{120}\times(13)^5 + 71.1667\times13 - \frac{1}{120}\times13^5 + \frac{13^2}{4\times0.014} + \frac{13^3}{12\times0.059}\right]$$

$$= \frac{77895.0}{EI}$$

$$\delta_4 = y_3 = N_k A_1 + A_2 + A_3 = 394.76\times\left(-\frac{69.61}{EI}\right) + \left(-\frac{35141.77}{EI}\right) + \frac{77895.0}{EI}$$

$$= \frac{15273.99}{EI} = \frac{15273.99}{3\times10^7\times0.0427}\text{m} = 0.012\text{m}$$

$$M_4 = \left[\frac{1}{2}\times13\times(11.055\times13)\times\frac{1}{3}\times13 - 89.22\times12 - 221.06\times8 - 394.76\times4\right]\text{kN}\cdot\text{m} = -370.19\text{kN}\cdot\text{m}$$

地下连续墙弯矩图如图 5-27 所示。

3. 计算地下连续墙嵌固深度

圆弧滑动稳定性验算时，不考虑支撑力的影响，抗剪强度取峰值，可采用瑞典条分法；一般最危险滑动面在墙底下 0.5~1.0m，滑动面的圆心一般在坑壁面的下方，靠坑内侧附近，按下式计算：

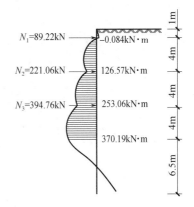

$$K_s = \frac{\sum_{i=1}^{n} c_i l_i + \sum_{i=1}^{n} (q_i b_i + w_i) \cos\theta_i \tan\varphi_i}{\sum_{i=1}^{n} (q_i b_i + w_i) \sin\theta}$$

式中　K_s——圆弧滑动稳定性安全系数，其值不应小于 1.3；

图 5-27　地下连续墙弯矩图

c_i、φ_i——第 i 土条圆弧面经过的土的黏聚力（kPa）和内摩擦角（°）；

θ_i——第 i 土条圆弧滑动面中点的切线与水平线的夹角（°）；

l_i——第 i 土条沿圆弧面的弧长（m）；

q_i——第 i 土条处的地面荷载（kPa）；

b_i——第 i 土条宽度（m）；

w_i——第 i 土条重量（kN/m）。

根据瑞典条分法，按比例绘出该基坑的截面图（图 5-28），垂直截面方向取 1m 长度进行计算。任意取滑动圆弧的圆心，取半径 $r = 17$m，取土条宽度 $b = 0.1r = 1.7$m，共分 17 条。

计算各土条的重量 $w_i = b_i \times h_i \times 1 \times \gamma$，其中 h_i 为各土条的中间高度，可按比例从图 5-25 中量出，本设计中 -6 号土条的宽度与 b 不同，因此要换算成同面积及宽度 b 时的高度，换算时土条 -6 和 10 号可视为三角形，得到土条高度见表 5-6。

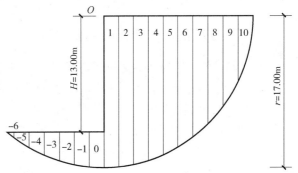

图 5-28　基坑整体稳定性验算示意图

表 5-6　整体稳定性安全系数计算表

分条号	θ_i/（°）	h_i/m	$w_i = b_i h_i \gamma$	$c_i l_i$	$(q_i b_i + w_i) \sin\theta_i$	$(q_i b_i + w_i) \cos\theta_i \tan\varphi_i$
10	72	2.655	87.5619	133.1318278	180.284079	27.5646445
9	58	8.96	295.5008	77.63446555	337.099793	99.1212287
8	49	11.24	370.6952	62.70777093	356.747591	145.929491
7	41	12.92	426.1016	54.51103397	346.465818	187.549668
6	33	14.20	468.316	49.05382555	310.616351	225.074301
5	27	15.18	500.6364	46.17250123	273.591196	252.670882
4	20	15.92	525.0416	43.78027346	214.460854	277.268876
3	14	16.46	542.8508	42.39944467	156.003525	294.430171
2	9	16.81	554.3938	41.65281526	102.682611	305.072701
1	3	16.98	560.0004	41.19645831	34.6464234	311.086818
0	-3	3.96	130.6008	41.19645831	-12.173358	109.303624
-1	-9	3.81	125.6283	41.65281526	-35.6129	105.806849

（续）

分条号	$\theta_i/(°)$	h_i/m	$w_i=b_ih_i\gamma$	c_il_i	$(q_ib_i+w_i)\sin\theta_i$	$(q_ib_i+w_i)\cos\theta_i\tan\varphi_i$
-2	-14	3.46	114.1108	42.3944467	-52.281934	98.6732743
-3	-20	2.92	96.3016	43.78027346	-67.823141	87.9105589
-4	-27	2.18	71.8946	46.17250123	-78.947312	72.9105589
-5	-33	1.2	39.576	49.05382555	-77.107815	55.872743
-6	-38	0.068	2.24264	52.20740891	-64.178177	38.6541831
合计				908.7031441	1924.47358	2694.67616

$$K_s = \frac{\sum_{i=1}^{n}c_il_i + \sum_{i=1}^{n}(q_ib_i+w_i)\cos\theta_i\tan\varphi_i}{\sum_{i=1}^{n}(q_ib_i+w_i)\sin\theta} = \frac{908.7031441+2694.67616}{1924.47358} = 1.872 > 1.3$$

满足整体稳定性要求。

以上是滑动圆心位于 O 点的计算结果，实际上 O 点不一定为最危险的滑动圆心，K_z 值不一定为最小稳定安全系数，因此实际工程应试算，找出最危险的滑裂面。

5.2.5　基坑底部土体的抗隆起稳定性验算

在对围护结构地基承载力进行验算时，不考虑围护结构以上土体的抗剪强度对抗隆起的影响，按普朗德尔地基极限承载力公式计算，并假定围护结构（地墙）底的平面为基准面，根据相关规范可知，抗隆起安全系数为（图5-29）

$$\frac{\gamma_{m2}DN_q + cN_c}{\gamma_{m1}(h+G) + q_0} \geq K_b$$

$$N_q = \tan^2\left(45° + \frac{\varphi}{2}\right)e^{\pi\tan\varphi}$$

$$N_c = (N_q - 1)/\tan\varphi$$

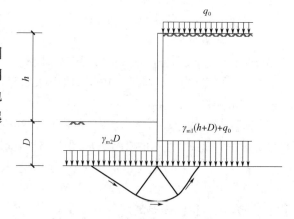

图5-29　挡土构件底端平面以下土的抗隆起稳定验算

式中　K_b——抗隆起安全系数，安全等级为一级、二级、三级的支护结构，K_{he} 分别不应小于1.8、1.6和1.4；

γ_{m1}——基坑内挡土构件地面以上土的重度（kN/m³），对地下水位以下的砂土、碎石土、粉土取浮容重，对多层土取各层土按厚度加权的平均重度；

γ_{m2}——基坑内挡土构件地面以上土的重度（kN/m³），对地下水位以下的砂土、碎石土、粉土取浮容重，对多层土取各层土按厚度加权的平均重度；

D——基坑地面至挡土构件底面的土层厚度（m）；

h——基坑深度（m）；

q_0——地面均布荷载（kPa）；

N_q、N_c——承载力系数；

c、φ——挡土构件底面以下土的黏聚力（kPa）、内摩擦角（°）。

连续墙底面以下土的黏聚力 $c=27$kPa，内摩擦角 $\varphi=27°$

$$N_q = \tan^2\left(45° + \frac{\varphi}{2}\right)e^{\pi\tan\varphi} = \tan^2\left(45 + \frac{27}{2}\right) \times e^{\pi\times\tan27°} = 13.20$$

$$N_c = \frac{N_q - 1}{\tan\varphi} = \frac{13.2 - 1}{\tan27°} = 23.94$$

$$\gamma_{m1} = 19.375 \text{kN/m}^3, \quad \gamma_{m2} = 20 \text{kN/m}^3, \quad q_0 = 60 \text{kPa}$$

$$K_b = \frac{\gamma_{m2} D N_q + c N_c}{\gamma_{m1}(h + G) + q_0} = \frac{20 \times 4 \times 13.2 + 27 \times 23.94}{19.375 \times (13 + 4) + 60} = 4.37 > 1.6(\text{二级基坑})$$

满足要求，即基坑底部土体不会发生隆起现象。

5.2.6 基坑底土突涌稳定性验算

本工程基坑开挖深度较大，需进行坑底抗渗流稳定性验算以评判承压水含水层的顶托力对基坑底板稳定性的影响，防止高水头承压水从最不利点产生突涌，对基坑造成危害。

本工程勘察报告承压水头绝对标高为 3.0m，埋深约为 4.5m。坑底面的抗渗流稳定性可按下式进行验算（图 5-30）：

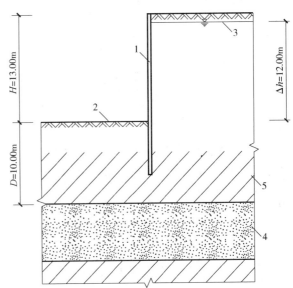

$$\frac{D\gamma}{(\Delta h + D)\gamma_w} \geqslant K_h$$

式中　K_h——突涌稳定性安全系数，K_{ty} 不应小于 1.1；

　　　　D——承压水含水层顶面至坑底的土层厚度（m）；

　　　　γ——承压水含水层顶面至坑底土层的天然重度（kN/m³），对成层土，取按土层厚度加权的平均天然重度；

　　　　Δh——基坑内外的水头差（m）；

　　　　γ_w——水的重度（kN/m³），取 $\gamma_w = 10 \text{kN/m}^3$。

图 5-30　基坑土体的突涌稳定性验算
1—截水帷幕　2—基底　3—承压水测管水位
4—承压水含水层　5—隔水层

根据地质报告，$D = 10\text{m}$，$\gamma = 20 \text{kN/m}^3$，取 $K_h = 1.2$，则

$$\Delta h \leqslant \frac{D\gamma}{K_h \gamma_w} - D = \frac{10 \times 20}{1.2 \times 10 \gamma_w} - 10 = 6.7\text{m}$$

实际 $\Delta h = 12\text{m}$，因此需要降水，降低水位在距离基坑地表处 6.7m 以下，此时突涌稳定性安全系数 K_{ty} 值均大于允许值，能够保证本工程基坑不会发生突涌破坏现象。

5.2.7 地下连续墙截面配筋计算

（1）截面抗弯计算　地下连续墙厚度 $h = 800\text{mm}$，$a_s = 50\text{mm}$，混凝土强度等级 C30（$f_c = 14.3 \text{MPa}$、$f_t = 1.43 \text{MPa}$），受力钢筋 HRB335 级（$f_y = f'_y = 300 \text{MPa}$）

1）墙体配筋计算。墙开挖侧最大弯矩 $M_d = \gamma_F M_k = 1.25 \times 370.19 \text{kN} \cdot \text{m} = 462.74 \text{kN} \cdot \text{m}$

$$h_0 = h - a_s = (800 - 50)\text{mm} = 750\text{mm}, \quad b = 1000\text{mm}, \quad \alpha_1 = 1.0$$

$$\alpha_s = \frac{M}{\alpha_1 f_c b h_0^2} = \frac{462.74 \times 10^6}{1.0 \times 14.3 \times 1000 \times 750^2} = 0.0575$$

$$\xi = 1 - \sqrt{1 - 2\alpha_s} = 1 - \sqrt{1 - 2 \times 0.0575} = 0.0593$$

$$A_s = \frac{\alpha_1 f_c b \xi h_0}{f_y} = \frac{1.0 \times 14.3 \times 1000 \times 0.0593 \times 750}{300} \text{mm}^2 = 2120.0 \text{mm}^2$$

实配直径 20mm 的 HRB335 级钢筋 9 根（$A_s = 2827.43 \text{mm}^2$）

配筋率 $\rho = \dfrac{A_s}{bh_0} = \dfrac{2827.43}{1000 \times 750} \times 100\% = 0.377\% > 45\dfrac{f_t}{f_y}\% = 0.215\%$ ，满足要求。

按墙体内力计算弯矩包络图确定最大弯矩配筋范围，以及沿墙体深度分段调整配筋数量，使得用钢量最小。

2）墙迎土侧配筋计算。

$$M_d = \gamma_F M_k = 1.25 \times 0.084 \text{kN} \cdot \text{m} = 0.105 \text{kN} \cdot \text{m}$$

$$h_0 = h - a_s = (800 - 50)\text{mm} = 750\text{mm}, \quad b = 1000\text{mm}, \quad \alpha_1 = 1.0$$

$$\alpha_s = \frac{M}{\alpha_1 f_c bh_0^2} = \frac{0.105 \times 10^6}{1.0 \times 14.3 \times 1000 \times 750^2} = 1.305 \times 10^{-5}$$

$$\xi = 1 - \sqrt{1 - 2\alpha_s} = 1 - \sqrt{1 - 2 \times 1.305 \times 10^{-5}} = 1.305 \times 10^{-5}$$

$$A_s = \frac{\alpha_1 f_c b\xi h_0}{f_y} = \frac{1.0 \times 14.3 \times 1000 \times 1.305 \times 10^{-5} \times 750}{300}\text{mm}^2 = 0.467\text{mm}^2$$

$$< \left(45\frac{f_t}{f_y}\%\right)bh_0 = 1397.5\text{mm}^2$$

实配直径 16mm 钢筋 9 根（$A_s = 1809.56\text{mm}^2$）

（2）截面抗剪计算　经计算比较可知，在第二道支撑下沿截面处的剪力最大为

$$V = \left[89.22 + 221.06 - \frac{1}{2} \times (19.375 \times 5) \times 5\right]\text{kN} = 68.09\text{kN}$$

$$\frac{h_w}{b} = \frac{800 - 50}{1000} = 0.85 < 4(\text{属于厚腹梁})$$

$$0.25\beta_1 f_c bh_0 = 0.25 \times 1.0 \times 14.3 \times 1000 \times 750\text{kN} = 2681.25\text{kN} > V = 68.09\text{kN}(\text{满足要求})$$

$$0.7f_t bh_0 = 0.7 \times 1.43 \times 1000 \times 750\text{kN} = 750.75\text{kN} > V = 68.09\text{kN}$$

因此，可以按构造配置箍筋，即箍筋为 $\phi 16@300$

$$\rho_{sv} = \frac{nA_{sv1}}{bs} = \frac{4 \times 201}{1000 \times 300} \times 100\% = 0.268\% > 0.24\frac{f_t}{f_{yv}} = 0.24 \times \frac{1.43}{270} \times 100\% = 0.127\%$$

经计算各个区段处的最大剪力都相差不大，所以其余区段的箍筋均可按构造进行配箍。

截面配筋如图 5-31 所示。

5.2.8　钢支撑设计验算

本基坑初步采用钢支撑作为水平支撑，三道支撑中轴力最大的为第三道支撑（轴力为 394.76kN/m）。故取第三道支撑进行设计验算。参照国内通常做法，采用 $\phi 609 \times 16$ 钢管，同时根据《建筑基坑支护技术规程》（JGJ 120—2012）对支撑的相关规定，合理布置支撑，将标准段地

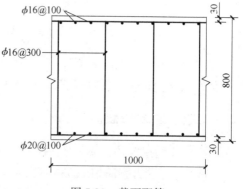

图 5-31　截面配筋

下连续墙幅宽定为 5.5m，每幅地下连续墙应施加两道支撑，所以实际轴力设计值 $N = 1.25 \times 394.76 \times 5.5 \times 0.5\text{kN} = 1356.99\text{kN}$。地下连续墙宽度为 12m，计算长度取 $l_0 = 0.8 \times 12\text{m} = 9.6\text{m}$。

（1）钢支撑的强度验算　$\phi 609 \times 16$ 钢管的截面参数：

面积　　　$A_n = \dfrac{\pi}{4}(D^2 - d^2) = \dfrac{\pi}{4}(609^2 - 577^2)\text{mm}^2 = 29807.43\text{mm}^2$

惯性矩　　$I = \dfrac{\pi}{64}(D^4 - d^4) = \dfrac{\pi}{64} \times (609^4 - 577^4)\text{mm}^4 = 1311.2 \times 10^6\text{mm}^4$

对 x 轴净截面模量：$W = \dfrac{\pi}{32}(D^3 - d^3) = \dfrac{\pi}{32} \times (609^3 - 577^3)\text{mm}^3 = 3.315 \times 10^6\text{mm}^3$

净截面模量 $W_{nx} = \dfrac{I}{D/2} = \dfrac{1311.2 \times 10^6}{609/2} \text{mm}^3 = 4.3 \times 10^6 \text{mm}^3$

回转半径 $i = \sqrt{\dfrac{I}{A}} = \sqrt{\dfrac{1311.2 \times 10^6}{29807.43}} \text{mm} = 209.74 \text{mm}$

支撑每米重量 $g = A\gamma_s = 29807.43 \times 10^{-6} \times 78.5 \text{kN/m} = 2.34 \text{kN/m}$

由支撑自重产生的弯矩 $M_1 = \dfrac{1}{16} g l_0^2 = \dfrac{1}{16} \times 2.34 \times 9.6^2 \text{kN·m} = 13.48 \text{kN·m}$

《建筑基坑支护技术规程》（JGJ 120—2012）第 4.9.7 条规定，支撑承载力计算应考虑施工偏心误差的影响，偏心距取值不宜小于支撑计算长度的 1/1000，且对混凝土支撑不宜小于 20mm，对钢结构支撑不宜小于 40mm。

由于偏心产生的弯矩，偏心距 $e = \dfrac{l_0}{1000} = 0.0096 \text{m} < 0.040 \text{m}$，取 0.040m

$$M_2 = Ne = 1356.99 \times 0.040 \text{kN·m} = 54.28 \text{kN·m}$$

$$M = M_1 + M_2 = (1.2 \times 13.48 + 54.28) \text{kN·m} = 70.46 \text{kN·m}$$

计算模型为压弯构件，根据《钢结构设计标准》（GB 50017—2017），压弯构件承载力力应满足下式要求：

$$\frac{N}{A_n} + \frac{M}{\gamma_x W_{nx}} \leqslant f$$

式中 A_n——净截面面积；

$\quad\quad W_{nx}$——对 x 轴的净截面模量；

$\quad\quad \gamma_x$——截面塑性发展系数，取 $\gamma_x = 1.15$；

$\quad\quad f$——钢材的抗拉、抗压和抗弯强度设计值，Q235 钢取 $f = 215 \text{MPa}$。

$$\frac{N}{A_n} + \frac{M}{\gamma_x W_{nx}} = \left(\frac{1356.99 \times 10^3}{29807.43} + \frac{70.46 \times 10^6}{1.15 \times 4.3 \times 10^6} \right) \text{MPa} = 59.77 \text{MPa} < f = 215 \text{MPa}$$

（2）钢管支撑的整体稳定性验算

$$\frac{N}{\varphi_x A} + \frac{\beta_{mx} M_x}{\gamma_x W_{1x} \left(1 - 0.8 \dfrac{N}{N'_{Ex}} \right)} \leqslant f$$

$$N'_{Ex} = \frac{\pi E A}{1.1 \lambda_x^2}$$

式中 φ_x——弯矩作用平面内轴心受压构件的稳定系数；

$\quad\quad \beta_{mx}$——等效弯矩系数；

$\quad\quad N_{Ex}$——参数；

$\quad\quad \lambda_x$——杆件的长细比；

其余符号含义同前。

$$\lambda_x = \frac{l_0}{i} = \frac{9600}{209.74} = 45.77 < [\lambda] = 150$$

《建筑基坑支护技术规程》（JGJ 120—2012）第 4.9.14 条规定，钢支撑受压杆件的长细比不应大于 150，受拉构件长细比不应大于 200。

根据 λ_x 值查《钢结构设计标准》（GB 50017—2017）附录 D，表 D.0.1（a 类截面），并线性插入可得：

$$\varphi_x = 0.927 + \frac{46 - 45.77}{46 - 45} \times (0.929 - 0.927) = 0.9275$$

$$N'_{Ex} = \frac{\pi^2 EA}{1.1\lambda_x^2} = \frac{\pi^2 \times 2.06 \times 10^5 \times 29807.43}{1.1 \times 46^2} N = 2.6 \times 10^7 N$$

$N = 1356.99kN$，$\varphi_x = 0.9275$，$A = 29807.43mm^2$，$\beta_{mx} = 1.0$，$M = 70.46kNm$，$\gamma_x = 1.15$，$W_{1x} = 3.315 \times 10^6 mm^3$

$$\frac{N}{\varphi_x A} + \frac{\beta_{mx} M_x}{\gamma_x W_{1x}\left(1 - 0.8\frac{N}{N'_{Ex}}\right)} = \left[\frac{1356.99 \times 10^3}{0.9275 \times 29807.43} + \frac{1.0 \times 70.46 \times 10^6}{1.15 \times 3.315 \times 10^6 \times \left(1 - 0.8 \times \frac{1356.99 \times 10^3}{2.6 \times 10^7}\right)}\right] MPa$$

$$= 68.372MPa < f = 215MPa$$

所以，整体稳定性满足要求。

思 考 题

[5-1] 单项选择题

(1) 一般情况，在软土地质条件下基坑开挖深度大于（　　）m 时，可采用地下连续墙。

　　A. 10　　　　　　　　B. 15　　　　　　　　C. 17　　　　　　　　D. 13

(2) 导墙内的泥浆液面始终保持在导墙面以下（　　）cm。

　　A. 10　　　　　　　　B. 20　　　　　　　　C. 30　　　　　　　　D. 40

(3) 导墙混凝土强度等级一般采用（　　）。

　　A. C20　　　　　　　B. C25　　　　　　　C. C30　　　　　　　D. C35

(4) 导墙顶面应高于地面（　　）mm。

　　A. 400　　　　　　　B. 300　　　　　　　C. 200　　　　　　　D. 10

(5) 地下连续墙墙面的倾斜度不宜大于（　　）。

　　A. 1/150　　　　　　B. 1/200　　　　　　C. 1/250　　　　　　D. 1/300

[5-2] 解释术语：地下连续墙、导墙。

[5-3] 地下连续墙有哪些优缺点？

[5-4] 哪些情况下基坑宜采用地下连续墙支护结构？

[5-5] 地下连续墙设计计算的主要内容有哪些？

[5-6] 施工地下连续墙时，应进行哪些承载力验算？

[5-7] 试分析墙体变位与基坑深度比（δ/H）与土压力取值的关系。

[5-8] 地下连续墙施工时，槽段划分的要求有哪些？

[5-9] 地下连续墙施工时，导墙的作用有哪些？

[5-10] 地下连续墙的入土深度考虑的因素有哪些？

[5-11] 简述弹性法计算地下连续墙结构内力的步骤。

[5-12] 地下连续墙结构槽段间接头形式有哪几种？其适用条件如何？

[5-13] 概述地下连续墙施工时，接头管接头的技术要求。

[5-14] 试绘图说明地下连续墙接头管接头的施工过程。

[5-15] 论述地下连续墙施工时钢筋笼的构造要求。

[5-16] 地下连续墙墙身混凝土设计要求有哪些？

[5-17] 概述地下连续墙施工时，水下混凝土浇筑的技术要求。

[5-18] 概述地下连续墙施工时泥浆的作用。

[5-19] 地下连续墙结构作为围护结构和主体结构的一部分，设计计算有何不同之处？

[5-20] 作为主体结构一部分的地下连续墙结构与主体结构的连接有哪些方式？其各自特点及适用条件是什么？

第6章 隧道工程设计

【知识与技能点】

1. 掌握隧道断面尺寸确定方法。
2. 掌握隧道洞身、隧道衬砌设计方法。
3. 掌握隧道洞室防排水、隧道洞门等的设计。
4. 掌握隧道开挖及施工方案。
5. 掌握隧道结构施工图的绘制方法。

土木工程专业地下工程方向设置"隧道工程课程设计"（1周），相对应"隧道工程"课程。本章解析隧道工程结构设计方法和构造要求，并相应给出一个完整的设计实例。

6.1 设计解析

公路隧道是指供汽车及非机动车和行人通行的地下通道，一般可分为汽车专用隧道和汽车、非机动车与行人共同通行的隧道。公路隧道按其长度划分为四类（表6-1）。

表6-1 公路隧道按长度分类 （单位：m）

分类	特长隧道	长隧道	中隧道	短隧道
隧道长度	$L > 3000$	$3000 \geqslant L > 1000$	$1000 \geqslant L > 500$	$L \leqslant 500$

注：隧道长度是指两端洞口衬砌端面与隧道轴线在路面顶交点间的距离。

6.1.1 隧道线形设计

根据地质、地形、路线走向、通风等因素确定隧道平面线形。设曲线时，不宜采用设超高和加宽的圆曲线。隧道不设超高的圆曲线最小半径应符合表6-2的规定。隧道平面线形需采用设超高的圆曲线时，其超高值不宜大于4.0%。当设计速度为20km/h时，圆曲线半径不宜小于250m。隧道内每一条车道的视距均应符合《公路路线设计规范》（JTG D20—2017）的规定。

表6-2 隧道不设超高的圆曲线最小半径 （单位：m）

路拱	设计速度/（km/h）					
	120	100	80	60	40	30
≤2.0%	5500	4000	2500	1500	600	350
>2.0%	7500	5250	3350	1900	800	450

高速公路、一级公路隧道应设计为上、下行分向行驶的双洞隧道，双洞隧道宜按分离式隧道布置。当洞口地形狭窄、桥隧相连、连续隧道群、周边建筑物限制或为减少洞外占地的短隧道、中隧道，可按小净距隧道布置；当洞口地形狭窄、周边建筑物限制展线特别困难的短隧道，可按连拱隧道布置；当桥隧相连、洞口地形狭窄或有特殊要求的长隧道、特长隧道的洞口局部地段可按分岔隧道布置。

分离式隧道的净距，宜按两洞结构彼此不产生有害影响的原则，并应结合隧道洞口接线、围岩地质条件、断面形状和尺寸、结构设计、施工方法、工期要求等因素综合确定。两洞间净距宜取0.8~2.0倍开挖宽度，围岩条件总体较好时取较小值，围岩条件总体较差时取较大值。两洞跨度不同时，宜按较大宽度控制。

隧道纵坡形式，宜采用单向坡，地下水发育的长隧道、特长隧道可采用双向坡。隧道内竖曲线最小半径和最小长度应符合表6-3的规定。

表6-3　竖曲线最小半径和最小长度　　　　　　　　　　（单位：m）

设计速度/（km/h）	120	100	80	60	40	30	20
凸形竖曲线最小半径	17000	10000	4500	2000	700	400	200
凹形竖曲线最小半径	6000	4500	3000	1500	700	400	200
竖曲线最小长度	100	85	70	50	35	25	20

隧道内纵断面线形应考虑行车安全、运营通风规模、施工作业和排水要求确定。最小纵坡不应小于0.3%，最大纵坡不应大于3%；短于100m的隧道可不受此限制。高速公路、一级公路的中、短隧道，受地形等条件限制时，经技术经济论证、交通安全评价后，隧道最大纵坡可适当加大，但不宜大于4%。

隧道洞外连接线线形应与隧道线形相协调，隧道洞口内外侧各3s设计速度行程长度范围的平、纵线形应一致。间隔100m以内的连续隧道，宜整体考虑其平、纵线形技术指标。

6.1.2　隧道横断面设计

1. 公路隧道建筑限界

建筑限界是指为保证公路隧道内车辆行驶、人员通行所要求的限定空间。各级公路隧道建筑限界如图6-1所示，在建筑限界内不得有任何部件侵入。各级公路隧道建筑限界基本宽度应按表6-4执行，并符合以下规定：

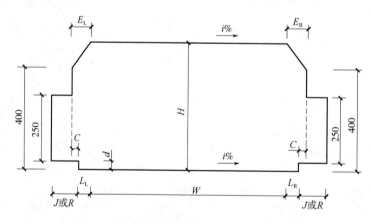

图6-1　公路隧道建筑限界（单位：cm）

H—建筑限界高度　W—行车道宽度　L_L—左侧侧向宽度　L_R—右侧侧向宽度　C—余宽　J—检修道宽度

R—人行道宽度　d—检修道或人行道的高度　E_L—建筑限界左顶角宽度，包含余宽C

E_R—建筑限界右顶角宽度，包含余宽C

注：当$L_L \leqslant 1$m时，$E_L = L_L$；当$L_L > 1$m时，$E_L = 1$m。当$L_R \leqslant 1$m时，$E_R = L_R$；当$L_R > 1$m时，$E_R = 1$m。

表6-4　两车道公路隧道建筑限界横断面组成及基本宽度　　　　　（单位：m）

公路等级	设计速度/（km/h）	车道宽度 W	侧向宽度 左侧 L_L	侧向宽度 右侧 L_R	余宽 C	检修道宽度 J 或人行道宽度 R 左侧	检修道宽度 J 或人行道宽度 R 右侧	建筑限界基本宽度
高速公路 一级公路	120	3.75×2	0.75	1.25	0.50	1.00	1.00	11.50
	100	3.75×2	0.75	1.00	0.25	0.75	0.75	10.75
	80	3.75×2	0.50	0.75	0.25	0.75	0.75	10.25
	60	3.50×2	0.50	0.75	0.25	0.75	0.75	9.75

（续）

公路等级	设计速度（km/h）	车道宽度 W	侧向宽度		余宽 C	检修道宽度 J 或人行道宽度 R		建筑限界基本宽度
			左侧 L_L	右侧 L_R		左侧	右侧	
二级公路	80	3.75×2	0.75	0.75	0.25	1.00	1.00	11.00
	60	3.50×2	0.50	0.50	0.25	1.00	1.00	10.00
三级公路	40	3.50×2	0.25	0.25	0.25	0.75	0.75	9.00
	30	3.25×2	0.25	0.25	0.25	0.75	0.75	8.50
四级公路	20	3.00×2	0.50	0.50	0.25			7.50

注：1. 三车道隧道除增加车道数外，其他宽度同表6-4；增加车道的宽度不得小于3.5m。

2. 连拱隧道行车方向的左侧、四级公路隧道可不设检修或人行道，但应保留不小于0.25m的余宽；设计速度大于100km/h时，余宽应不小于0.5m。

1）建筑限界高度（H）：高速公路、一级公路、二级公路取5.0m；三级、四级公路取4.5m。

2）设检修道或人行道时，检修道或人行道宜包含余宽（C）；不设检修道或人行道时，应设不小于0.25m的余宽。

3）隧道路面横坡（i）：隧道为单向交通时，应设置为单面坡；隧道为双向交通时，可设置为双面坡。横坡坡率可采用1.5%~2.0%，宜与洞外路面横坡坡率一致。

4）路面采用单面坡时，建筑限界底边线与路面重合；采用双面坡时，建筑限界底边线应水平置于路面最高处。

5）单车道四级公路的隧道应按双车道四级公路标准修建。

各级公路两车道、三车道隧道建筑限界如图6-2和图6-3所示。

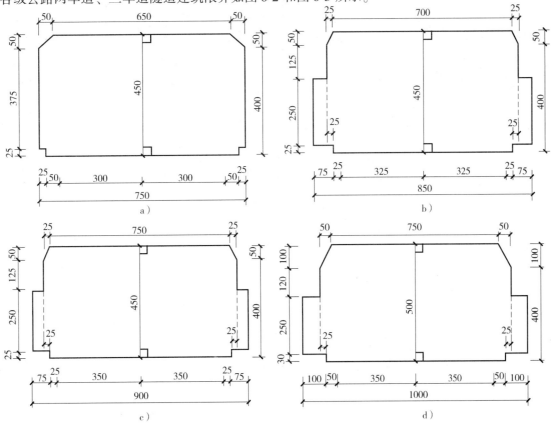

图6-2　各级公路两车道隧道建筑限界（单位：cm）

a）四级公路（20km/h）　b）三级公路（30km/h）　c）三级公路（40km/h）　d）二级公路（60km/h）

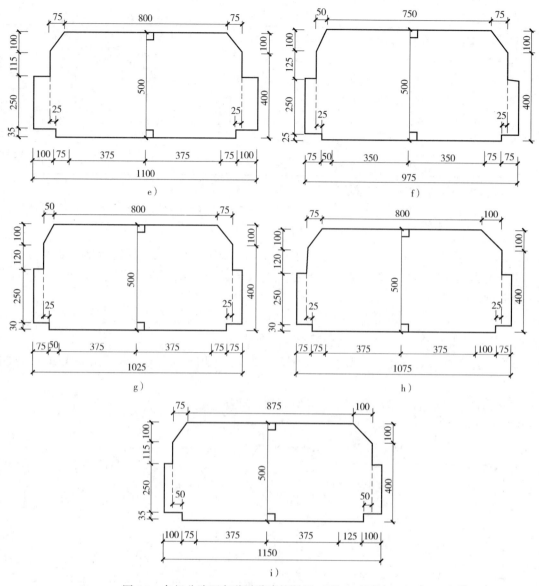

图6-2　各级公路两车道隧道建筑限界（续）（单位：cm）

e）二级公路（80km/h）　　f）一级公路（60km/h）　　g）高速公路、一级公路（80km/h）

h）高速公路、一级公路（100km/h）　　i）高速公路、一级公路（120km/h）

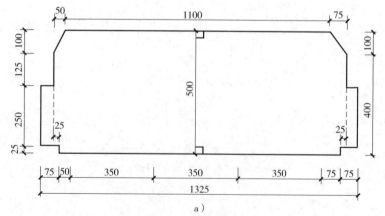

图6-3　各级公路三车道隧道建筑限界（单位：cm）

a）一级公路（60km/h）

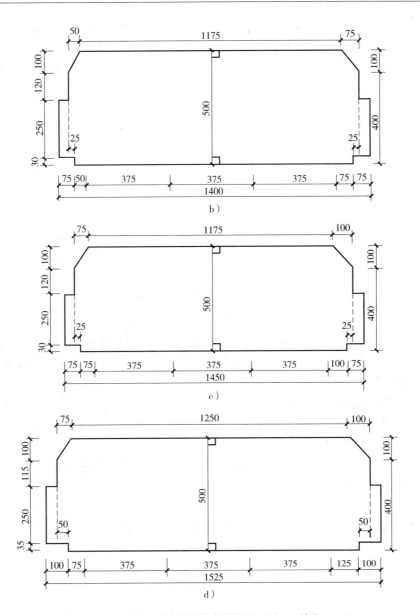

图 6-3　各级公路三车道隧道建筑限界（续）（单位：cm）
b）高速公路、一级公路（80km/h）　　c）高速公路、一级公路（100km/h）
d）高速公路、一级公路（120km/h）

高速公路、一级公路隧道应在两侧设置检修道，二级、三级公路隧道应在两侧设置人行道并兼作检修道，检修道或人行道宽度应符合表 6-1 的规定。检修道或人行道的高度可按 250~800mm 取值，并应综合考虑下列因素：

1）检修人员或人步行时的安全。

2）满足其下放置电缆、给水管等的空间尺寸要求，以及电缆沟排水空间要求。

3）紧急情况下，驾乘人员拿取消防设施方便。

隧道内路侧边沟应结合检修道、侧向宽度、余宽等布置，其宽度应小于侧向宽度，并布置于车道两侧。

特长隧道、长隧道内不设置硬路肩或硬路肩宽度小于 2.5m 时，单洞两车道隧道应设紧急通车带，单洞三车道隧道宜设紧急停车带，单洞四车道隧道可不设紧急停车带。

紧急停车带宽度为向行车方向右侧加宽不小于 3.0m，且紧急停车带宽度与右侧宽度（L_R）之和不应小于 3.5m。紧急停车带长度不宜小于 50m，其中有效长度不应小于 40m。紧急停车带的横坡可取 0~1.0%。单向行车隧道紧急停车带设置间距不宜大于 750m，并不应大于 1000mm。双向行车隧道紧急停车带应两侧交错设置，同一侧间距宜采用 800~1200m，并不应大于 1500m。紧急停车带建筑限界的构成如图 6-4 所示。

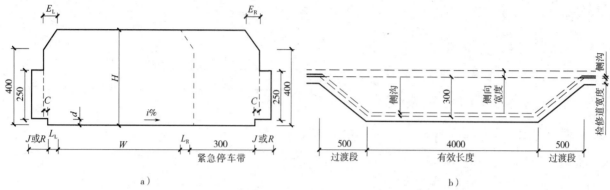

图 6-4　紧急停车带的建筑限界、宽度和长度（单位：cm）
a）建筑限界及横向构成　b）平面构成

不设检修道、人行道的隧道，可不设紧急停车带，但应在隧道两侧交错布置行人避车洞。行人避车洞同一侧间距不宜大于 500m，宽不应小于 1.5m、高不应小于 2.2m、深不应小于 0.75m。

2. 隧道内轮廓线设计

隧道内轮廓净空断面应符合下列要求：

1）满足隧道建筑限界所需空间，并预留不小于 50mm 的富余量。

2）满足洞内装饰所需空间。

3）满足通风、照明、消防、监控、指示标识等交通工程及附属设施所需空间。

4）断面形状有利于围岩稳定、结构受力。

隧道内轮廓标准，即拱部为单心半圆，侧墙为大半径圆弧，仰拱与侧墙间用小半径圆弧连接。两车道隧道标准内轮廓断面如图 6-5 所示。三车道隧道标准内轮廓断面如图 6-6 所示。

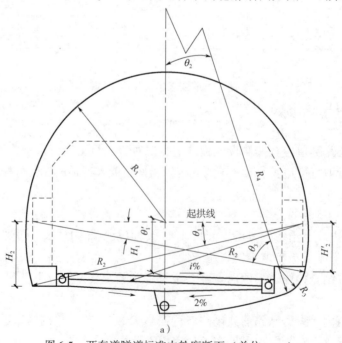

图 6-5　两车道隧道标准内轮廓断面（单位：cm）
a）标准断面

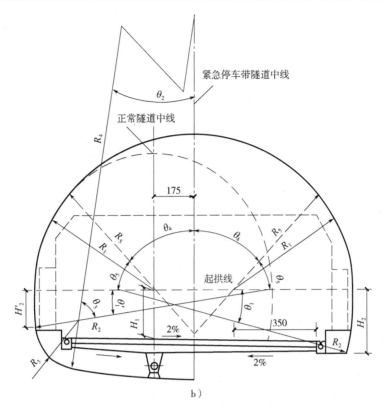

图 6-5　两车道隧道标准内轮廓断面（续）（单位：cm）

b）紧急停车带断面

R_1—拱部圆弧半径　R_2—侧墙圆弧半径　R_3—侧墙与仰拱连接段圆弧半径　R_4—仰拱圆弧半径　H_1——路面至起拱线的高度

H_2—侧墙结构高度　H_2'—设仰拱时的侧墙结构高度（侧墙与仰拱连接点至起拱线的高度）　θ_1—起拱线与 R_2 的夹角

θ_1'—设仰拱时起拱线与 R_2 的夹角　θ_2—隧道结构中心线与 R_4 的夹角　$\theta_3 - \theta_3 = 90° - (\theta_1' + \theta_2)$　R_5—紧急停车带拱部圆弧半径

θ_4—半径为 R_5 的拱部圆弧段夹角　R_1—拱部与侧墙连接段圆弧半径　θ_5—半径为 R_1 的圆弧段夹角

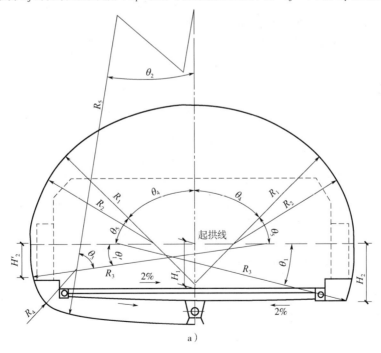

图 6-6　三车道隧道标准内轮廓断面（单位：cm）

a）标准断面

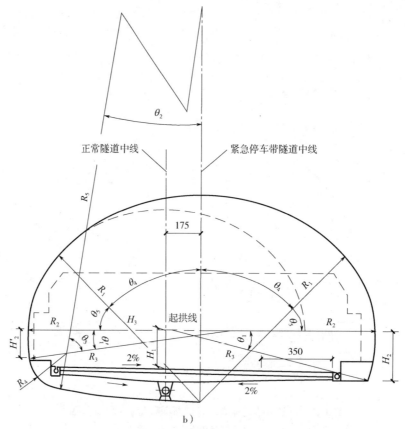

图 6-6　三车道隧道标准内轮廓断面（续）（单位：cm）

b）紧急停车带断面

R_1—拱部圆弧半径　R_2—拱部与侧墙连接段圆弧半径　R_3—侧墙圆弧半径　R_4—侧墙与仰拱连接段圆弧半径　R_5—仰拱圆弧半径

H_1—路面至起拱线的高度　H_2—侧墙结构高度　H_2'—设仰拱时的侧墙结构高度（侧墙与仰拱连接点至起拱线的高度）

θ_1—起拱线与 R_3 的夹角　θ_1'—设仰拱时起拱线与 R_2 的夹角　θ_2—隧道结构中心线与 R_5 的夹角

θ_3—$\theta_3 = 90° - (\theta_1' + \theta_2)$　θ_4—半径为 R_1 的拱部圆弧段夹角　θ_5—半径为 R_2 的圆弧段夹角

各级公路两车道、三车道隧道轮廓形状尺寸可参照图 6-7 和图 6-8 拟定。

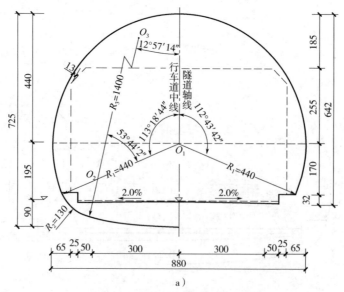

图 6-7　各级公路两车道隧道内轮廓（单位：cm）

a）四级公路（20km/h）

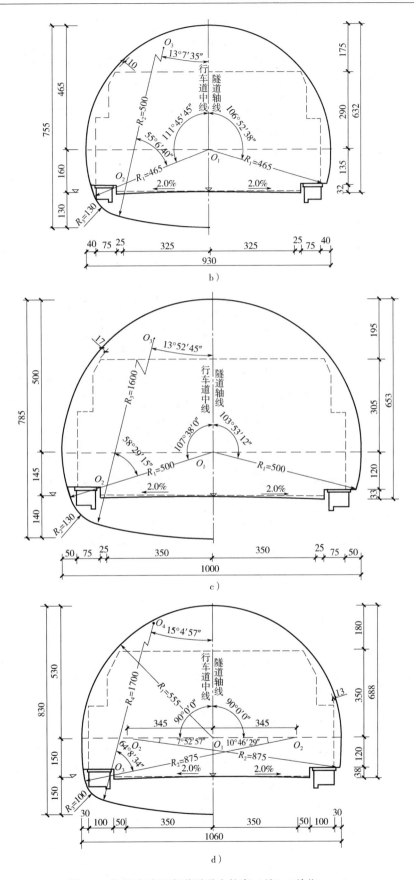

图 6-7　各级公路两车道隧道内轮廓（续）（单位：cm）

b）三级公路（40km/h）　　c）三级公路（40km/h）　　d）二级公路（60km/h）

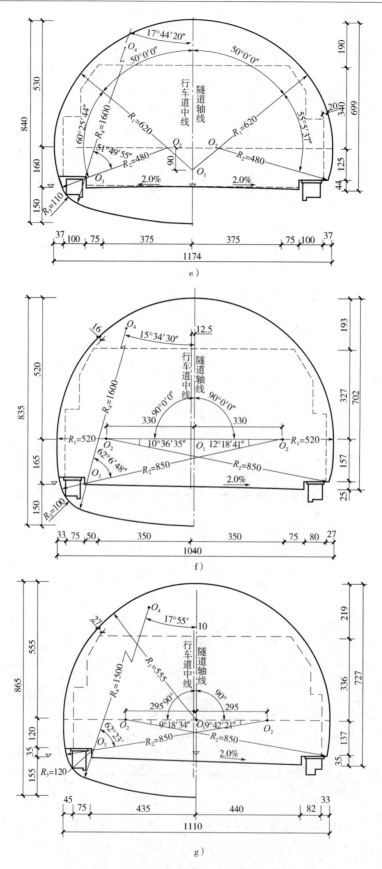

图 6-7　各级公路两车道隧道内轮廓（续）（单位：cm）

e) 二级公路（80km/h）　f) 一级公路（60km/h）　g) 高速公路、一级公路（80km/h）

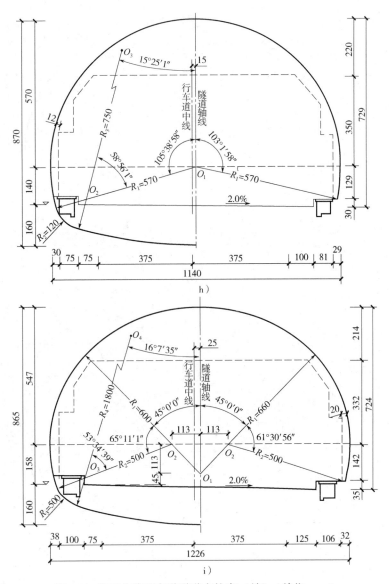

图 6-7 各级公路两车道隧道内轮廓（续）（单位：cm）

h）高速公路、一级公路（100km/h） i）高速公路、一级公路（120km/h）

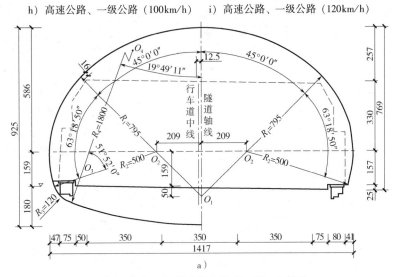

图 6-8 各级公路三车道隧道内轮廓（续）（单位：cm）

a）一级公路（60km/h）

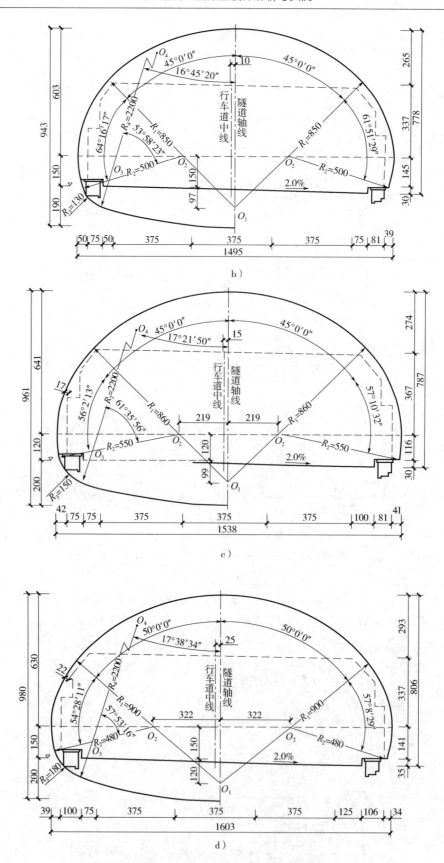

图 6-8　各级公路三车道隧道内轮廓（续）（单位：cm）

b）高速公路、一级公路（80km/h）　c）高速公路、一级公路（100km/h）

d）高速公路、一级公路（120km/h）

6.1.3　隧道结构上的荷载及荷载组合

1. 隧道结构上的荷载

隧道结构上的荷载按表 6-5 规定分类。

表 6-5　隧道结构上的荷载分类

编号	荷载类型		荷载名称
1	永久荷载		围岩压力
2			土压力
3			结构自重
4			结构附加恒载
5			混凝土收缩、徐变的影响力
6			水压力
7	可变荷载	基本可变荷载	公路车辆荷载、人群荷载
8			立交公路车辆荷载及其所产生的冲击力、土压力
9			立交铁路列车活载及其所产生的冲击力、土压力
10			立交渡槽流水压力
11		其他可变荷载	温度变化的影响力
12			冻胀力
13			施工荷载
14	偶然荷载		落石冲击力
15			地震力

注：编号 1 ~ 10 为主要荷载；编号 11、12、14 为附加荷载；编号 13、15 为特殊荷载。

2. 隧道结构上的荷载组合

在隧道结构上可能同时出现的荷载，应按满足承载能力和正常使用要求分别进行组合，并按最不利组合进行设计。

（1）按承载能力要求进行组合时，主要考虑基本组合和偶然组合

1）荷载基本组合。

组合一：永久荷载

　　　　　围岩压力 + 结构自重 + 附加恒载

组合二：永久荷载 + 基本可变荷载

　　　　　①结构自重 + 附加恒载 + 土压力 + 公路荷载

　　　　　②结构自重 + 附加恒载 + 土压力 + 列车活载

　　　　　③结构自重 + 附加恒载 + 土压力 + 渡槽流水压力

组合三：永久荷载 + 其他可变荷载

　　　　　围岩压力（土压力）+ 结构自重 + 附加恒载 + 施工荷载 + 温度作用力

2）荷载偶然组合。

组合四：永久荷载 + 偶然荷载

　　　　　围岩压力（土压力）+ 结构自重 + 附加恒载 + 地震作用或落石冲击力

（2）按满足正常使用要求组合时，主要考虑长期效应组合和短期效应组合

1）荷载长期效应组合。

组合五：永久荷载

　　　　　围岩压力（土压力）+结构自重+附加恒载+混凝土收缩和徐变力

　　组合六：永久荷载+基本可变荷载或其他可变荷载

　　　　　结构自重+附加恒载+土压力+公路荷载、列车活载或渡槽流水压力

　2）荷载短期效应组合。

　　组合七：永久荷载+其他可变荷载

　　　　　围岩压力（土压力）+结构自重+附加荷载+混凝土收缩和徐变力+温度荷载+冻胀力

6.1.4　隧道围岩压力计算

1. 隧道深埋与浅埋的确定

单洞隧道深埋与浅埋的判断，应按荷载等效高度，并结合地质条件、施工方法等因素按式（6-1）综合判断。

$$H_p = (2 \sim 2.5)h_q = (2 \sim 2.5)\frac{q}{\gamma} \tag{6-1}$$

式中　　H_p——浅埋隧道分界深度（m）；

　　　　h_q——荷载等效高度（m），$h_q = q/\gamma$；

　　　　q——按式（6-18）计算出的深埋隧道垂直压力（kN/m²）；

　　　　γ——围岩重度（kN/m³）。

采用钻爆法或浅埋暗挖法施工时，Ⅳ~Ⅵ级围岩取 $H_p = 2.5h_q$，Ⅰ~Ⅲ级围岩取 $H_p = 2.0h_q$。

2. 隧道围岩压力计算

（1）浅埋无偏压单洞隧道的围岩压力计算　浅埋隧道围岩压力可按下列两种情况分别计算：

1）埋深小于或等于等效荷载高度（$H \leq h_q$）时，垂直压力视为均布：

$$q = \gamma H \tag{6-2}$$

式中　　q——垂直均布压力（kN/m²）；

　　　　γ——隧道上覆围岩重度（kN/m³）；

　　　　H——隧道埋深，指隧道顶至地面的距离（m）。

侧向压力 e 按局部考虑，其值为

$$e = \gamma\left(H + \frac{1}{2}H_t\right)\tan^2\left(45° - \frac{\varphi_c}{4}\right) \tag{6-3}$$

式中　　e——侧向局部压力（kN/m²）；

　　　　H_t——隧道高度（m）；

　　　　φ_c——围岩计算摩擦角（°）。

2）埋深 $h_q < H \leq H_p$ 时，为便于计算，假定岩土体中形成的破裂面是一条与水平成 β 角的斜直线，如图 6-9 所示。$EFHG$ 岩土体下沉，带动两侧三棱体岩土体（图 6-9 中 FDB 和 ECA）下沉，整个岩土体 $ABDC$ 下沉时，又要受到未扰动岩土体的阻力；斜直线 AC 或 BD 是假定的破裂面，分析时考虑黏聚力 c，并采用了计算摩擦角 φ_c；另一滑面 FH 或 EG 则并非破裂面，因此滑面阻力要小于破裂面 AC、BD 的阻力，若该滑面的摩擦角为 θ，则 θ 值应小于 φ_c 值。无实测资料时，θ 可按表 6-6 采用。

表 6-6　各级围岩的 θ 值

围岩等级	Ⅰ、Ⅱ、Ⅲ	Ⅳ	Ⅴ	Ⅵ
θ 值	$0.9\varphi_c$	$(0.7 \sim 0.9)\varphi_c$	$(0.5 \sim 0.7)\varphi_c$	$(0.3 \sim 0.5)\varphi_c$

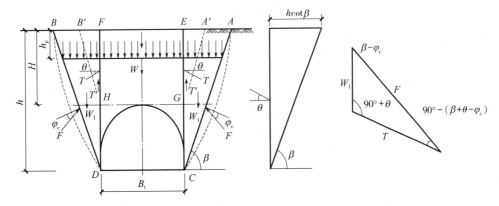

图 6-9　浅埋隧道围岩压力示意图

由图 6-9 可见，隧道上覆岩体 *EFHG* 的重力为 W，两侧三棱岩体 *FDB* 或 *ECA* 的重力为 W_1，未扰动岩体对整个滑动土体的阻力为 F，当 *EFHG* 下沉，两侧受到的阻力 T 或 T'，作用于 *HG* 面上的垂直压力总值 $Q_浅$ 为

$$Q_浅 = W - 2T' = W - 2T\sin\theta \tag{6-4}$$

三棱体自重 W_1 为

$$W_1 = \frac{1}{2}\gamma h \frac{h}{\tan\beta} \tag{6-5}$$

式中　h——隧道底部到地面的距离（m）；

　　　β——破裂面与水平面的夹角（°）。

由正弦定理可得

$$T = \frac{\sin(\beta - \varphi_c)}{\sin[90° - (\beta - \varphi_c + \theta)]}W_1 \tag{6-6}$$

将式（6-5）代入可得

$$T = \frac{1}{2}\gamma h^2 \frac{\lambda}{\cos\theta} \tag{6-7a}$$

$$\lambda = \frac{\tan\beta - \tan\varphi_c}{\tan\beta[1 + \tan\beta(\tan\varphi_c - \tan\theta) + \tan\varphi_c\tan\theta]} \tag{6-7b}$$

$$\tan\beta = \tan\varphi_c + \sqrt{\frac{(\tan^2\varphi_c + 1)\tan\varphi_c}{\tan\varphi_c - \tan\theta}} \tag{6-7c}$$

式中　λ——侧压力系数；

　　　其他符号意义同前。

求得极限最大阻力 T 值后，代入式（6-4）可得作用在 *HG* 面上的总垂直压力 $Q_浅$ 为

$$Q_浅 = W - 2T\sin\theta = W - \gamma h^2\lambda\tan\theta \tag{6-8}$$

由于 *GC*、*HD* 与 *EG*、*EF* 相比往往较小，而且衬砌与岩土体之间的摩擦角也不同，前面分析时均按 θ 计，当中间岩土块下滑时，由 *FH* 及 *EG* 面传递，考虑压力稍大些对设计的结构也偏于安全，因此摩阻力不计隧道部分而只计洞顶部分，即在计算中用 H 代替 h，则式（6-8）转换为

$$Q_浅 = W - \gamma H^2\lambda\tan\theta \tag{6-9}$$

由于 $W = B_t H\gamma$，故

$$Q_浅 = \gamma H(B_t - H\lambda\tan\theta) \tag{6-10}$$

式中　B_t——隧道宽度（m）。

换算为作用于支护结构上的均布荷载见图 6-10，即

$$q_{浅} = \frac{Q_{浅}}{B_t} = \gamma H \left(1 - \frac{H}{B_t} \lambda \tan\theta \right) \tag{6-11}$$

式中　$q_{浅}$——作用于支护结构上的均布荷载（kN/m^2）；

其余符号意义同前。

作用于支护结构两侧的水平侧压力为

$$e_1 = \gamma H \lambda \tag{6-12a}$$

$$e_2 = \gamma h \lambda \tag{6-12b}$$

侧压力视为均布压力时，取

$$e = \frac{1}{2}(e_1 + e_2) \tag{6-13}$$

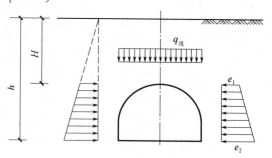

图 6-10　均布荷载示意图

（2）浅埋偏压单洞隧道围岩压力计算　浅埋偏压单洞隧道围岩压力可按以下方法计算（图 6-11）：

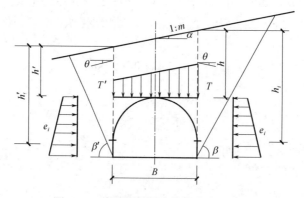

图 6-11　偏压隧道围岩荷载分布示意图

1）垂直压力。

$$Q = \frac{\gamma}{2} \left[(h + h')B - (\lambda h^2 + \lambda' h'^2) \tan\theta \right] \tag{6-14}$$

式中　h、h'——内、外侧出拱顶水平面至地面的高度（m）；

　　　　γ——隧道上覆围岩重度（kN/m^3）；

　　　　B——隧道开挖跨度（m）；

　　　　θ——顶板岩土体两侧摩擦角（°），无实测资料时，可参照表 6-6 选取；

　　λ、λ'——内、外侧的侧压力系数，由下式计算：

$$\lambda = \frac{1}{\tan\beta - \tan\alpha} \times \frac{\tan\beta - \tan\varphi_c}{1 + \tan\beta(\tan\varphi_c - \tan\theta) + \tan\varphi_c \tan\theta} \tag{6-15a}$$

$$\lambda' = \frac{1}{\tan\beta' - \tan\alpha} \times \frac{\tan\beta' - \tan\varphi_c}{1 + \tan\beta'(\tan\varphi_c - \tan\theta) + \tan\varphi_c \tan\theta} \tag{6-15b}$$

　　β、β'——内、外侧产生最大推力时的破裂角（°），按下式计算：

$$\tan\beta = \tan\varphi_c + \sqrt{\frac{(\tan^2\varphi_c + 1)(\tan\varphi_c - \tan\alpha)}{\tan\varphi_c - \tan\theta}} \tag{6-16a}$$

$$\tan\beta' = \tan\varphi_c + \sqrt{\frac{(\tan^2\varphi_c + 1)(\tan\varphi_c + \tan\alpha)}{\tan\varphi_c - \tan\theta}} \tag{6-16b}$$

　　　　α——地面坡坡角（°）。

2）侧向压力。

内侧

$$e_i = \gamma h_i \lambda \tag{6-17a}$$

外侧 $$e_i' = \gamma h_i' \lambda' \tag{6-17b}$$

式中 h_i、h_i'——内、外侧任意一点 i 至地面的距离（m）；

γ——隧道上覆围岩重度（kN/m^3）；

λ、λ'——同式（6-15）。

（3）深埋单洞隧道的围岩水平压力计算 深埋隧道松散荷载垂直均布压力及水平均布压力，在不产生显著偏压及膨胀力的围岩条件下，可按下列公式计算：

1）垂直均布压力 q 可按下式计算确定：

$$q = \gamma h \tag{6-18a}$$

$$h = 0.45 \times 2^{S-1} \omega \tag{6-18b}$$

$$\omega = 1 + i(B - 5) \tag{6-18c}$$

式中 q——垂直均布压力（kN/m^2）；

γ——围岩重度（kN/m^3）；

h——围岩压力计算高度（m）；

S——围岩级别，按 1、2、3、4、5、6 整数取值；

ω——宽度影响系数，按式（6-18c）计算；

B——隧道宽度（m）；

i——隧道宽度每增减 1m 时的围岩压力增减率，以 $B = 5$m 的隧道围岩垂直均布压力为准，按表 6-7 取值。

表 6-7 围岩压力增减率 i 取值表

隧道宽度 B/m	$B < 5$	$5 \leqslant B < 14$	$14 \leqslant B < 25$	
围岩压力增减率 i	0.2	0.1	考虑施工过程分导洞开挖	0.07
			上下台阶法或一次性开挖	0.12

2）有围岩 BQ 或 $[BQ]$ 值时，式（6-18b）中的 S 可用 $[S]$ 代替。$[S]$ 可按式（6-19）或式（6-20）计算：

$$[S] = S + \frac{\dfrac{[BQ]_{\text{上}} + [BQ]_{\text{下}}}{2} - [BQ]}{[BQ]_{\text{上}} - [BQ]_{\text{下}}} \tag{6-19}$$

或

$$[S] = S + \frac{\dfrac{BQ_{\text{上}} + BQ_{\text{下}}}{2} - BQ}{BQ_{\text{上}} - BQ_{\text{下}}} \tag{6-20}$$

式中 $[S]$——围岩等级修正值（精确至小数点后一位），当 BQ 或 $[BQ]$ 值大于 800 时，取 800；

$BQ_{\text{上}}$、$[BQ]_{\text{上}}$——该围岩级别的岩体基本质量指标 BQ 和岩体修正质量指标 $[BQ]$ 的上限值，按表 6-8 取值；

$BQ_{\text{下}}$、$[BQ]_{\text{下}}$——该围岩级别的岩体基本质量指标 BQ 和岩体修正质量指标 $[BQ]$ 的下限值，按表 6-8 取值。

表 6-8 岩体基本质量指标 BQ 和岩体修正质量指标 $[BQ]$ 的上、下限值

围岩级别	Ⅰ	Ⅱ	Ⅲ	Ⅳ	Ⅴ
$BQ_{\text{上}}$、$[BQ]_{\text{上}}$	800	550	450	350	250
$BQ_{\text{下}}$、$[BQ]_{\text{下}}$	550	450	350	250	0

3）围岩水平均布压力可按表 6-9 的规定取值。

表 6-9　围岩水平均布压力

围岩级别	Ⅰ、Ⅱ	Ⅲ	Ⅳ	Ⅴ	Ⅵ
水平均布压力 e	0	$<0.15q$	$(0.15\sim0.3)q$	$(0.3\sim0.5)q$	$(0.5\sim1.0)q$

6.1.5　隧道衬砌设计

公路隧道应设置衬砌，根据隧道围岩级别、施工条件和使用要求可分别采用喷锚衬砌、整体式衬砌、复合式衬砌。高速公路、一级公路、二级公路的隧道应采用复合式衬砌；三级及三级以下公路的隧道洞口段、Ⅳ～Ⅵ级围岩洞身段应采用复合式衬砌或整体式衬砌，Ⅰ～Ⅲ级围岩洞身段可采用喷锚衬砌。

隧道衬砌设计应综合考虑围岩地质条件、断面形状、支护结构、施工条件等，充分利用围岩的自身承载力。衬砌应有足够的强度、稳定性和耐久性，保证隧道长期使用安全。

复合式衬砌是由喷锚衬砌、防水层和模注混凝土衬砌构成的复合衬砌结构。复合式衬砌设计应符合下列规定：

1）初期支护应按永久支护结构设计，宜采用喷射混凝土、锚杆、钢筋网和钢架等支护形式单独或组合使用。

2）二次衬砌应采用模注混凝土或模注钢筋混凝土衬砌结构，衬砌截面宜采用连续圆顺的等厚衬砌断面，仰拱厚度宜与拱墙厚度相同。

3）在确定开挖断面时，除应满足隧道净空和结构尺寸外，还应考虑围岩及初期支护的变形，预留适当的变形量。预留变形量大小应根据围岩级别、断面大小、埋置深度、施工方法和支护情况等，通过计算分析确定或采用工程类比法预测，预测值可参考表 6-10 的规定选用。预留变形量还应根据现场监控量测结果进行调整。

表 6-10　预留变形量　　　　　　　　（单位：mm）

围岩级别	两车道隧道	三车道隧道	围岩级别	两车道隧道	三车道隧道
Ⅰ	—	—	Ⅳ	50～80	60～120
Ⅱ	—	10～30	Ⅴ	80～120	100～150
Ⅲ	20～50	30～80	Ⅵ	现场量测确定	

注：1. 围岩软弱、破碎取大值；围岩完整取小值。
　　2. 四车道隧道应通过工程类比法和计算分析确定。

复合式衬砌可采用工程类比法进行设计，并通过理论分析进行验算。初期支护及二次衬砌的支护参数可参照表 6-11、表 6-12 选用，并应根据现场围岩监控量测信息对设计支护参数进行必要的调整。

表 6-11　两车道隧道复合式衬砌的设计参数

围岩级别	初期支护							二次衬砌厚度/cm	
	喷射混凝土厚度/cm		锚杆/m			钢筋网间距/cm	钢架		拱、墙混凝土	仰拱混凝土
	拱、墙	仰拱	位置	长度	间距		间距/m	截面高/cm		
Ⅰ	5	—	局部	2.0～3.0	—	—	—	—	30～35	—
Ⅱ	5～8	—	局部	2.0～3.0	—	—	—	—	30～35	—
Ⅲ	8～12	—	拱、墙	2.0～3.0	1.0～1.2	局部@25×25	—	—	30～35	—
Ⅳ	12～120	—	拱、墙	2.5～3.0	0.8～1.2	拱、墙@25×25	拱、墙 0.8～1.2	0 或 14～16	35～40	0 或 35～40

（续）

围岩级别	初期支护								二次衬砌厚度/cm	
	喷射混凝土厚度/cm		锚杆/m			钢筋网间距/cm	钢架		拱、墙混凝土	仰拱混凝土
	拱、墙	仰拱	位置	长度	间距		间距/m	截面高/cm		
V	18~28	—	拱、墙	3.0~3.5	0.6~1.0	拱、墙 @20×20	拱、墙、仰拱 0.6~1.0	14~22	35~50 钢筋混凝土	0 或 35~50 钢筋混凝土
VI	通过试验或计算确定									

注：1. 有地下水时取大值，无地下水时取小值。

　　2. 采用钢架时，宜选用格栅钢架。

　　3. 喷射混凝土厚度小于18cm时，可不设钢架。

　　4. "0 或……"表示可以不设；要设时，应满足最小厚度要求。

表 6-12　三车道隧道复合式衬砌的设计参数

围岩级别	初期支护								二次衬砌厚度/cm	
	喷射混凝土厚度/cm		锚杆/m			钢筋网间距/cm	钢架		拱、墙混凝土	仰拱混凝土
	拱、墙	仰拱	位置	长度	间距		间距/m	截面高/cm		
I	5~8	—	局部	2.5~3.5	—	—	—	—	35~40	—
II	8~12	—	局部	2.5~3.5		—	—	—	35~40	—
III	12~20	—	拱、墙	2.5~3.5	1.0~1.2	拱、墙 @25×25	拱、墙 1.0~1.2	0 或 14~16	35~45	—
IV	16~24	—	拱、墙	3.0~3.5	0.8~1.2	拱、墙 @20×20	拱、墙 0.8~1.2	16~20	40~50*	0 或 40~50
V	20~30	—	拱、墙	3.5~4.0	0.5~1.0	拱、墙 @20×20	拱、墙、仰拱 0.5~1.0	18~22	50~60, 钢筋混凝土	0 或 50~60 钢筋混凝土
VI	通过试验或计算确定									

注：1. 有地下水时，可取大值；无地下水时，可取小值。

　　2. 采用钢架时，宜选用格栅钢架。

　　3. 喷射混凝土厚度小于18cm时，可不设钢架。

　　4. "0 或……"表示可以不设；要设时，应满足最小厚度要求。

　　5. "＊"表示可采用钢筋混凝土。

隧道衬砌属于素混凝土受压构件，可按《混凝土结构设计规范》（GB 50010—2010）（2015 年版）附录 D.2 有关规定计算。

素混凝土受压构件，当按受压承载力计算时，不考虑受拉区混凝土的工作，并假定受压区的法向应力图形为矩形，其应力值取素混凝土的轴心抗压强度设计值。此时，轴向力作用点与受压区混凝土合力点相重合。

素混凝土受压构件的受压承载力应符合下列规定：

$$N \leqslant \varphi f_{cc} A'_c \tag{6-21}$$

受压区高度 x 按 $e_c = e_0$ 确定，此外轴向力作用点至截面重心的距离 e_0 尚应符合 $e_0 \leqslant 0.9 y'_0$ 的要求。

矩形截面（图 6-12）：

$$N \leqslant \varphi f_{cc} b(h - 2e_0) \tag{6-22}$$

式中　N——轴向压力设计值；

φ——素混凝土构件的稳定系数，按
　　　表 6-13 采用；

f_{cc}——素混凝土的轴心抗压强度设计
　　　值，取 $0.85f_c$，其中 f_c 为混凝
　　　土轴心抗压强度设计值；

A'_c——混凝土受压区的面积；

e_c——受压区混凝土的合力点至截面
　　　重心的距离；

y'_0——截面重心至受压区边缘的距离；

b、h——截面宽度、截面高度。

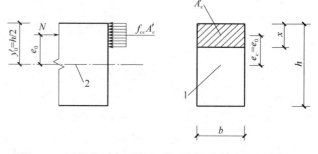

图 6-12　矩形截面素混凝土受压构件受压承载力计算
1—重心　2—重心线

当按式（6-21）或式（6-22）计算时，对 $e_0 \geqslant 0.45y'_0$ 的受压构件，应在混凝土受拉区配置构造钢筋，其配筋率不应小于构件截面面积的 0.05%。但当符合式（6-23）和式（6-24）的条件时，可不配置此项构造钢筋。

表 6-13　素混凝土构件的稳定系数 φ

l_0/b	<4	4	6	8	10	12	14	16	18	20	22	24	26	28	30
l_0/i	<14	14	21	28	35	42	49	56	63	70	76	83	90	97	104
φ	1.00	0.98	0.96	0.91	0.86	0.82	0.77	0.72	0.68	0.63	0.59	0.56	0.51	0.47	0.44

注：在计算 l_0/b 时，偏心受压构件，b 值取弯矩作用平面的截面高度；轴心受压构件，b 值取截面短边尺寸。

对不允许开裂的素混凝土受压构件，当 $e_0 \geqslant 0.45y'_0$ 时，其受压承载力应按下列公式计算：

对称于弯矩作用平面的截面

$$N \leqslant \varphi \frac{\gamma f_{ct}A}{\dfrac{e_0 A}{W} - 1} \tag{6-23}$$

矩形截面

$$N \leqslant \varphi \frac{\gamma f_{ct}A}{\dfrac{6e_0}{h} - 1} \tag{6-24}$$

式中　f_{ct}——素混凝土轴心抗拉强度设计值，取 $0.55f_t$（f_t 为混凝土轴心抗拉强度设计值）；

γ——截面抵抗矩塑性影响系数，$\gamma = \left(0.7 + \dfrac{120}{h}\right)\gamma_m$，对矩形截面基本值 $\gamma_m = 1.55$，当 $h <$

　　　400mm，取 $h = 400\text{mm}$；当 $h > 1600\text{mm}$，取 $h = 1600\text{mm}$；

W——截面受拉边缘的弹性抵抗矩；

A——截面面积。

素混凝土偏心受压构件，除应计算弯矩作用平面的受压承载力外，尚应按轴心受压构件验算垂直于弯矩作用平面的受压承载力，此时不考虑弯矩的作用，但应考虑稳定系数 φ 的影响。

6.1.6　隧道防水及排水系统设计

隧道防水及排水设计应遵循"防、排、截、堵相结合，因地制宜，综合治理"的原则，保证隧道结构物和营运设备的正常使用和行车安全。隧道防水及排水设计应对地表水、地下水妥善处理，洞内外应形成一个完整通畅的防水及排水系统。

高速公路、一级公路、二级公路隧道防水及排水应满足下列要求：

1）拱部、边墙、设备箱洞不渗水，路面无湿渍。

2）有冻害地段的隧道衬砌背后不积水，排水沟不冻结。

3）车行横通道、人行横通道等服务通道拱部不滴水，边墙不湿水。

三级公路、四级公路隧道防水及排水应满足下列要求：

1）拱部不滴水、边墙不湿水，设备箱洞不渗水，路面不积水、不湿水。

2）有冻害地段的隧道衬砌背后不积水，排水沟不冻结。

"不渗水" 是指隧道衬砌、路面、设备箱洞等结构表面无湿润痕迹；

"不滴水" 是指水滴间断地脱离拱部、边墙向下滴落，有时连续出水，也称为滴水成线。

"不积水" 是指路面结构底部和衬砌背后不产生积水。在冻害地区，积水会造成衬砌背后和路面底部冻胀，影响隧道结构和行车安全。

"不冻结" 是指排水沟不出现结冰冻胀。在冻害地区，排水沟冻结将会影响隧道内排水系统的畅通，甚至造成整个隧道的冻胀病害。

1. 防水系统设计

隧道设计应完善初期支护的防水构造。二次衬砌防水应以混凝土自防水为主体，施工缝、变形缝为防水重点，应以注浆防水和防水层加强防水为主。隧道纵、横、环向所有排水系统应排水畅通，路面不容许积水。

对隧道防水系统设计的一般要求：

1）隧道采用复合式衬砌时，在初期支护与二次衬砌之间应设置防水层。防水层宜采用防水板及无纺布的组合，并应符合下列规定：

①防水板宜采用易于焊接的防水卷材，厚度不小于1.0mm，接缝搭接长度不应小于100mm。

②无纺布密度不应小于300g/m²。

③无纺布不宜与防水板粘合试验。

2）隧道模注混凝土衬砌应符合抗渗要求，混凝土的抗渗等级不宜小于P8。

3）隧道模注混凝土衬砌施工缝、伸缩缝、沉降缝等是防渗漏水的薄弱环节，应采取可靠的防水措施。可靠的防水措施是指除按施工规范要求处理外，还应进行精心的设计，采用合适的防水材料和构造形式。地下水丰富、水压较大地段，施工缝宜采用背贴式止水带与中埋式缓膨胀性橡胶止水条组合形式防水构造，沉降缝宜采用背贴式止水带与中埋式橡胶止水带组合形成的防水构造。地下水量小、水压不大地段，施工缝可采用中埋式缓膨胀性橡胶止水条形式防水构造，沉降缝宜采用中埋式橡胶止水带形式防水构造。二次衬砌施工缝、沉降缝的主要构造形式如图6-13所示。

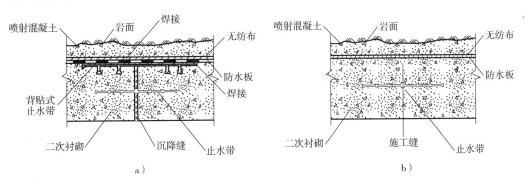

图6-13　二次衬砌施工缝、沉降缝的主要构造形式
a）沉降缝　b）施工缝

4）当隧道位于常水位以下，又不宜排泄时，隧道衬砌应采用抗水压衬砌。

2. 排水系统设计

隧道排水设计宜按地下水和营运清洗污水、消防污水分离排放的原则进行，应设置完善的纵横向排水沟管，排水系统宜具有方便的维修疏通设施。

隧道内排水应符合下列规定：

1）路面两侧应设路侧边沟，方便引排营运清洗水、消防水和其他废水，防止这些废水沿路面横向漫流。

2）路侧边沟排水坡度宜与隧道纵坡一致。

3）路侧边沟宜采用矩形断面。路侧边沟为暗沟时，应按 25～30m 间距设滤水箅和沉沙池。矩形盖板式路侧边沟有活动盖板（明沟）和覆盖式盖板（暗沟）两种（图6-14）。

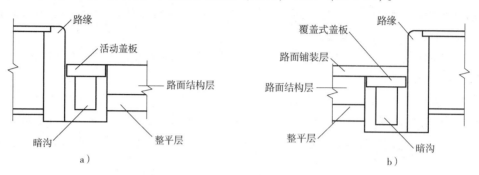

图 6-14　盖板式路侧边沟

a）活动盖板边沟　b）覆盖式盖板边沟

4）当隧道内不设中心水沟时，衬砌背后的地下水可引入路侧边沟，路侧边沟沟底低于路面结构层底不宜小于50mm。

5）电缆沟积水对设备运行产生影响，寒冷地区会结冰，应采取措施防止电缆沟积水。一般可在电缆沟底部设 50mm×50mm～80mm×80mm 的纵向凹槽，并在电缆沟与路侧边沟之间沿隧道纵向间隔 10～20m 距离设排水孔，将电缆沟内的积水引入路侧边沟。

隧道路面结构层以下中心水沟是为了排除衬砌背后积水，同时疏导隧道底部渗水、冒水，也是为了满足清洁水与污水分离排放的需要。严寒地区，设中心水沟，可以起到防寒保温作用。路面结构层以下设中心水沟时，应符合下列规定：

1）中心水沟集中引排衬砌背后地下水和隧道底部冒水，这些水一般为洁净水，与路侧边沟分开设置，水路不连通，以免对洁净水污染。中心水沟宜与路侧边沟分开设置。

2）中心水沟可设在隧道中央，也可设在隧道两侧，位置、数量和深度应根据隧道长度、路面宽度、仰拱形式、冻结深度等确定。对两车道隧道由于仰拱的限制和排水能力的要求，通常是"单沟"。采用单沟时，为了避免中心水沟维修养护时同时占用两个车道，采用偏离行车道中线设置。对三车道、四车道大断面隧道，仰拱中央深度较大，中心水沟设在仰拱填充层中央时，施工定位困难，加之横向导水管从墙边接入中心水沟距离较长，因此，对断面较大的三车道、四车道隧道，中心水沟可双侧布置。

3）中心水沟断面宜采用矩形，断面尺寸应根据隧道长度、纵坡、地下水涌水量确定。

4）中心水沟宜按 50～200m 间距设沉沙池，并根据需要设检查井。检查井位置、构造应便于清理和检查，检查井间距不宜大于200m。

5）检查井井盖可被路面面层覆盖。

路面结构底排水应符合下列规定：

1）路面垫层（找平层）或仰拱填充层顶面设不小于1.5%的横向排水坡度，在设有中心水沟的地段，应向中心水沟倾斜。不设中心水沟的隧道，垫层（找平层）或仰拱填充层横向排水坡度与路面一致。

2）在隧底有渗水的地段，宜沿隧道纵向每隔 3～8m 设横向透水盲管。横向透水盲管是设在路面结构层底、顶层（找平层）或仰拱填充层顶横向凿槽埋设透水管形成的横向透水排水盲沟，只是在路面范围内埋设，布置在垫层或仰拱填充施工缝、隧底冒水位置，有利于排出路面底部渗水。

3）不设中心水沟的隧道，横向透水盲沟排水坡度宜与路面横坡一致，并应与较低一侧路侧边沟连通，连通口不应低于路侧边沟沟底。

4）设有中心水沟的隧道，横向透水盲沟排水坡度不应小于1.5%，并应向中心水沟倾斜，与中心水沟连通。

5）横向透水盲管宜采用透水性较好的渗水管，需要地下水进入，沿管内通道排入路侧边沟或中心水沟，一般采用弹簧透水管，直径不应小于50mm。

隧道排水系统设计应符合以下规定：

1）应根据公路等级并结合路面横坡的变化情况在隧道内行车道边缘设置双侧或单侧排水沟，路面结构下宜设置中心排水沟，水沟的侧面应留有足够的泄水孔。

2）隧道内纵向排水沟坡度应与路线纵坡一致，排水坡度不宜小于0.5%，困难地段不应小于0.3%。路面排水横坡不应小于1%，横向排水暗（盲）沟管坡度不应小于2%。

3）隧道内排水沟管过水断面，应根据水力计算确定。排水沟管应设置沉沙井、检查井，并铺设盖板，其位置、结构构造应便于检查、维修和疏通。为了防止检查井盖板受车轮冲击碾压及影响行车，宜在钢盖板顶面角柱水泥混凝土盖板，混凝土盖板顶部应与水泥混凝土路面齐平。

隧道衬砌排水设计应符合下列规定：

1）二次衬砌边墙背后底部应设纵向排水盲管，其排水坡度应与隧道纵坡一致，管径不应小于100mm，纵向排水盲管设置位置不得侵占二次衬砌空间。

2）为了将长期背后地下水迅速引到边墙脚，反之长期背后积水，在防水层与初期支护间设环向、竖向排水通道。排水通道可采用环向盲管、竖向盲管、排水板、排水型防水板等。当采用环向盲管、竖向盲管时，设置间距根据出水量大小、出水面积确定。防水层与初期支护间应设环向排水盲管，其间距不宜大于10m，水量较大的地段应加密，围岩由集中水渗出时可单独加设竖向排水盲管直接引排。环向排水盲管、竖向排水盲管应与纵向排水盲管连通，直径不应小于50mm。

3）设置横向导水管的作用是将长期背后的地下水引出，导入中心水沟或路侧边沟。横向导水管应在衬砌边墙脚穿过二次衬砌与纵向排水盲管连通，设有中心水沟的隧道应连接至中心水沟，不设中心水沟的隧道应连接至路侧边沟。横向导水管直径不宜小于80mm，排水坡度不宜小于1%，沿隧道纵向间距不宜大于10m，水量较大的地段应加密。

图6-15、图6-16给出了隧道衬砌排水系统示意。

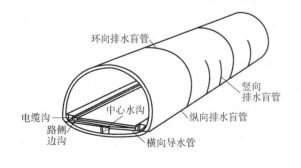

图6-15　隧道衬砌排水系统示意图

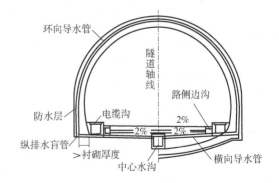

图6-16　隧道衬砌排水系统横断面图示意图

6.1.7 隧道洞口设计

隧道洞口设计应遵循"早进洞、晚出洞"的原则，以贯彻"不破坏就是对环境最大的保护"的设计理念，避免在洞口形成高边坡和高仰坡，防止滑坡、崩塌、危岩落石等不良地质危害，减少对原有的地表形态破坏，保护自然环境。

洞口的位置应根据地形、地质条件、洞外相关工程及施工条件，结合环境保护、运营要求，通过经济、技术比较确定。

隧道洞口位置从地形上看有以下几种形式（图6-17）：

1）坡面正交型——隧道洞口轴线与地形等高线正交的形式，最为理想。

2）坡面斜交型——隧道洞口轴线与地形等高线斜交，边坡斜面与洞门斜交，往往存在偏压，洞门形式要考虑可能存在的偏压影响。

3）坡面平行型——隧道洞口轴线与地形等高线接近平行，是一种较为极端的斜交情况，隧道洞口段在较长区段的外侧覆盖层较薄，偏压问题突出。当出现这种情况时，按如图6-18所示考虑偏压影响。

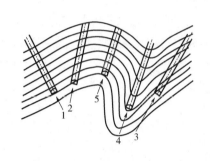

图6-17　隧道洞口与地形的关系示意图
1—坡面正交型　2—坡面斜交型　3—坡面平行型
4—山脊突出部进入型　5—沟谷部进入型

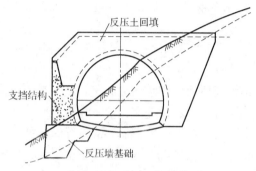

图6-18　抗偏压结构示意图

4）山脊突出部进入型——山脊突出部一般是稳定的，但要注意两侧冲沟洪水汇集对隧道洞口的影响。

5）沟谷部进入型——存在岩堆等不稳定堆积层，地下水位较高，可能存在洪水、泥石流、积雪等自然灾害威胁。

洞口位置确定应符合下列规定：

1）应设于山体稳定、地质条件较好的位置，避免选择下列位置：

①堆积堤、滑坡、岩层松散、岩层破碎、地形陡峭，容易产生坍塌、落石的位置。

②地形等高线与隧道轴线小角度斜交的位置。

③受洪水、泥石流威胁的位置。

2）隧道轴线宜与地形等高线呈大角度相交。

3）跨沟或沿沟进洞时，应考虑水文情况，结合防护工程、防排水工程，综合分析确定。

4）缓坡地段进洞时，应结合隧道进洞条件、洞外路堑设置条件、边仰坡防护、排水、施工和占用耕地等因素，综合分析确定。

缓坡地段的隧道洞口采用较长路堑时，造价低、占地较多，洞口形成较长路堑；采用较长隧道时，提早进洞，造价高、占地较少。对连拱隧道、小净距隧道采用较长路堑较好；对分离式双洞隧道或单洞隧道，采用较长隧道较好。

洞口设计应符合下列规定：

1）减少洞口边坡及仰坡开挖，避免形成高边坡、高仰坡，最大限度地减少对原地面的扰动。

2）洞口边坡、仰坡根据情况采取放坡、喷锚、设置支挡结构物、接长明洞等措施进行防护，宜采用绿化护坡。

3）受暴雨、洪水、泥石流影响时，应设置防洪设施。

4）位于陡崖下的洞口，应清除危石，不宜切削山坡，宜接长明洞。

5）附近地面建筑及地下埋设物与洞口相互影响时，应采取防范措施。

6.1.8　隧道洞门设计

1. 隧道洞门类型

洞门是隧道唯一的外露部分，也是联系洞内衬砌与洞外路基的结构；是隧道结构的重要组成部分，也是标志隧道的建筑物。隧道洞门的作用是支挡洞口正面仰坡和路堑边坡，阻截仰坡上方少量剥落、掉块，围护边坡、仰坡的稳定，并将坡面汇水引离隧道。隧道洞门应根据隧道跨度、洞口地形、地质条件、水文条件、周围建（构）筑物以及当地自然景观和人文景观等进行设计。

公路隧道的洞门主要有端墙式洞门和明洞式洞门两种。端墙式洞门包括墙式洞门、翼墙式洞门、台阶式洞门、柱式洞门、拱翼式洞门。翼墙是隧道洞口平行于路线的路基边坡支挡结构，与洞门端墙相连。明洞式洞门包括直削式洞门、削竹式洞门、倒削竹式洞门、喇叭口式洞门、棚洞式洞门和框架式洞门。明洞式洞门（除棚洞式洞门和框架式洞门外）是隧道洞口段衬砌突出于山体坡面的结构。各种隧道洞门的形式见表6-14。

表 6-14　隧道洞门的形式

分类	名称	简图	适用范围
端墙式洞门	墙式门洞	正面　　侧面	适用于仰坡陡峻、山凹地形、斜交地形的狭窄地带
	翼墙式门洞	正面　　侧面	
	台阶式门洞	正面　　侧面	
	柱式门洞	正面　　侧面	
	拱翼式门洞	正面　　侧面	

（续）

分类	名称	简图	适用范围
明洞式洞门	直削式洞门	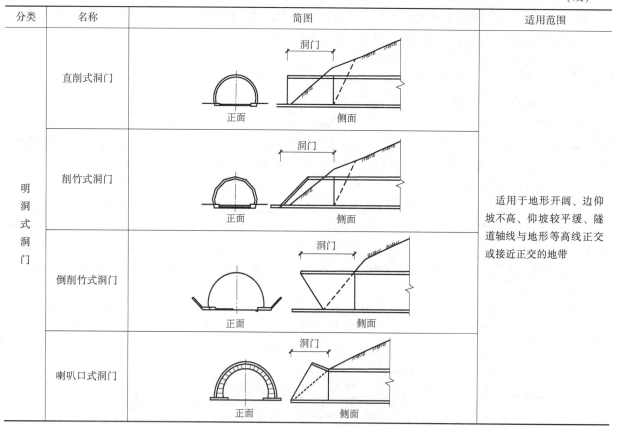	适用于地形开阔、边仰坡不高、仰坡较平缓、隧道轴线与地形等高线正交或接近正交的地带
	削竹式洞门		
	倒削竹式洞门		
	喇叭口式洞门		

棚洞式洞门和框架式洞门是明洞式洞门的一种，在仰坡、边坡较高，易发生碎落的洞口采用棚洞；在隧道上方覆盖层较薄，又有公路从上跨越或有其他建筑物在隧道上方时，采用框架式洞门。

不论隧道轴线与地形等高线的关系如何，洞门宜与隧道轴线正交，既视觉美观，又有利于行车安全。

2. 端墙式洞门设计

端墙式洞门设计应符合下列规定：

1）洞门端墙和翼墙应具有抵抗来自仰坡、边坡土压力的能力，应按挡土墙结构进行设计。洞门墙身最小厚度不应小于 0.5m，翼墙墙身厚度不应小于 0.3m。

2）洞顶仰坡与洞顶回填顶面的交线至洞门端墙墙背的水平距离不宜小于 1.5m，以防仰坡土石掉落到路面上，也便于洞门端墙与仰坡之间排水沟的设置；洞顶排水沟沟底至拱顶衬砌外缘的最小厚度不应小于 1.0m，以免落石冲击破坏拱圈；洞门端墙墙顶应高出墙背回填面 0.5m，一方面可以防止掉落土石弹出飞落到路面，同时也可作为养护维修人员在拱顶检测维修时的安全护栏。洞门墙背顶部构造如图 6-19 所示。

3）洞门端墙应根据需要设置伸缩缝、沉降缝和泄水孔。

4）洞门端墙基础应置于稳固地基上，并埋入地面下一定深度。嵌入岩石地基的深度不应小于 0.2m；埋入土质地基的深度不应小于 1.0m。基底埋置深度应大于靠墙设置的各种沟、槽底的埋置深度。地基为冻胀土层时，基底高程应在最大冻结深度以下不小于 0.25m。

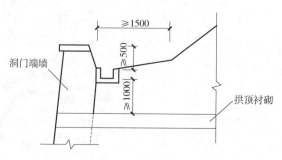

图 6-19　洞门墙背顶部构造（单位：mm）

5）地基承载力不足时，应进行加固处理。常用的地基加固措施有扩大基础、桩基、筏板基础、地基换填、压浆等。

6）地面结构设计应满足抗震要求。

3. 明洞式洞门设计

明洞式洞门设计应符合下列要求：

1）洞门结构是洞口衬砌的一部分，也是明洞衬砌，因此洞口段衬砌应采用钢筋混凝土结构。

2）洞口段衬砌应伸出原山坡坡面或设计回填坡面不小于 500mm（图 6-20）。

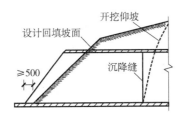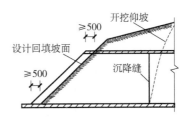

图 6-20　洞口衬砌仰斜面伸出坡面构造（单位：mm）

3）洞口段衬砌端面可呈直削、削竹、倒削竹或喇叭形。衬砌端面直立时为直削式洞门，仰斜时为削竹式洞门，俯斜时为倒削竹式洞门，喇叭形时为喇叭式洞门。

4）采用削竹式洞门时，削竹面仰斜坡率应陡于或等于原山坡坡率或设计回填坡面坡率。

5）设计回填坡面宜按自然山坡坡度回填。采用土石回填时，坡率不宜陡于 1:1，表面宜植草覆盖。

4. 洞门土压力荷载的计算方法

隧道门端墙、翼墙及洞门挡土墙可按下式计算：

（1）最危险破裂面与垂直面之间的夹角 ω

$$\tan\omega = \frac{\tan^2\varphi + \tan\alpha\tan\varepsilon - \sqrt{(1 + \tan^2\varphi)(\tan\varphi - \tan\varepsilon)(\tan\varphi + \tan\alpha)[1 - \tan\alpha\tan\varepsilon]}}{\tan\varepsilon(1 + \tan^2\varphi) - \tan\varphi[1 - \tan\alpha\tan\varepsilon]} \qquad (6-25)$$

式中　φ——围岩计算摩擦角（°）；

ε、α——地面坡角与墙面倾角（°），如图 6-21 所示。

（2）土压力

$$E = \frac{1}{2}\gamma\lambda[H^2 + h_0(h' - h_0)]b\xi \qquad (6-26)$$

$$\lambda = \frac{(\tan\omega - \tan\alpha)(1 - \tan\alpha\tan\varepsilon)}{\tan(\omega + \varphi)[1 - \tan\omega\tan\varepsilon]} \qquad (6-27)$$

$$h' = \frac{a}{\tan\omega - \tan\alpha} \qquad (6-28)$$

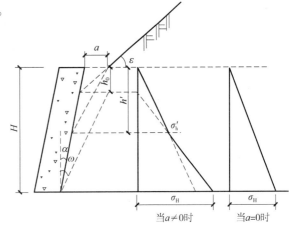

图 6-21　洞门土压力荷载计算

式中　E——土压力（kN）；

γ——地层重度（kN/m³）；

λ——侧压力系数，按式（6-27）计算；

ω——墙背土体破裂角（°）；

b——洞门墙计算条带宽度（m）；

ξ——土压力计算模式不确定性系数，可取 $\xi = 0.6$。

5. 洞门墙设计

洞门墙计算应符合以下规定：

1）洞门墙宜按工程类比法初步拟定洞门墙尺寸，对墙身截面强度、偏心距、基底应力、抗滑和抗倾覆稳定性进行验算后，根据验算结果调整墙身厚度，直至选定一个安全、经济的墙身厚度。

2）洞门的墙身强度、偏心距、抗滑稳定性、抗倾覆稳定性及基底应力应符合表6-15的规定。

表 6-15　洞门主要验算规定

项目	主要验算规定
墙身截面荷载效应值 S_d	≤结构抗力效应值 R_d（按极限状态设计）
墙身截面偏心距 e	≤0.3 倍截面厚度
基底应力 σ	≤地基容许承载力
基底偏心距 e	岩石地基≤$B/5 \sim B/4$，土质地基≤$B/6$（B 为墙底厚度）
滑动稳定安全系数 K_c	≥1.3
倾覆稳定安全系数 K_0	≥1.6

3）洞门墙上的主要作用为墙背土压力、墙身自重和地震作用力。作用于洞门墙墙背上的主动土压力可按库伦理论计算，以土压力的水平分量控制设计，墙前部的被动土压力可不计入。

洞门墙的倾覆稳定性可按下式计算：

$$K_0 = \frac{\sum M_y}{\sum M_0} \tag{6-29}$$

式中　K_0——倾覆稳定系数，$K_0 \geqslant 1.6$；

　　　M_y——垂直力对墙趾的稳定力矩；

　　　M_0——水平力对墙趾的倾覆力矩。

洞门墙的抗滑稳定性可按下列公式计算：

$$K_c = \frac{(\sum N + \sum E \tan\alpha)f}{\sum E - \sum N \tan\alpha} \tag{6-30}$$

式中　K_c——滑动稳定系数，$K_c \geqslant 1.3$；

　　　N——作用于基底上的垂直力；

　　　E——墙后主动土压力的水平分力；

　　　f——基底摩擦系数；

　　　α——基底倾斜角。

洞门墙基底合力的偏心距可按式（6-31）～式（6-35）计算：

1）水平基底。

$$e = \frac{B}{2} - c \tag{6-31}$$

$$c = \frac{\sum M_y - \sum M_0}{\sum N} \tag{6-32}$$

2）倾斜基底。

$$e' = \frac{B'}{2} - c' \tag{6-33}$$

$$c' = \frac{\sum M_y - \sum M_0}{\sum N'} \tag{6-34}$$

$$N' = \sum N \cos\alpha + \sum E \sin\alpha \tag{6-35}$$

式中　e、e'——水平基底、倾斜基底偏心距；

　　　B、B'——水平基底、倾斜基底宽度；

其他符号意义同前。

洞门墙的基础应力可按式（6-36）～式（6-39）计算：

1）水平基底。

$$e \leqslant \frac{B}{6} \text{时，} \quad \genfrac{}{}{0pt}{}{\sigma_{max}}{\sigma_{min}} = \frac{\sum N}{B}\left(1 \pm \frac{6e}{B}\right) \tag{6-36}$$

$$e > \frac{B}{6}时,\ \sigma_{\max} = \frac{2}{3}\frac{\sum N}{c} \tag{6-37}$$

2）倾斜基底。

$$e' \leqslant \frac{B'}{6}时,\ \begin{array}{c} \sigma_{\max} \\ \sigma_{\min} \end{array} = \frac{\sum N'}{B'}\left(1 \pm \frac{6e'}{B'}\right) \tag{6-38}$$

$$e' > \frac{B'}{6}时,\ \sigma_{\max} = \frac{2}{3}\frac{\sum N'}{c'} \tag{6-39}$$

式中　$\sigma_{\max}$——基底最大压应力;

　　　$\sigma_{\min}$——基底最小压应力;

其他符号含义同前。

洞门墙的墙身截面偏心距及强度可按式（6-40）和式（6-41）计算:

1）偏心距 e_b。

$$e_b = \frac{M}{N} \tag{6-40}$$

式中　M——计算截面之上各力对截面形心力矩的代数和;

　　　N——作用于计算截面之上垂直力之和。

2）截面应力 σ。

$$\sigma = \frac{N}{A} \pm \frac{M}{W} \tag{6-41}$$

式中　A——计算截面的面积;

　　　W——计算截面抵抗矩;

其他符号含义同前。

当基底最大压应力接近地基承载力容许值时,对基底偏心距要求:当为土质地基时,基底合力偏心距应小于 1/6 基础宽度;当为软质岩石地基时,基底合力偏心距应小于 1/5 基础宽度;当为硬质岩石地基时,基底合力偏心距应小于 1/4 基础宽度。

当截面偏心距符合上述规定,但截面出现拉应力时,若拉应力值不大于墙体材料的容许拉应力,则截面强度符合规定;当拉应力值大于墙体材料的容许拉应力时,可不考虑墙体拉应力,按受压区应力重分布重新验算最大压应力,其值不得大于墙体材料的容许压应力。

6.1.9　隧道施工开挖方法设计

分离隧道（或单洞）的施工方法可根据岩体稳定程度、隧道跨度等条件,采用全断面法、台阶法、分部开挖法三类方法及由其演变的开挖方法。各类隧道施工开挖方法见表 6-16。

表 6-16　施工开挖方法分类

编号	施工方法		适用围岩级别	
			双车道隧道	三车道隧道
1	全断面法		I ~ III	I ~ II
2	台阶法	长台阶法	III ~ IV	II ~ III
		短台阶法	IV ~ V	III ~ IV
		超短台阶法	V	IV
3	分部开挖法	台阶分部开挖法	V ~ VI	III ~ IV
		单侧壁导坑法	V ~ VI	IV ~ V
		双侧壁导坑法	—	V ~ VI
		CRD 开挖法	V ~ VI	IV ~ VI

（1）全断面法（图6-22）　全断面法按照隧道设计轮廓线一次爆破成形，具有工序少、相互干扰少、便于组织施工和管理、工作空间大以及施工速度快等特点。全断面法宜用于岩质较完整的硬岩中，应注意初期支护及时跟进，稳定围岩，充分发挥围岩的承载作用。

（2）台阶法　台阶法包括长台阶法、短台阶法和超短台阶法三种。

1）长台阶法（图6-23）。该工法将断面分成上、下两个断面进行开挖，上、下断面相距较远，上台阶宜超前50m以上或大于5倍洞跨，上、下断面可平行作业。当隧道长度较短时，可先将上半断面全部挖通后再进行下半断面施工，即为半断面法。

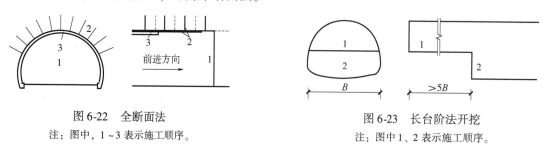

图6-22　全断面法
注：图中，1~3表示施工顺序。

图6-23　长台阶法开挖
注：图中1、2表示施工顺序。

2）短台阶法（图6-24）。该工法将隧道分成上、下两个断面进行开挖，两个断面相距较近，上台阶长度宜在1~5倍洞跨范围内，两台阶不应全部平行作业。采用短台阶法时，初期支护全断面闭合宜在距开挖面30m以内，或距开挖上半断面开始的30d内完成。当初期支护变形、下沉显著时，应及时采取稳固措施。短台阶法可缩短支护结构闭合的时间，改善初期支护的受力条件，有利于控制隧道收敛速度和量值。

3）超短台阶法（图6-25）。该工法要求上台阶仅超前5~10m，只能采用交替作业，机械设备集中，作业时相互干扰较大，生产效率较低，施工速度较慢。采用超前短台阶法开挖时应特别注意开挖工作面的稳定性，应设置强有力的超前辅助施工措施。采用超短台阶法开挖初期支护全断面闭合时间应更短，以有利于控制围岩变形，适用于膨胀性、土质等软弱围岩及要求尽早闭合支护断面的施工场地条件。

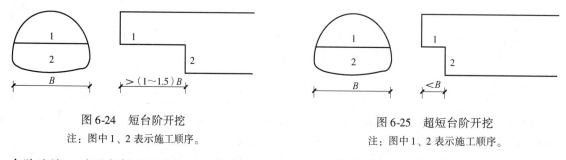

图6-24　短台阶开挖
注：图中1、2表示施工顺序。

图6-25　超短台阶开挖
注：图中1、2表示施工顺序。

台阶法施工时下半断面的开挖（也称落底）和封闭采用单侧落底或双侧交错落底，应避免上部初期支护两侧拱脚同时悬空，视围岩状况宜控制落底长度为1~2m，不得大于3m。设计时可采取扩大拱脚、打设拱脚锚杆、加强纵向连接等措施。

（3）分部开挖法　分部开挖法包括台阶分部开挖法、单侧壁导坑法（中隔墙或CD法）、双侧壁导坑法（眼睛工法或DCD法）、CRD开挖法（十字中隔墙法）四种。

1）台阶分部开挖法——环形开挖留核心土法（图6-26）。该工法将断面分成环形拱部、上部核心土、下部台阶三部分。根据开挖断面的大小，环形拱部可分成几块交替开挖。环形开挖进尺为0.5~1.0m，不宜过长，上部核心土和下部台阶的距离，

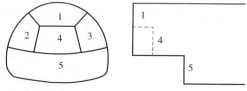

图6-26　台阶分部开挖法
注：图中1~5表示施工顺序。

宜为 1 倍隧道跨径。当围岩稳定性差、开挖后掌子面易坍塌时，可转化为三台阶法施工，上台阶开挖长度 1~2m，中台阶及时跟进，做到及早落底成环。

采用台阶分部开挖法宜注意以下几点：

①台阶分部开挖法中，上部留有的核心土支挡着开挖面，应迅速及时地施作拱部初期支护，开挖面稳定性好，适用于一般土质或易坍塌的软弱围岩。与超短台阶法相比，台阶分部开挖法的台阶长度可以加长，减少上、下台阶施工干扰；与侧壁导坑法相比，施工机械化程度较高，施工速度更快。

②采用台阶分部开挖法时，虽然核心土增强了开挖面的稳定，但开挖中围岩要经受多次扰动，而且断面分块多，支护结构形式形成全断面封闭的试件较长，有可能使围岩变形增大，应结合辅助施工措施对开挖工作面及其岩体进行预支护或预加固。

③台阶分部开挖法可作为台阶法施工的及时转换，利用其较台阶法落底成环更早，可有效地减小围岩的变形收敛。

2）单侧壁导坑法——中隔墙或 CD 法（图 6-27）。该工法将断面分成两大块，其中每一块采用上下台阶法开挖。侧壁导坑尺寸应根据地质条件、断面形状、机械设备和施工条件而定，其宽度宜为 0.5 倍洞宽。临时中隔壁可设置为弧形或直线形，其强度应根据地质条件确定。

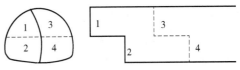

图 6-27　单侧壁导坑法
注：图中 1~4 表示施工顺序。

单侧壁导坑法的施工作业顺序为：

①以上下台阶法开挖侧壁导坑，并进行初期支护（锚杆加钢筋网，或锚杆加钢支撑，或钢支撑，喷射混凝土），应尽快使导坑的初期支护闭合。

②相隔 30~50m 后，以上下台阶法开挖另一侧导坑，使其一侧支承在导坑的初期支护上，并尽快施作底部初期支护，使全断面闭合。

③拆除导坑支护中的临时初期支护。

④浇筑二次衬砌。

3）双侧壁导坑法——眼睛工法或 DCD 法（图 6-28）。该工法可适用于隧道跨度相对较大、地表沉陷要求严格、围岩条件特别差、单侧壁导坑法难以控制围岩变形的地段。该工法将断面分成四块：左、右侧壁导坑，上部核心土，下台阶。侧壁导坑的宽度应根据机械设备和施工条件确定，尺寸不宜超过断面最大跨度的 1/3。左、右侧壁导坑错开的距离，应按开挖一侧导坑引起的围岩应力重新分布的影响不致波及另一侧已成导坑的稳定为原则予以确定，且不宜小于15m，临时支护导坑宜设置为弧形。

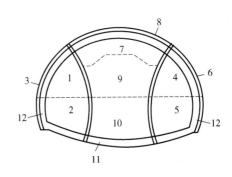

图 6-28　双侧壁导坑法
注：图中 1~12 表示施工顺序。

双侧壁导坑设计的施工作业顺序为：

①开挖一侧导坑，并及时将其初期支护闭合。

②相隔适当距离后开挖另一侧导坑，并施作初期支护。

③开挖上部核心土，施作拱部初期支护，拱脚支承在两侧壁导坑的初期支护上。

④开挖下台阶，施作底部的初期支护，使初期支护全断面闭合。

⑤拆除临时支护，浇筑二次衬砌。

4）CRD 开挖法——十字中隔墙法（图 6-29）。该工法适用于大跨度或特大跨度隧道断面，特别是软弱围岩施工和受力不均匀的隧道。该工法将隧道整个断面分割成若干个开挖单元，具有台阶法及侧壁导坑法的优点，同时又具有施工进度快、工序转换灵活的特点。CRD 开挖法应配备小型挖掘机转载设备，临时中隔壁设置为弧形。

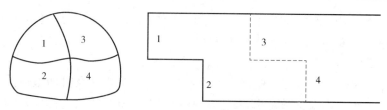

图 6-29　CRD 开挖法

注：图中 1~4 表示施工顺序。

各导坑的开挖距离应小于 1 倍洞跨，各导坑应及时封闭呈环。

6.1.10　隧道内路基与路面

隧道内路基与路面和洞外路段相比存在以下特殊性：

1）隧道路基（底板）处于山体中，地下水对路基路面的影响更大。

2）隧道为管状构筑物，空间狭小，存在汽车排放废气积聚等现象，这些废气、油烟、粉尘在路面表面的粘附比洞外大。油渍路面污染，粉尘的粘聚使路面抗滑性能变差，且得不到天然降雨的冲洗，长期作用影响路面的抗滑性能。

3）洞内发生火灾时，其温度对路面的影响比洞外严重。

4）洞内路基路面受场地条件的限制，施工条件差，维护难度大。

5）行车安全受雨天影响大，隧道洞口段车辆带进的水，降低路面的抗滑性能。

6）洞内行车条件总体上光线差，视觉环境差，对行车不利。

上述这些特殊性使得隧道内的交通量、行车速度、平纵线形指标、气候条件对行车安全影响比一般路段更大。隧道路面结构对抗地下水的侵蚀及抗软化能力应比洞外更高，刚性路面系统水稳性好，对环境适应性较强，目前国内隧道也多采用刚性路面系统。刚性路面系统包括面层为水泥混凝土路面（含钢纤维混凝土路面、连续配筋混凝土路面）和沥青混合料上面层与水泥混凝土（含钢纤维混凝土路面、连续配筋混凝土路面）下面层组成的复合路面。

1. 路基

隧道路基应为稳定、密实、均质路基，为路面结构提供均匀的支承。

隧道内路基有两种类型：设仰拱隧道的仰拱填充隧道路基和不设仰拱的天然石质地基作为隧道的路基。

设仰拱的隧道，衬砌结构为封闭结构，地下水的危害影响小，仰拱填充层可为路基层，只要严格按仰拱填充材料和填充要求施工，就可达到路基较好的稳定性、密实性、均质性。

不设仰拱的隧道路基，受地下水影响大，故对水稳性、软化程度提出一定的要求。故除其他物理力学性能要求外，还对地基的水稳性、软化程度提出了更高的要求，因此要求路基为稳定的石质地基。稳定的石质地基是指地基为巨块状、完整的、无显著软化的坚硬岩，较坚硬岩或较软硬岩作天然地基。

隧道内路基宜设完整的中央管（沟）排水系统。对不设仰拱的隧道，当路面上面层采用沥青面层铺装时，其排水系统应使地下水位不高于路基顶面以下 30cm，以减少地下水的毛细管作用使整平层、基层混凝土潮湿，如图 6-30 所示。对设仰拱的隧道，其中央排水沟设在仰拱下，或设在仰拱填充中间。当隧道全长设仰拱时，中央排水沟宜设在仰拱下，否则一般可设置仰拱填充中间，此时中央排水沟高程宜与不设仰拱段相一致，如图 6-31 所示。

2. 路面

高速公路、一级公路隧道宜采用沥青混合料上面层与混凝土下面层组成的复合式路面，其他等级公路隧道可采用复合式路面或水泥混凝土路面。应根据隧道结构和地质条件确定隧道路面结构。不设仰拱的隧道路面应设置基层和面层，可根据需要增设整平层；设仰拱的隧道可只设基层和面层。

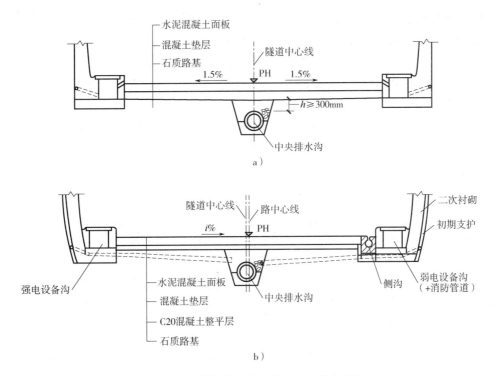

图 6-30　不设仰拱时中央管（沟）排水系统

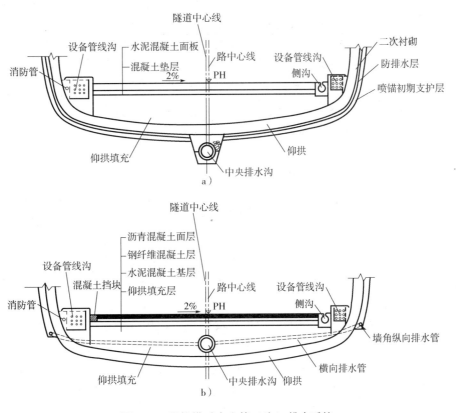

图 6-31　设仰拱时中央管（沟）排水系统

（1）水泥混凝土面层　二至四级公路隧道路面宜采用设接缝的水泥混凝土面层。水泥混凝土面层厚度：三级、四级公路宜为 200～220mm，二级公路宜为 220～240mm；混凝土强度等级：三级、四级公路宜为 C35～C40，抗折强度宜为 4.0～4.5MPa，二级公路不宜小于 C40，抗折强度宜为 4.5～5.0MPa。

一级公路、高速公路隧道路面应采用连续配筋钢筋混凝土面层或钢纤维混凝土面层。水泥混凝土面层厚度宜为 240~260mm，混凝土强度等级宜为 C40~C50，抗折强度不宜小于 5.0MPa。

纵向刻槽主要增大横向滑动或转向摩擦力，可防止侧滑；横向刻槽主要增大纵向制动摩擦力，缩短制动距离。对二级及以下公路隧道一般路段水泥混凝土路面可采用横向刻槽，在大纵坡段、高速公路、一级公路隧道路面宜采用纵向刻槽或横向刻槽和纵向刻槽结合使用的方法提高水泥混凝土路面的抗滑能力。路面表面构造应采用刻槽、压槽、拉槽或凿毛等方法制作，构造深度在使用初期，高速公路、一级公路为 0.8~1.2mm，二级、三级、四级公路为 0.6~1.0mm。

水泥混凝土路面结构见图 6-32。

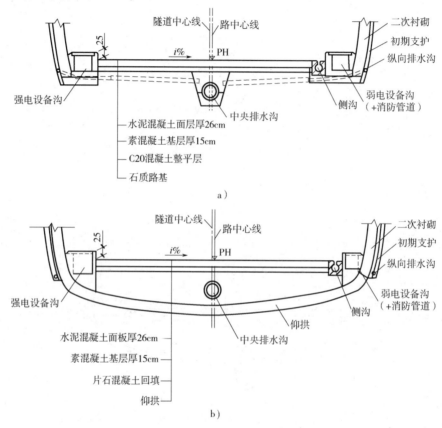

图 6-32　水泥混凝土路面结构
a）不设仰拱的情况　b）设仰拱的情况

（2）复合式路面沥青上面层　隧道复合式路面沥青上面层铺装结构应由黏结层和沥青面层组成。沥青面层厚度一般为 80~100mm，宜采用双层式沥青面层。黏结层是使沥青下面层、防水层与混凝土面板连接成整体的结构层。

在混凝土面板易出现裂缝或缝隙张开处，可在混凝土下面层或钢筋混凝土结构底板上设调平层，以减少沥青面层的反射裂缝。沥青上面层在调平层上铺装时，混凝土调平层厚度不宜小于 80mm，并应设钢筋网；纤维混凝土调平层厚度不宜小于 60mm；调平层混凝土强度应与下层钢筋混凝土结构面板一致，并应结合紧密。

复合式路面结构见图 6-33。

洞内采用水泥混凝土路面而洞外采用沥青路面时，应设置与洞外路段保持一致的洞内过渡段，并应符合下列规定：

1）高速公路、一级公路的中隧道、长隧道和特长隧道，洞内进口过渡段长度不应小于隧道照明入口段、过渡段合计长度，且不应小于 300m，洞内出口过渡段长度不应小于 3s 设计速度行程长度。

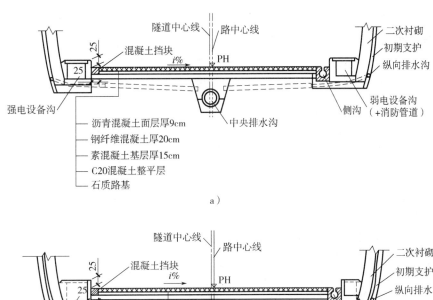

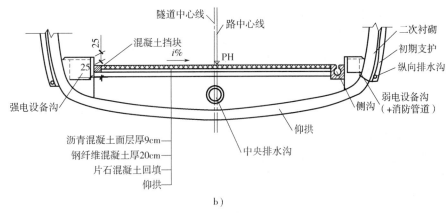

图 6-33　复合式路面结构

a）不设仰拱的情况　b）设仰拱的情况

2）高速公路和一级公路的短隧道及二级、三级、四级公路隧道，洞内进、出口路面过渡段长度不应小于 3s 设计速度行程长度，且不应小于 50m。

隧道不同路面结构衔接应符合下列规定：

1）桥隧相接或固定构造物相衔接的胀缝无法设置传力杆时，可在距接缝 10～15m 长的水泥混凝土路面结构内配置双层钢筋网。

2）隧道内水泥混凝土路面面层与沥青路面面层衔接时，沥青路面面层一侧应设不少于 3m 长的过渡段。过渡段的路面采用两种路面呈阶梯状叠合布置，其下变厚水泥混凝土过渡板厚度不应小于 200mm。过渡段与水泥混凝土面层相接处的接缝内宜设直径 25mm、长 700mm、间距 400mm 的拉杆。

隧道内的混凝土路面与沥青路面相接时，可按图 6-34 所示设置过渡段。

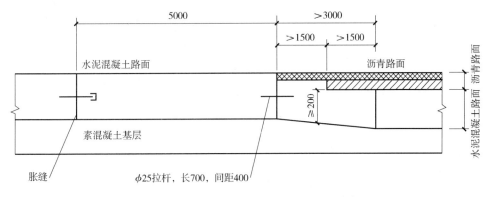

图 6-34　混凝土路面与沥青路面相接过渡段（单位：mm）

6.2 设计实例

6.2.1 设计资料

某高速公路（设计速度100km/h）隧道，设计资料如下，试进行隧道洞身、隧道衬砌、隧道洞门、隧道洞室防水剂排水以及隧道开挖方案等设计。

1）围岩级别：Ⅰ级；
2）围岩容重：26kN/m³；
3）隧道埋深：18m；
4）隧道行车要求：三车道高速公路，时速100km/h；
5）隧道衬砌截面强度校核：$N=18.588t$、$M=-1.523t \cdot m$；
6）隧道洞门验算：地基土摩擦系数$f=0.8$，
　　　　　　　　地基土容重$\gamma=19kN/m^3$，
　　　　　　　　地基允许承载力$[\sigma_0]=800kPa$。

6.2.2 隧道洞身设计

1. 隧道建筑限界的确定

该隧道横断面设计是针对三车道高速公路Ⅰ级围岩的隧道。根据《公路隧道设计规范　第一册　土建工程》（JTG 3370.1—2018），选取隧道建筑限界基本值如下：

W——行车道宽度，取$3.75 \times 3m = 11.25m$；

C——余宽，本设计设置检修道，取$C=0$；

R——人行道宽度，$R=0$；

J——检修道宽度，左侧1.00m，右侧1.00m；

H——建筑限界高度，取5.0m；

L_L——左侧向宽度，取0.75m；

L_R——右侧向宽度，取1.00m；

E_L——建筑限界左顶角宽度，取0.75m；

E_R——建筑限界右顶角宽度，取1.00m；

h——步道高度，取0.4m；

V_k——设计行车速度，取100km/h；

隧道净宽：（11.25 + 1.00 + 0.75 + 1.00 + 1.00）m = 15.00m；

检修道净空高度：2.5m。

路面横向坡度：采用单面坡设计，参照《公路隧道设计规范　第一册　土建工程》（JTG 3370.1—2018）横向坡度通常取1.5%~2.0%，在本设计中，取横向坡度$i=2.0\%$

具体建筑限界设计见图6-35。

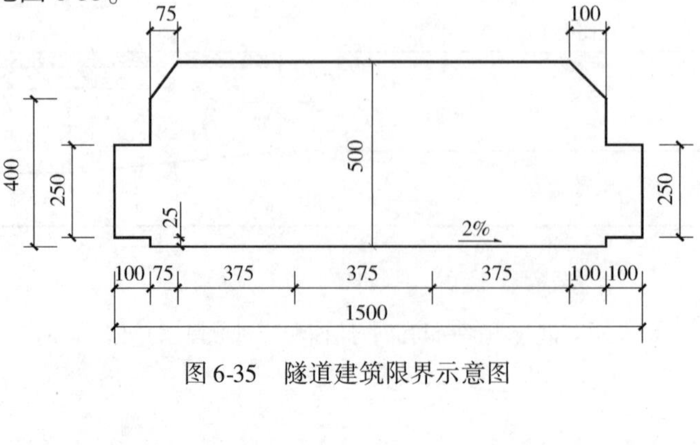

图6-35　隧道建筑限界示意图

2. 隧道内轮廓线的确定

根据《公路隧道设计规范　第一册　土建工程》（JTG 3370.1—2018）及设计经验，并结合实际情况，由于单心圆法确定的内轮廓线与建筑限界空余空间太多，增加工作量，影响施工进度，不经济，所以本设计采取三心圆进行设计。由于为Ⅰ级围岩，不需设置仰拱。具体尺寸见图 6-36。

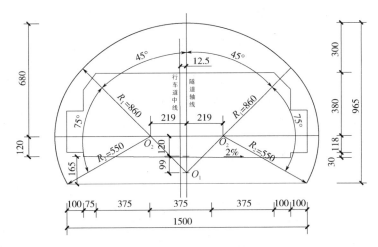

图 6-36　隧道内轮廓线示意图

6.2.3　隧道衬砌设计

1. 隧道深埋与浅埋的确定及围岩压力计算

结合后面衬砌尺寸的初步拟定，初期支护厚度为 8cm，二次衬砌厚度为 35cm，预留变形量为零，总计 43cm，则需要由内轮廓线向外取 43cm 厚度，确定开挖高度以及宽度：

开挖宽度：$B_t = [15.00 + (0.08 + 0.35 + 0) \times 2]$ m $= 15.86$ m

开挖高度：$H_t = [9.65 + (0.08 + 0.35 + 0) \times 2]$ m $= 10.51$ m

对于Ⅰ级围岩，$H_p = 2h_q$

又有 $h_p = 0.45 \times 2^{s-1}\omega = 0.45 \times 2^{s-1} \times [1 + i(B_t - 5)]$

s 为围岩等级，$s = 1$；B_t 为隧道宽度，15.86m；i 为围岩压力增减率，当 $B_t = 15.86$m > 5m 时，取 $i = 0.1$。

则 $h_p = 0.45 \times 2^{1-1} \times [1 + 0.1 \times (15.86 - 5)]$m $= 0.9387$m

所以 $H_p = 2h_q = 2 \times 0.9387$m $= 1.8774$m $<< H = 18.0$m

故隧道为深埋隧道。

又 $\dfrac{H_t}{B_t} = \dfrac{10.51}{15.86} = 0.666 < 1.7$，可用公式 $q = \gamma h_q$

围岩容重 $\gamma = 26$kN/m³，则

$$q = \gamma h_q = 26 \times 0.9387 \text{kN/m}^2 = 24.41 \text{kN/m}^2$$

因为该隧道为Ⅰ级围岩，所以围岩水平均布压力 $e = 0$。

2. 隧道衬砌方案的拟定

根据《公路隧道设计规范　第一册　土建工程》（JTG 3370.1—2018），本设计为高速公路，采用复合式衬砌。其中，复合式衬砌是由初期支护和二次衬砌及中间夹防水层组合而成的衬砌形式。

复合式衬砌设计应符合下列规定：

1）初期支护宜采用喷锚支护，即由喷射混凝土、锚杆、钢筋网和钢架等支护形式单独或组合使用。锚杆支护宜采用全长黏结锚杆。

2）二次衬砌宜采用模筑混凝土或模筑钢筋混凝土结构，衬砌截面宜采用连续圆顺的等厚衬砌断面，仰拱厚度宜与拱墙厚度相同。

由表6-5可得，围岩等级为Ⅰ级，预留变形量为零。

由表6-7可得，对于三车道，Ⅰ级围岩，有拱部边墙的喷射混凝土厚度为8cm，局部布置长度为2.5m的锚杆，局部设置钢筋网，不需设置钢架。

最终确定衬砌尺寸及规格为：

深埋隧道外层初期支护：根据《公路隧道设计规范　第一册　土建工程》（JTG 3370.1—2018）规定，采用锚喷支护，锚杆采用普通水泥砂浆锚杆，砂浆锚杆杆体材料采用HRB400热轧带肋钢筋，直径20mm，锚杆长度2.5m，局部布设，采用梅花形布置；喷射混凝土厚度为8cm。

防水层：采用塑料防水板及无纺布，且无纺布密度为300kg/m³。采用1.5mm厚EVA板防水层（满铺），搭接长度为100mm。

二次衬砌：根据《公路隧道设计规范　第一册　土建工程》（JTG 3370.1—2018），厚度为35cm，抗渗等级为S6。

初步拟定初期支护采用C20喷射混凝土，二次衬砌采用C20混凝土。

3. 隧道衬砌截面强度验算

根据设计资料，$N = 18.588t$，$M = -1.523t \cdot m$。

截面偏心距 $e_0 = \dfrac{M}{N} = \dfrac{1.523 \times 10^3}{18.588}$ mm $= 81.935$ mm

因为 $e_0 = 81.935$ mm $> 0.45y_0' = 0.45 \times 350$ mm$/2 = 78.75$ mm，由《混凝土结构设计规范》（GB 50010—2010）（2015年版）可知，对混凝土矩形截面构件，但偏心距 $e_0 > 0.45y_0'$ 时，混凝土矩形截面偏心受压构件由抗拉强度承载力进行控制，并按下式进行计算：

$$N \leqslant \varphi \dfrac{\gamma f_{ct} A}{\dfrac{6e_0}{h} - 1}$$

素混凝土轴心抗拉强度设计值 $f_{ct} = 0.55f_t$（f_t 为混凝土轴心抗拉强度设计值）；

截面抵抗矩塑性影响系数 $\gamma = \left(0.7 + \dfrac{120}{h}\right)\gamma_m$，对矩形截面基本值 $\gamma_m = 1.55$，当 $h < 400$mm，取 $h = 400$mm；当 $h > 1600$mm，取 $h = 1600$mm。

截面面积 $A = b \times h = 1.0 \times 0.35m^2 = 0.35$m^2

C20混凝土抗拉强度设计值 $f_t = 1.1$MPa，则 $f_{ct} = 0.55f_t = 0.605$MPa

截面抵抗矩塑性影响系数，$\gamma = \left(0.7 + \dfrac{120}{h}\right)\gamma_m = \left(0.7 + \dfrac{120}{400}\right) \times 1.55 = 1.55$

构件纵向弯曲系数，贴壁式隧道衬砌、明洞拱圈及背紧密回填的边墙，取 $\varphi = 1$，则

$$\varphi \dfrac{\gamma f_{ct} A}{\dfrac{6e_0}{h} - 1} = 1.0 \times \dfrac{1.55 \times 0.605 \times 0.35 \times 10^6}{\dfrac{6 \times 81.935}{350} - 1}\text{kN} = 811.20\text{kN} > N = 18.588t = 185.88\text{kN}$$

满足强度设计要求。

6.2.4　隧道洞室防水及排水设计

《公路隧道设计规范　第一册　土建工程》（JTG 3370.1—2018）要求隧道防排水应遵循"防、派、截、堵结合，因地制宜、综合治理"的原则，保证隧道结构物和营运设备的正常使用和行车安全。隧道防排水设计应对地表水、地下水妥善处理，洞内外应形成一个完整通畅的防排水系统。

本隧道采用复合式衬砌，在初期支护与二次衬砌之间应铺设1.5mm厚EVA板防水层和300kg/m³

的无纺布；路面结构下设 ϕ300mm 纵向中心水沟，侧边设宽 50mm、深 30mm 的纵向凹槽；在初期两侧边墙背后底部设 ϕ100mm 的纵向排水盲管，纵向排水盲管由 ϕ100mm 的 A 类横向导水管和 ϕ150mm 的 B 类横向导水管与中央排水沟连接。隧道排水构造见图 6-37。

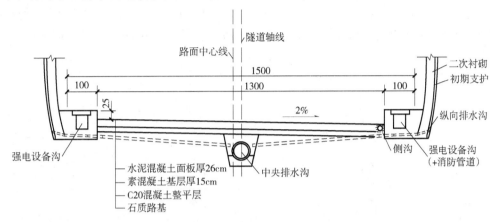

图 6-37　隧道排水构造示意图

隧道二次衬砌施工缝、伸缩缝、沉降缝等是防渗漏水的薄弱环节，应采取可靠的防水措施。可靠的防水措施是指除按施工规范要求处理外，还应进行精心的设计，采用合适的防水材料和构造形式。二次衬砌施工缝、沉降缝的主要构造形式如图 6-38 所示。

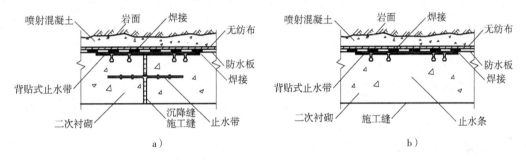

图 6-38　二次衬砌施工缝、沉降缝的主要构造形式

6.2.5　隧道开挖及施工方案

1. 施工方案

本设计要求采用新奥法，由于围岩等级为 Ⅰ 级，故采用全断面开挖，具体方案如图 6-39 所示。开挖步骤为：①全断面开挖。②喷锚支护。③模筑衬砌。

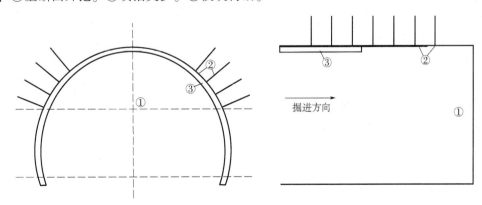

图 6-39　隧道开挖方法

2. 施工顺序

施工准备→确定施工方法→钻爆开挖→现场监控量测→初期支护→放水层铺设→二次衬砌→路面施工→竣工。

钻爆设计：采用直线形布孔，孔眼深度为3.0m；掏槽眼采用柱状掏槽，由于设计的孔眼深度为3.0m，所以采用单临空孔型；周边眼的最小抵抗线为75cm，间距为60cm，具体布图见图6-40。

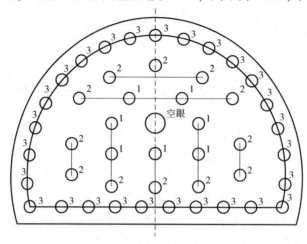

图6-40　爆破示意图

1—掏槽眼　2—辅助眼　3—周边眼

6.2.6　隧道洞门设计

1. 洞门的尺寸设计

（1）洞门类型的确定　采用端墙式洞门。

（2）洞门尺寸的确定　根据《公路隧道设计规范　第一册　土建工程》（JTG 3370.1—2018），洞门边、仰坡坡率为1∶0.3。

根据《公路隧道设计规范　第一册　土建工程》（JTG 3370.1—2018）第7.3.3款第2条，洞顶仰坡与洞顶回填顶面的交线至洞门端墙墙背的水平距离不宜小于1.5m；洞顶排水沟沟底至拱顶衬砌外缘的最小厚度不应小于1.0m；洞门端墙墙顶应高出墙背回填面0.5m。

可取下列值：

洞口仰坡坡脚至洞门墙背的水平距离取（0.8+1.0）m=1.8m；

洞门端墙与仰坡之间水沟的沟底至衬砌拱顶外缘的高度取1.5m；

洞门墙高出坡脚的高度取（1+0.3+0.2）m=1.5m；

洞门厚度由工程类比法取1.0m；

洞门向土体倾覆的坡度取1∶0.1；

基底埋置石质地基的深度取1.2m。

2. 洞门验算

翼墙式洞门是承受土石主动土压力的挡土墙，它与端墙式洞门不同之处在于洞门与翼墙共同承受土石主动土压力，即考虑结构的整体作用。

（1）各项物理学指标（图6-42）

由设计参数和计算得到下列数据：

围岩计算摩擦角 $\varphi=80°$，$\tan\varphi=\tan80°=5.671$

地基土容重 $\gamma=19kN/m^3$

地基土摩擦系数 $f=0.8$

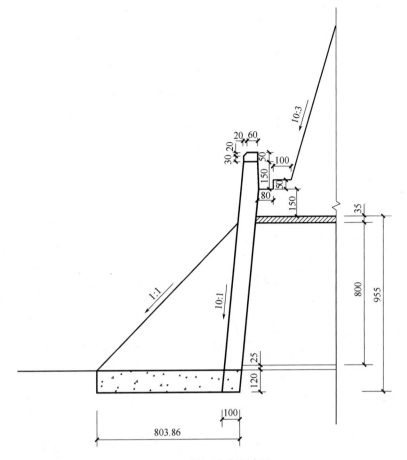

图 6-41　洞门尺寸设计图

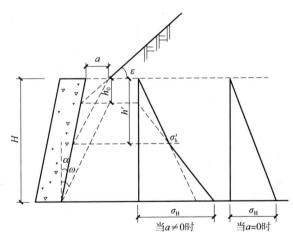

图 6-42　洞门土压力计算

$\tan\alpha = 0.1$，墙面倾角 $\alpha = \arctan0.1 = 5.7°$

$\tan\varepsilon = 3.333$，地面坡脚 $\varepsilon = \arctan3.333 = 73.3°$

（2）最危险破裂面与垂直面之间的夹角 ω

$$\tan\omega = \frac{\tan^2\varphi + \tan\alpha\tan\varepsilon - \sqrt{(1 + \tan^2\varphi)(\tan\varphi - \tan\varepsilon)(\tan\varphi + \tan\alpha)[1 - \tan\alpha\tan\varepsilon]}}{\tan\varepsilon(1 + \tan^2\varphi) - \tan\varphi[1 - \tan\alpha\tan\varepsilon]}$$

代入已知条件，可得 $\tan\omega = 0.1426$，$\omega = \arctan0.1426 = 8.12°$。

（3）土压力计算

侧压力系数

$$\lambda = \frac{(\tan\omega - \tan\alpha)(1 - \tan\alpha\tan\varepsilon)}{\tan(\omega + \varphi)[1 - \tan\omega\tan\varepsilon]}$$

$$= \frac{(0.1426 - 0.1)(1 - 0.1 \times 3.333)}{\tan(8.12° + 80°) \times [1 - 0.1426 \times 3.333]} = 1.78 \times 10^{-3}$$

$$\sigma_H = \gamma H\lambda = 19 \times 6.12 \times 0.00178\text{kPa} = 0.21\text{kPa}$$

$$E = \frac{1}{2}\gamma H^2\lambda = \frac{1}{2} \times 19 \times 6.12^2 \times 0.00178\text{kN} = 0.63\text{kN}$$

$$G = \gamma Hb = 20 \times 6.12 \times 1\text{kN} = 122.4\text{kN}$$

3. 稳定性验算

（1）倾覆稳定性验算

$$\sum M_y = 122.4 \times (6.12 \times 0.1 + 0.5)\text{kN} \cdot \text{m} = 136.11\text{kN} \cdot \text{m}$$

$$\sum M_0 = 0.63 \times \frac{6.12}{3}\text{kN} \cdot \text{m} = 1.28\text{kN} \cdot \text{m}$$

$$K_0 = \frac{\sum M_y}{\sum M_0} = \frac{136.11}{1.28} = 106.33 > 1.5（满足倾覆稳定要求）$$

（2）滑动稳定性验算

$$K_c = \frac{\sum Nf}{\sum E} = \frac{122.4 \times 0.8}{122.4} = 155.43 > 1.3（满足滑动稳定要求）$$

（3）合力的偏心距验算

$$c = \frac{\sum M_y - \sum M_0}{\sum N} = \frac{136.11 - 1.28}{122.4}\text{m} = 1.1\text{m}$$

$$e_0 = \frac{B}{2} - c = \left(\frac{1}{2} - 1.1\right)\text{m} = -0.6\text{m} < \frac{B}{6} = 0.17\text{m}（满足基底合力偏心距要求）$$

4. 基底压应力的验算

因为 $e_0 < \dfrac{B}{6}$

$$\sigma_{max} = \frac{\sum N}{B}\left(1 + \frac{6e_0}{B}\right) = \frac{122.4}{1} \times \left(1 + \frac{6 \times 0.6}{1}\right)\text{kPa} = 493.52\text{kPa}$$

$$\sigma_{min} = \frac{\sum N}{B}\left(1 - \frac{6e_0}{B}\right) = \frac{122.4}{1} \times \left(1 - \frac{6 \times 0.6}{1}\right)\text{kPa} = -273.195\text{kPa}$$

因为 $\sigma < 0$，为负值，故尚应验算不考虑圬工承受拉力时受压区应力重分布的最大压应力。通过应力重分布，受压区的最大压应力为

$$\sigma_{max} = (493.52 + 279.195)\text{kPa} = 746.715\text{kPa} < [\sigma_0] = 800\text{kPa}$$

基地压应力满足要求。

思　考　题

[6-1]　公路隧道根据其长度可分为哪几类？隧道长度是如何定义的？

[6-2]　确定隧道内纵断面线形时应考虑哪些因素？最小纵坡、最大纵坡坡度如何取值？

[6-3]　如何确定公路隧道建筑限界？

[6-4]　试绘出高速公路和一级公路（100km/h）两车道、三车道隧道的建筑限界示意图。

[6-5]　什么是标准隧道内轮廓线？

[6-6]　试绘出速度分别为100km/h、80km/h和60km/h情况的两车道隧道内轮廓断面几何尺寸示意图。

[6-7]　隧道结构上作用的主要荷载有哪些？

[6-8]　隧道结构按承载能力要求进行组合时，荷载基本组合有哪些？

[6-9] 如何判断深埋与浅埋单洞隧道？

[6-10] 试说明埋深 $H \leqslant h_q$ 时，浅埋无偏心隧道围岩压力的计算方法。

[6-11] 试说明埋深 $h_q < H \leqslant h_p$ 时，浅埋无偏心隧道围岩压力的计算方法。

[6-12] 简述深埋隧道围岩松散压力计算方法。

[6-13] 如何选择各级公路隧道衬砌结构形式？

[6-14] 对不允许开裂的素混凝土受压构件，当 $e_0 \geqslant 0.45 y_0'$ 时，如何计算其受压承载力？

[6-15] 隧道的防排水设计应遵循什么原则？

[6-16] 高速公路、一级公路、二级公路隧道防排水应满足什么要求？

[6-17] "不渗水""不滴水""不积水""不冻结"是指什么含义？

[6-18] 隧道防水系统设计应满足哪些要求？

[6-19] 隧道内排水系统设计应满足哪些要求？

[6-20] 隧道路面结构层以下中心水沟的作用是什么？应符合哪些规定？

[6-21] 隧道衬砌排水设计应符合哪些规定？

[6-22] 隧道洞口设计应遵循什么原则？

[6-23] 从地形上看，隧道洞口位置有哪几种形式？哪种形式最为理想？

[6-24] 如何确定隧道洞口的位置？洞口设计应符合哪些规定？

[6-25] 隧道洞门的作用是什么？

[6-26] 洞门的类型有哪些？各自的特点是什么？

[6-27] 为什么洞门宜与隧道轴线正交？

[6-28] 试说明洞门主要验算内容及其相应的验算规定。

[6-29] 分离（或单洞）隧道的施工方法有哪些？如何选择？

[6-30] 隧道内路基路面与洞外路段相比有哪些特殊性？

[6-31] 为什么目前我国国内隧道多采用刚性路面系统？刚性路面系统包括哪些？

[6-32] 洞内采用水泥混凝土路面而洞外采用沥青路面时，如何设置过渡段？

[6-33] 隧道内水泥混凝土路面面层与沥青路面面层衔接时，如何设置过渡段？

第7章 桩基础工程设计

【知识与技能点】

1. 掌握选择桩的类型和几何尺寸。
2. 掌握确定单桩竖向承载力特征值；确定桩的数量、间距和布置方式。
3. 掌握桩基承载力验算；桩基沉降计算；桩身和承台设计。
4. 掌握桩基础结构施工图绘制方法。

7.1 设计解析

土木工程专业各方向均设置"基础工程课程设计"（1周），相对应"基础工程"课程。各高校可根据各校土木工程专业不同的课程群设置不同的《基础工程》课程设计内容，土木工程专业建筑工程方向、地下工程方向设计内容可选择房屋的桩基础课程设计等，道路与桥梁工程方向设计内容可选择桥梁墩台或墩柱的桩基础课程设计。本章解析房屋桩基础设计方法和步骤，并相应给出一个完整的设计实例。

7.1.1 桩基础分类

桩基础是由岩土中的桩及与桩顶连接的承台共同组成的基础（图7-1a、b）或由柱与桩直接连接的单桩基础（图7-1c）。桩基中的桩有竖直桩和倾斜桩两种。工业与民用建筑物大多采用竖直桩以承受竖向荷载。桩的作用是将桩所承受的荷载传递到更硬、更密实或压缩性较小的地基持力层上。

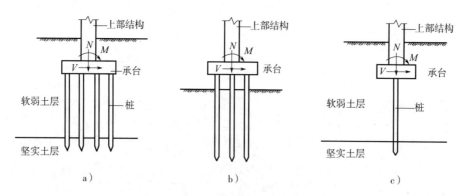

图7-1 桩基础示意图

a）低桩承台基础　b）高桩承台基础　c）单桩基础

桩基础具有较大的承载力和抵抗复杂荷载的性能以及对各种地质条件的良好适应性。桩基础的适用范围如下：

1）地基上层土质软弱而下部埋藏有可作为桩端持力层的坚实地层。

2）除了承受较大的垂直荷载外，还承受水平荷载及大偏心荷载。

3）当上部结构形式对基础的不均匀沉降相当敏感时。

4）用于有动力荷载及周期性荷载的基础，需要减小机器基础的振幅，减弱机器振动对结构的影响。

5）地下水位很高，采用其他深基础形式施工时排水有困难的场合。

6）位于水中的构筑物，如桥梁、码头等。

7）有大面积地面堆载的建筑物。

8）因地基沉降对邻近建筑物产生相互影响时。

9）地震区，在可液化地基中，采用桩基础穿越可液化土层并伸入下部密实稳定土层，可消除或减轻液化对建筑物的危害。

但也应注意，以下为不宜采用桩基础的场合：

1）上层土比下层土坚硬得多，且上层土较厚的情况。

2）地基自身变形还没有得到稳定的新回填土区域。

3）大量使用地下水的地区。

群桩基础中的单桩称为基桩。基桩按承载力、使用功能、桩身材料、尺寸等分类见表 7-1。

表 7-1 基桩的分类

分类			分类标准
依据	类型	亚类	
按承载性状分类	摩擦型桩	纯摩擦桩	在极限承载力状态下，桩顶荷载由桩侧摩阻力承受
		端承摩擦桩	在极限承载力状态下，桩顶荷载主要由桩侧摩阻力承受
	端承型桩	纯端承桩	在极限承载力状态下，桩顶荷载由桩端阻力承受
		摩擦端承桩	在极限承载力状态下，桩顶荷载主要由桩端阻力承受
按使用功能分类	竖向抗压桩		抗压
	竖向抗拔桩		抗拔
	横向受荷桩		主要承受横向荷载
	组合受荷桩		竖向、横向荷载均较大
按桩身材料分类	混凝土桩	预制桩	
		灌注桩	
	钢桩	钢管桩	
		H 型钢桩	
	组合材料桩		
按成桩方法分类	非挤土桩	干作业法	人工挖孔、钻孔灌注等
		泥浆护壁法	正反循环钻、潜水钻孔等
		套管护壁法	短螺旋钻孔、贝诺特灌注等
	部分挤土桩	部分挤土灌注桩	冲击成孔、钻孔压注成型灌注等
		预钻孔打入式预制桩	
		打入式敞口桩	
	挤土桩	挤土灌注桩	振动沉管灌注、锤击沉管灌注等
		挤土预制桩	打入或压入预制钢筋混凝土桩、闭口钢管桩等
按桩径分类	小桩		桩径 $d \leq 250mm$
	中等直径桩		$250mm < d < 800mm$
	大直径桩		$d \geq 800mm$
按桩长分类	短桩		桩长 $l \leq 15m$
	中长桩		$15m < l \leq 40m$
	长桩		$40m < l \leq 80m$
	超长桩		$l > 80m$

7.1.2 桩基础设计原则

根据建筑规模、功能特征、对差异变形的适应性、场地地基和建筑物体形的复杂性以及由于桩基问题可能造成建筑物破坏或影响正常使用的程度，桩基础设计时应根据表 7-2 选用适当的安全等级。

表 7-2 建筑桩基础设计等级

设计等级	建筑物类型
甲级	（1）重要的工业与民用建筑物 （2）30 层以上的高层建筑 （3）体形复杂，层数相差超过 10 层的高低层连成一体的建筑物 （4）大面积的多层地下建筑物（如地下车库、商场、运动场等） （5）对地基变形有特殊要求的建筑物 （6）复杂地质条件下的坡上建筑物（包括高边坡） （7）对原有工程影响较大的新建建筑物 （8）场地和地质条件复杂的一般建筑物
乙级	除甲级、丙级以外的工业与民用建筑物
丙级	场地和地基条件简单、荷载分布均匀的 7 层及 7 层以下的民用建筑及一般工业建筑；次要的轻型建筑物

根据承载能力极限状态和正常使用极限状态的要求，桩基础进行下列计算和验算：

1）桩基础应根据具体条件分别进行下列承载能力计算和稳定性验算：

①应根据桩基础的使用功能和受力特征分别进行桩基础的竖向承载力计算和水平承载力计算。

②应对桩身和承台结构承载力进行计算；对于桩侧土不排水抗剪强度小于 10kPa 且长径比大于 50 的桩应进行桩身压屈验算；对于混凝土预制桩应按吊装、运输和锤击作用进行桩身承载力验算；对于钢管桩应进行局部压屈验算。

③当桩端平面以下存在软弱下卧层时，应进行软弱下卧层承载力验算。

④对位于坡地、岸边的桩基础应进行整体稳定性验算。

⑤对于抗浮、抗拔桩基础，应进行基桩和群桩的抗拔承载力计算。

⑥对于抗震设防区的桩基础应进行抗震承载力验算。

2）下列建筑桩基础应验算变形：

①设计等级为甲级的非嵌岩桩及非深厚坚硬持力层的建筑桩基础。

②设计等级为乙级的体形复杂、荷载分布显著不均匀或桩端平面以下存在软弱土层的建筑桩基础。

③软土地基多层建筑减沉复合疏桩基础。

对受水平荷载较大，或对水平位移有严格限制的建筑桩基础，应计算其水平位移。

3）应根据桩基础所处的环境类别和相应的裂缝控制等级，验算桩和承台正截面的抗裂和裂缝宽度。

桩基础设计时，所采用的作用效应组合与相应的抗力应符合下列要求：

1）确定桩数和布桩时，应采用传至承台底面的荷载效应标准组合，相应的抗力应采用基桩或复合基桩承载力特征值。

2）计算荷载作用下的桩基础沉降和水平位移时，应采用荷载效应准永久组合。计算桩基础结构承载力、确定尺寸和配筋时，应采用传至承台顶面的荷载效应基本组合。

3）进行承台和桩身裂缝控制验算时，应分别采用荷载效应标准组合和荷载效应准永久组合。

4）桩基础结构安全等级、结构设计使用年限和结构重要性系数 γ_0 应按现行有关建筑结构规范采用。

此外，应进行沉降计算的建筑桩基础，在其施工过程及建成后使用期间，应进行系统的沉降观测直至沉降稳定。

7.1.3　桩基础平面布置

1. 桩型选择

桩型与成桩工艺应根据建筑结构类型、荷载性质、桩的使用功能、穿越土层、桩端持力层、地下水位、施工设备、施工环境、施工经验、制桩材料供应条件等，按安全适用、经济合理的原则选择。可按《建筑桩基技术规范》（JGJ 94—2008）附录 A 表 A.0.1 进行。

2. 桩基础几何尺寸确定

桩基础几何尺寸受桩型的局限，选择桩型的一些影响因素也影响桩基几何尺寸的确定，除此之外，还应考虑以下几个方面：

（1）同一结构单元宜避免采用不同桩长的桩　一般情况下，同一基础相邻桩的桩底标高差，对于非嵌岩端承型桩，不宜超过相邻桩的中心距；对于摩擦型桩，在相同土层中不宜超过桩长的 1/10。

（2）选择较硬土层作为桩端持力层　根据工程地质勘查资料，结合当地工程经验，选择土质较好、地基承载力较高的土层作为持力层。

（3）桩端全断面进入持力层的深度　受力长度是指桩端全截面进入持力层的深度。根据《建筑桩基技术规范》（JGJ 94—2008）规定，桩进入液化层以下稳定土层中的长度（不包括桩尖部分）应按计算确定。对于黏性土、粉土不宜小于 $2d$（d 为桩径），砂土不宜小于 $1.5d$，碎石类土不宜小于 $1d$。当存在软弱下卧层时，桩基础以下硬持力层厚度不宜小于 $3d$。

嵌岩桩的嵌岩深度应综合荷载、上覆土层、基岩、桩径、桩长等因素确定。对于嵌入倾斜的完整和较完整岩的全断面深度不宜小于 $0.4d$ 且不小于 0.5m，倾斜度大于 30% 的中风化岩，宜根据倾斜度及岩石完整性适当加大嵌岩深度。对于嵌入平整、完整的坚硬岩和较硬岩的深度不宜小于 $0.2d$，且不应小于 0.2m。

构造长度主要是指桩顶嵌入承台的长度和桩端全截面至桩尖的长度。根据《建筑桩基技术规范》（JGJ 94—2008）规定，桩顶嵌入承台的长度对于大直径桩不宜小于 100mm，对于中等直径桩不宜小于 50mm。

桩的长度 l 应为桩的受力长度（$l_{受力}$）和桩的构造长度（$l_{构造}$）之和，即桩长 $l = l_{受力} + l_{构造}$。

（4）同一建筑物应该尽量采用相同桩径的桩基础

（5）考虑经济条件　当所选定桩型为端承桩而坚硬持力层又埋藏不太深时，尽可能考虑采用大直径单桩；对于摩擦型桩，则宜采用细长桩，以取得桩侧较大的比表面积，但要满足抗压承载力的要求。

预制钢筋混凝土桩最常用的是实心方桩，断面尺寸 200mm × 200mm ~ 600mm × 600mm，预制桩的分节长度应根据施工条件及运输条件确定，每根桩的接头数量不宜超过 3 个。

预应力钢筋混凝土桩特别适用于超长桩（$l > 50m$）和需要穿越夹砂层的情况，常用的是断面为环形的管桩，包括预应力混凝土管桩（PC 管桩）、预应力混凝土薄壁管桩（PTC 管桩）和预应力高强混凝土管桩（PHC 管桩）。

PHC 管桩的外径为 $\phi300mm$、$\phi400mm$、$\phi500mm$、$\phi550mm$、$\phi600mm$、$\phi800mm$、$\phi1000mm$、$\phi1200mm$。混凝土强度等级 C80。

PC 管桩、PTC 管桩外径为 $\phi300mm$、$\phi400mm$、$\phi500mm$、$\phi550mm$、$\phi600mm$、$\phi800mm$。混凝土强度等级 C60。

3. 确定桩数及桩的平面布置

（1）桩数　桩数按承台荷载和单桩承载力确定。

1）轴心受压。桩基础中桩数 n 应满足下式要求：

$$n \geq (F_k + G_k)/R \tag{7-1}$$

式中　　F_k——荷载效应标准组合下，作用于承台顶面的竖向力；

　　　　G_k——桩基础承台和承台上土重量标准值；

　　　　R——基桩竖向承载力特征值。

2）偏心受压。此时可按式（7-1）估算，并视偏心荷载的大小适当放大 $0.9 \sim 1.4$，即

$$n \geq (0.9 \sim 1.4)(F_k + G_k)/R \tag{7-2}$$

（2）桩的平面布置　布桩时应注意以下几点：

1）布置桩位时宜使群桩承载力合力点与竖向永久荷载合力作用点重合。

2）尽量使桩基础在承受水平力和力矩较大的方向有较大抗弯截面模量。

3）同一结构单元应避免采用不同类型的桩。

4）桩的平面布置需满足最小中心距的要求（表7-3）。当施工中采取减小挤土效应的可靠措施时，可根据当地经验适当减小。

表7-3　桩的最小中心距

土类与成桩工艺		排数不少于3排且桩数不少于9根的摩擦型桩基	其他情况
非挤土灌注桩		$3.0d$	$3.0d$
部分挤土桩	非饱和土、饱和非黏性土	$3.5d$	$3.0d$
	饱和黏性土	$4.0d$	$3.5d$
挤土桩	非饱和土、饱和非黏性土	$4.0d$	$3.5d$
	饱和黏性土	$4.5d$	$4.0d$
钻、挖孔扩底桩		$2D$ 或 $D+2.0m$ （$D>2m$）	$1.5D$ 或 $D+1.5m$ （$D>2m$）
沉管夯扩、钻孔挤扩桩	非饱和土、饱和非黏性土	$2.2D$ 且 $4.0d$	$2.0D$ 且 $3.5d$
	饱和黏性土	$2.5D$ 且 $4.5d$	$2.2D$ 且 $4.0d$

注：1. d 为圆桩设计直径或方桩设计边长；D 为扩大端设计直径。

　　2. 当纵横向桩距不等时，其最小中心距应满足"其他情况"一栏的规定。

　　3. 当为端承桩时，非挤土灌注桩的"其他情况"一栏可减小至 $2.5d$。

7.1.4　单桩竖向承载力特征值

1. 桩顶作用效应计算（图7-2）

对于一般建筑物和承受水平力（包括力矩与水平剪力）较小的高大建筑物桩径相同的群桩基础，应按下列公式计算群桩中复合基桩或基桩的桩顶作用效应：

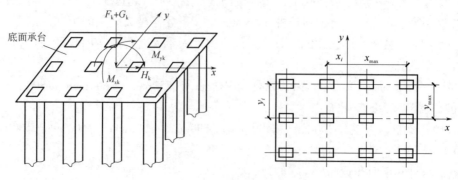

图7-2　桩顶作用效应计算

（1）竖向力

轴心竖向力作用下

$$N_k = \frac{F_k + G_k}{n} \qquad (7\text{-}3)$$

偏心竖向力作用下

$$N_{ik} = \frac{F_k + G_k}{n} \pm \frac{M_{xk}y_i}{\sum y_j^2} \pm \frac{M_{yk}x_i}{\sum x_j^2} \qquad (7\text{-}4)$$

（2）水平力

$$H_{ik} = \frac{H_k}{n} \qquad (7\text{-}5)$$

式中　　　　N_k——荷载效应标准组合轴心竖向力作用下，基桩的平均竖向力；

　　　　　　N_{ik}——荷载效应标准组合偏心竖向力作用下，第 i 基桩的竖向力；

　　M_{xk}、M_{yk}——荷载效应标准组合下，作用于承台底面，绕通过桩群形心的 x、y 主轴的力矩；

x_i、x_j、y_i、y_j——第 i、j 基桩至 y、x 轴的距离；

　　　　　　H_k——荷载效应标准组合下，作用于桩基承台底面的水平力；

　　　　　　H_{ik}——荷载效应标准组合下，作用于第 i 基桩的水平力；

　　　　　　n——桩基中的桩数；

其余符号同前。

2. 单桩竖向极限承载力计算

设计采用的单桩竖向极限承载力标准值应符合下列规定：

1）设计等级为甲级的建筑桩基础，单桩竖向极限承载力标准值应通过单桩静载试验确定。

2）设计等级为乙级的建筑桩基础，当地质条件简单时，可参照地质条件相同的试桩资料，结合静力触探等原位测试和经验参数综合确定；其余均应通过单桩静载试验确定。

3）设计等级为丙级的建筑桩基础，可根据原位测试和经验参数确定。

（1）原位测试法　根据单桥探头静力触探资料确定混凝土预制单桩竖向极限承载力标准值时，如无当地经验，可按下式计算：

$$Q_{uk} = Q_{sk} + Q_{pk} = u\sum q_{sik}l_l + \alpha p_{sk}A_p \qquad (7\text{-}6)$$

当 $p_{sk1} \leqslant p_{sk2}$ 时

$$p_{sk} = \frac{1}{2}(p_{sk1} + \beta p_{sk2}) \qquad (7\text{-}7a)$$

当 $p_{sk1} > p_{sk2}$ 时

$$p_{sk} = p_{sk2} \qquad (7\text{-}7b)$$

式中　Q_{sk}、Q_{pk}——总极限侧阻力标准值和总极限端阻力标准值；

　　　　　u——桩身周长；

　　　　q_{sik}——用静力触探比贯入阻力值估算的桩周第 i 层土的极限侧阻力，其值应结合土工试验资料，依据土的类别、埋深深度、排列次序，按图 7-3 折线取值；

　　　　　l_i——桩周第 i 层土的厚度；

　　　　p_{sk}——桩端附近的静力触探比贯入阻力标准值（平均值）；

　　　　A_p——桩端面积；

　　　　p_{sk1}——桩端全截面以上 8 倍桩径范围内的比贯入阻力平均值；

　　　　p_{sk2}——桩端全截面以下 4 倍桩径范围内的比贯入阻力平均值，如桩端持力层为密实的砂土层，其比贯阻力平均值超过 20MPa 时，需要乘以折减系数 C（表 7-4），再计算 p_{sk}；

　　　　α——桩端阻力修正系数，按表 7-5 取值；

β——折减系数，按表7-6选用。

表7-4　系数 C

p_{sk}/MPa	20 ~ 30	35	>40
系数 C	5/6	2/3	1/2

表7-5　桩端阻力修正系数 α 值

桩长/m	$l < 15$	$15 \leqslant l \leqslant 30$	$30 < l \leqslant 60$
α	0.75	0.75 ~ 0.90	0.90

注：桩长 $15 \leqslant l \leqslant 30$，$\alpha$ 值按 l 直线内插，l 为桩长（不包括桩尖高度）。

表7-6　折减系数 β

p_{sk2}/p_{sk1}	≤5	7.5	12.5	≥15
β	1	5/6	2/3	1/2

注：表7-6可内插取值。

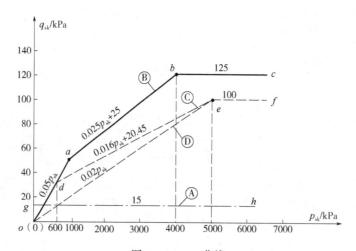

图 7-3　q_{sk}-p_{sk} 曲线

注：1. q_{sk} 值应结合土工试验资料，依据土的类别、埋藏深度、排列次序，按图7-3折线取值：图7-3中，直线Ⓐ（线段 gh）适用于地表下 6m 范围内的土层；折线Ⓑ（线段 $oabc$）适用于粉土及砂土土层以上（或无粉土及砂土土层地区）的黏性土；折线Ⓒ（线段 $odef$）适用于粉土及砂土土层以下的黏性土；折线Ⓓ（线段 oef）适用于粉土、粉砂、细砂及中砂。

　　2. p_{sk} 为桩端穿过的中密 ~ 密实砂土、粉土的比贯入阻力平均值；p_{sl} 为砂土、粉土的下卧软土层的比贯入阻力平均值。

　　3. 采用的单桥探头，圆锥底面积为 15cm²，底部带 7cm 高滑套，锥角 60°。

　　4. 当桩端穿过粉土、粉砂、细砂及中砂层底面时，折线Ⓓ估算的 q_{sik} 值需乘以系数 η_s。当 $p_{sk}/p_{sl} \leqslant 5$ 时，$\eta_s = 1.0$；当 $p_{sk}/p_{sl} = 7.5$ 时，$\eta_s = 0.5$；当 $p_{sk}/p_{sl} \geqslant 10$ 时，$\eta_s = 0.33$。

　　根据双桥探头静力触探资料确定混凝土预制桩单桩竖向极限承载力标准值时，对于黏性土、粉土和砂土，如无当地经验时可按下式计算：

$$Q_{uk} = Q_{sk} + Q_{pk} = u \sum l_i \beta_i f_{si} + \alpha q_c A_p \tag{7-8}$$

式中　f_{si}——第 i 层土的探头平均侧阻力（kPa）；

　　　q_c——桩端平面上、下探头阻力，取桩端平面以上 $4d$（d 为桩的直径或边长）范围内按土层厚度的探头阻力加权平均值（kPa），然后再和桩端平面以下 $1d$ 范围内的探头阻力进行平均；

　　　α——桩端阻力修正系数，对于黏性土、粉土取 2/3，饱和砂土取 1/2；

　　　β_i——第 i 层土桩侧阻力综合修正系数，黏性土、粉土取 $\beta_i = 10.04(f_{si})^{-0.55}$；砂土取 $\beta_i = 5.05(f_{si})^{-0.45}$。

（2）经验参数法　根据土的物理指标与承载力参数之间的经验关系确定单桩竖向极限承载力标准值时，按下式估算：

$$Q_{uk} = Q_{sk} + Q_{pk} = u\sum q_{sik}l_l + q_{pk}A_p \tag{7-9}$$

式中　q_{sik}——桩侧第 i 层土的极限侧阻力标准值，如无当地经验时，按《建筑桩基技术规范》（JGJ 94—2008）表 5.3.5-1 取值；

q_{pk}——极限端阻力标准值，如无当地经验时，按《建筑桩基技术规范》（JGJ 94—2008）表 5.3.5-2 取值。

3. 单桩竖向承载力特征值

《建筑桩基技术规范》（JGJ 94—2008）采用以综合安全系数 $K=2$ 取代原规范荷载分项系数 γ_G、γ_Q 和抗力分项系数 γ_s、γ_p，以单桩极限承载力标准值 Q_{uk} 或极限侧阻力标准值 q_{sik}、极限端阻力标准值 q_{pk}、桩几何参数 a_k 为参数确定抗力，以荷载效应标准组合 S_k 为作用力的设计表达式：

$$S_k \leqslant R(Q_{uk}、K) \tag{7-10a}$$

或

$$S_k \leqslant R(q_{sik}、q_{pk}、a_k、K) \tag{7-10b}$$

单桩竖向承载力特征值 R_a 应按下式确定：

$$R_a = \frac{1}{K}Q_{uk} \tag{7-11}$$

式中　Q_{uk}——单桩竖向极限承载力标准值；

K——安全系数，取 $K=2$。

考虑承台效应的复合基桩竖向承载力特征值按下式确定：

$$R = R_a + \eta_c f_{ak}A_c \tag{7-12}$$

式中　η_c——承台效应系数，根据桩中心距与桩径之比（s_a/d）和承台宽度与桩长之比（B_c/l）按表 7-7 取值；当承台底为可液化土、湿陷性土、高灵敏度软土、欠固结土、新填土时，沉桩引起超孔隙水压力和土体隆起时，不考虑承台效应，取 $\eta_c=0$；

f_{ak}——承台下 1/2 承台宽度且不超过 5m 深度范围内各层土的地基承载力特征值按厚度加权的平均值；

A_c——计算基桩所对应的承台底净面积，$A_c=(A-nA_{pe})/n$，其中 A 为承台计算域面积，对于柱下独立基础为承台总面积；A_{pe} 为桩身截面面积；n 为总桩数。

表 7-7　承台效应系数 η_c

B_c/l	s_a/d				
	3	4	5	6	>6
≤0.4	0.06~0.08	0.14~0.17	0.22~0.26	0.32~0.38	
0.4~0.8	0.08~0.10	0.17~0.20	0.26~0.30	0.38~0.44	0.50~0.80
>0.8	0.10~0.12	0.20~0.22	0.30~0.34	0.44~0.50	
单排桩条形承台	0.15~0.18	0.25~0.30	0.38~0.45	0.50~0.60	

7.1.5　桩基础竖向承载力验算和软弱下卧层承载力验算

1. 桩基础竖向承载力验算

基桩中复合基桩或基桩的竖向承载力计算应符合下列极限状态计算表达式：

轴心竖向力作用下

$$N_k \leqslant R_a \tag{7-13}$$

偏心竖向力作用下，除满足式（7-13）外，尚应满足下式：

$$N_{kmax} \leq 1.2R_a \tag{7-14}$$

式中　N_k——荷载效应标准组合轴心竖向力作用下，基桩的平均竖向力；

　　　N_{kmax}——荷载效应标准组合偏心竖向力作用下，桩顶最大竖向力；

　　　R_a——基桩竖向承载力特征值。

2. 桩基础持力层下存在软弱下卧层时的承载力验算

当桩端平面以下受力层范围内存在软弱下卧层时，应对软弱下卧层的承载力进行验算。

对于桩距不超过 $6d$ 的群桩基础，桩端持力层下存在承载力低于桩端持力层承载力的 1/3 的软弱下卧层时，可按下式验算软弱下卧层的承载力（图7-4）：

$$\sigma_z + \gamma_m z \leq f_{az} \tag{7-15}$$

式中　σ_z——作用于软弱下卧层顶面的附加应力；

　　　γ_m——软弱层顶面以上各土层重度按厚度加权平均值；

　　　z——地面至软弱层顶面的深度；

　　　f_{az}——软弱下卧层经深度修正的地基承载力特征值。

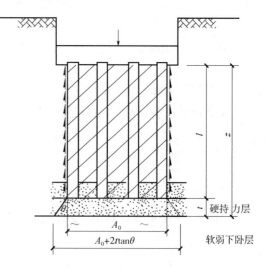

图 7-4　软弱下卧层承载力验算

软弱下卧层承载力只进行深度修正，这是因为下卧层受压区应力分布并非均匀，呈内大外小，不应作宽度修正；考虑到承台底面以上土已挖除且可能和土体脱空，因此修正深度从承台底部计算至软弱土层顶面。另外，软弱下卧层多为软弱黏性土，故深度修正系数取 1.0。

对于桩距不超过 $6d$ 的群桩基础，σ_z 按下式计算：

$$\sigma_z = \frac{(F_k + G_k) - 2/3(A_0 + B_0)\sum q_{sik}l_i}{(A_0 + 2t t\tan\theta)(B_0 + 2t t\tan\theta)} \tag{7-16}$$

式中　A_0、B_0——群桩外缘矩形底面的长、短边长；

　　　θ——桩端硬持力层压力扩散角，按表7-8取值；

　　　t——硬持力层厚度。

表 7-8　桩端硬持力层压力扩散角 θ

E_{s1}/E_{s2}	$t = 0.25B_0$	$t \geq 0.50B_0$
1	4°	12°
3	6°	23°
5	10°	25°
10	20°	30°

注：1. E_{s1}、E_{s2} 为硬持力层、软弱下卧层的压缩模量。

　　2. 当 $t < 0.25B_0$ 时，取 $\theta = 0°$，必要时，宜通过试验确定；当 $0.25B_0 < t < 0.50B_0$ 时，可内插取值。

7.1.6　群桩沉降验算

桩基沉降变形可用沉降量、沉降差、整体倾斜和局部倾斜等指标表示。变形指标可按下述规定选用：由于土层厚度与性质不均匀、荷载差异、体形复杂等因素引起的地基沉降变形，对于砌体承重结构应由局部倾斜控制；框架结构、框架-剪力墙结构、框架-核心筒结构应由相邻桩基的沉降差控制；多层或高层建筑和高耸结构应由整体倾斜值控制。

桩基的沉降变形允许值按表7-9确定。

表 7-9　建筑桩基础沉降变形允许值

变形特征		允许值
砌体承重结构基础的局部倾斜		0.002
各类建筑相邻柱（墙）基础的沉降差	框架结构、框架-剪力墙结构、框架-核心筒结构	$0.002l_0$
	砌体墙填充的边排柱	$0.0007l_0$
	当基础不均匀沉降时不产生附加应力的结构	$0.005l_0$
多层和高层建筑基础的倾斜	$H_g \leqslant 24$	0.004
	$24 < H_g \leqslant 60$	0.003
	$60 < H_g \leqslant 100$	0.0025
	$H_g > 100$	0.002
高耸结构基础的整体倾斜	$H_g \leqslant 20$	0.008
	$20 < H_g \leqslant 50$	0.006
	$50 < H_g \leqslant 100$	0.005
	$100 < H_g \leqslant 150$	0.004
	$150 < H_g \leqslant 200$	0.003
	$200 < H_g \leqslant 250$	0.002
高耸结构基础的沉降量/mm	$H_g \leqslant 100$	350
	$100 < H_g \leqslant 200$	250
	$200 < H_g \leqslant 250$	150

注：l_0 为相邻柱（墙）基的中心距离，单位为 mm；H_g 为自室外地面起算的建筑物高度，单位为 m。

对于桩中心距不大于 6 倍桩径的桩基础，其最终沉降量计算可采用等效作用分层总和法。等效作用面位于桩端平面，等效作用面积为桩承台投影面积，等效作用附加压力近似取承台底平均附加压力。等效作用面以下的应力分布采用各向同性均质直线变形体理论。计算模式如图 7-5 所示，桩基础任意一点最终沉降量可用角点法按下式计算：

$$s = \psi\psi_c s' = \psi\psi_c \sum_{j=1}^m p_{0j} \sum_{i=1}^n \frac{z_{ij}\overline{\alpha}_{ij} - z_{(i-1)j}\overline{\alpha}_{(i-1)j}}{E_{si}} \tag{7-17}$$

式中　s——桩基最终沉降量（mm）；
　　　s'——采用布辛奈斯克（Boussinesq）解，按实体深基础分层总和法计算出的桩基础沉降量；
　　　ψ——桩基础沉降计算经验系数，当无当地可靠经验时可按表 7-10 确定；
　　　ψ_c——桩基础等效沉降系数，可按下式简化计算：

$$\psi_c = C_0 + \frac{n_b - 1}{C_1(n_b - 1) + C_2} \tag{7-18}$$

式中　n_b——矩形布桩时的短边布桩数，当布桩不规则时可按 $n_b = \sqrt{nB_c/L_c}$ 近似计算，$n_b > 1$；
C_0、C_1、C_2——根据群桩距径比 s_a/d、长径比 l/d 及基础长宽比 L_c/B_c，按《建筑桩基技术规范》（JGJ 94—2008）附录 E 确定；
　L_c、B_c、n——矩形承台的长、宽及总桩数；
　　　p_{0j}——第 j 块矩形底面在荷载效应准永久组合下的附加压力（kPa）；

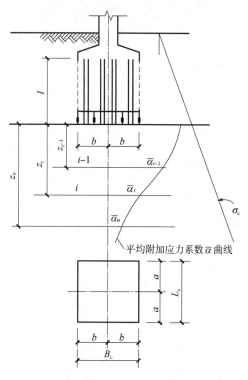

图 7-5　桩基础沉降量计算示意图

E_{si}——等效作用面以下第 i 层土的压缩模量（MPa），采用地基土自重压力至自重压力加附加
　　　压力作用时的压缩模量；

z_{ij}、$z_{(i-1)j}$——桩端平面第 j 块荷载作用面至第 i 层土、第 $i-1$ 层土底面的距离（m）；

$\bar{\alpha}_{ij}$、$\bar{\alpha}_{(i-1)j}$——桩端平面第 j 块荷载计算点至第 i 层土、第 $i-1$ 层土底面深度范围内平均附加应力系
　　　数，按《建筑桩基技术规范》（JGJ 94—2008）附录 D 选用；

m——角点法计算点对应的矩形荷载分块数；

n——桩基础沉降计算深度范围内所划分的土层数。

表 7-10　桩基础沉降计算经验系数 ψ

$\bar{E}_s$/MPa	≤10	15	20	35	≥50
ψ	1.2	0.9	0.65	0.50	0.40

注：1. $\bar{E}_s$ 为沉降计算深度范围内压缩模量的当量值，可按下式计算：$\bar{E}_s = \sum A_i / \sum \dfrac{A_i}{E_{si}}$，式中 A_i 为第 i 层土附加压力系数沿土层厚
　　　度的积分值，可近似按分块面积计算。

　　　2. ψ 可根据 $\bar{E}_s$ 内插取值。

计算矩形桩基础终点沉降时，桩基础沉降量可按下式简化计算：

$$s = \psi \psi_c s' = 4\psi \psi_c p_0 \sum_{i=1}^{n} \frac{z_i \bar{\alpha}_i - z_{i-1} \bar{\alpha}_{i-1}}{E_{si}} \qquad (7\text{-}19)$$

式中　p_0——荷载效应准永久组合下承台底的平均附加压力；

$\bar{\alpha}_i$、$\bar{\alpha}_{i-1}$——平均附加应力系数，根据矩形长宽比 a/b 及深宽比 $\dfrac{z_i}{b} = \dfrac{2z_i}{B_c}$，$\dfrac{z_{i-1}}{b} = \dfrac{2z_{i-1}}{B_c}$ 可按《建筑桩基技
　　　术规范》（JGJ 94—2008）附录 D 选用。

桩基础沉降计算深度按应力比法确定，即计算深度处的附加应力 σ_z 与土的自重应力 σ_c 应符合下
式要求：

$$\sigma_z = \sum_{j=1}^{m} \alpha_j p_{0j} \leqslant 0.2\sigma_c \qquad (7\text{-}20)$$

式中 α_j——附加应力系数，可根据角点法划分的矩形长宽比 a/b 及深宽比 z/b 按《建筑桩基技术规范》（JGJ 94—2008）附录 D 选用。

当布桩不规则时，等效距径比 s_a/d 可按下式近似计算：

圆形桩 $$s_a/d = \sqrt{A}/(\sqrt{n}d) \qquad (7\text{-}21\text{a})$$

方形桩 $$s_a/d = 0.886\sqrt{A}/(\sqrt{n}b) \qquad (7\text{-}21\text{b})$$

式中 A——桩基础承台总面积；

b——方形桩截面边长。

7.1.7 桩身结构设计

桩身结构承载力验算需考虑整个施工阶段和使用阶段期间的各种最不利受力状态。一般情况下，对于预制混凝土桩，在吊装和沉桩过程中所产生的内力往往在桩身结构计算中起控制作用；而灌注桩在施工结束后才成桩，桩身结构设计由使用荷载确定。

1. 预制桩吊点位置及弯矩图

预制桩在施工过程中的最不利受力情况，主要出现在吊运和锤击沉桩时。

在吊运过程中，桩的受力状态与梁相同，一般按两点（桩长 $L \leqslant 18\text{m}$）或三点（桩长 $L > 18\text{m}$）起吊和运输，在打桩架下竖起时，按一点吊立。吊点位置应按吊点跨间正弯矩与吊点处的负弯矩相等的原则确定，如图 7-6 所示。

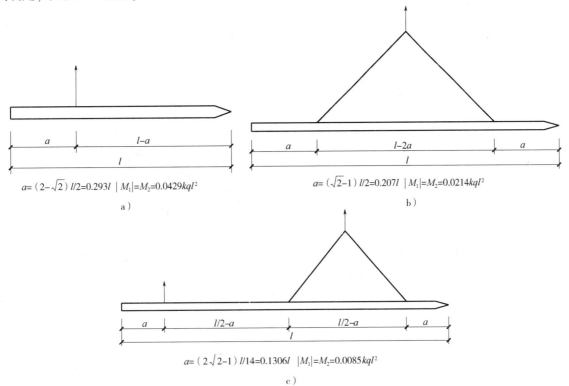

图 7-6 预制桩的吊点位置及弯矩图

a) 一点吊 b) 二点吊 c) 三点吊

图 7-6 中，q 为预制桩单位长度的自重，k 为动力系数，反映预制桩吊运时可能受到冲击和振动的影响，在计算吊运弯矩和吊运拉力时，将桩身重力乘以动力系数，一般 $k = 1.5$。按吊运过程中引起的内力对桩的配筋进行验算，通常情况下它对桩的配筋起控制作用。

沉桩有锤击法和静力压桩法两种。静力压桩法在正常的沉桩过程中，其桩身应力一般小于吊运运输过程和使用阶段的应力，故不必验算。锤击法沉桩在桩身中产生了应力波的传递，桩身受到锤击压应力和拉应力的反复作用，故需要进行桩身结构的动应力计算。对于一级建筑桩基础，桩身有抗裂要求和处于腐蚀性土质中的打入式预制混凝土桩、钢桩，锤击压应力应小于桩身材料的轴心抗压强度设计值（钢材为屈服强度值），锤击拉应力值应小于桩身材料的抗拉强度设计值。

近年来，国家和各地区都已编制颁布了《预制钢筋混凝土方桩》（20G361）、《预应力混凝土空心方桩》（08SG360）、《预应力混凝土管桩》（10G409）等结构构件通用图集。图集所给出的配筋均已按桩在吊运、运输、就位过程产生的最大内力进行承载力和抗裂度验算，且已满足构造要求。不过在套用图集时应注意，当桩的混凝土达到设计强度的70%方可吊装，达到100%才能运输。

2. 桩身结构承载力计算

1）钢筋混凝土轴心受压桩正截面受压承载力应符合下列要求：

当桩顶以下 $5d$ 范围的桩身螺旋式箍筋间距不大于100mm，均可考虑纵筋的作用，按下式计算：

$$N \leqslant \varphi(\psi_c f_c A_{ps} + 0.9 f'_y A'_s) \tag{7-22}$$

其他桩

$$N \leqslant \varphi(\psi_c f_c A_{ps}) \tag{7-23}$$

式中　N——荷载效应基本组合下的桩顶轴向力设计值；

ψ_c——基桩成桩工艺系数，混凝土预制桩、预应力混凝土空心桩：$\psi_c = 0.85$；干作业非挤土灌注桩：$\psi_c = 0.90$；泥浆护壁和套管护壁非挤土灌注桩、部分挤土灌注桩、挤土灌注桩：$\psi_c = 0.7 \sim 0.8$；软土地区挤土灌注桩：$\psi_c = 0.6$；

φ——稳定系数，对低桩承台取 $\varphi = 1.0$；

f_c——混凝土轴心抗压强度设计值；

A_{ps}——桩身横截面面积；

f'_y——纵向主筋抗压强度设计值；

A'_s——纵向主筋截面面积。

2）计算偏心受压混凝土桩正截面受压承载力时，可不考虑偏心距的增大影响，但对高承台基桩、桩身穿越可液化土或不排水抗剪强度小于10kPa的软弱土层的基桩，应考虑桩身在弯矩作用平面内的挠曲对轴向力偏心距的影响，将轴向力对截面重心的初始偏心距 e_i 乘以偏心距增大系数 η。

3. 桩身构造要求

预制桩的混凝土强度等级不宜低于C30，预应力混凝土实心桩的混凝土强度等级不应低于C40；预制桩纵向钢筋的混凝土保护层厚度不宜小于30mm。

桩内主筋通常沿桩长均匀分布，一般4根（截面边长 $a < 300$mm）或8根（截面边长 $a = 350 \sim 550$mm），直径 $12 \sim 25$mm，桩的主筋配筋经计算确定。锤击法沉桩时，最小配筋率不宜小于0.8%。静压法沉桩时，最小配筋率不宜小于0.6%，主筋直径不宜小于14mm，打入桩桩顶以下 $(4 \sim 5)d$ 长度范围内箍筋应加密，并设置钢筋网片。

桩底进入持力层的深度，根据地质条件、荷载及施工工艺确定，宜为桩身直径的 $1 \sim 3$ 倍。桩顶嵌入承台内的长度不宜小于50mm。主筋伸入承台内的锚固长度不宜小于Ⅰ级钢筋直径的30倍和Ⅱ级钢筋直径的35倍。

7.1.8　桩基础承台计算

承台设计计算包括受弯计算、受冲切计算、受剪计算和局部受压计算等，并应符合构造要求。

1. 受弯计算

（1）多桩矩形承台　多桩矩形承台的弯矩计算截面取在柱边和承台高度变化处（图7-7a），计算公式如下：

$$M_x = \sum N_i y_i \tag{7-24a}$$

$$M_y = \sum N_i x_i \tag{7-24b}$$

式中　M_x、M_y——垂直于 x 轴、y 轴方向计算截面处的弯矩设计值；

　　　　x_i、y_i——垂直于 y 轴、x 轴方向自桩轴线到相应计算截面的距离；

　　　　N_i——不计承台及其上土重，在荷载效应基本组合下的第 i 基桩竖向反力设计值。

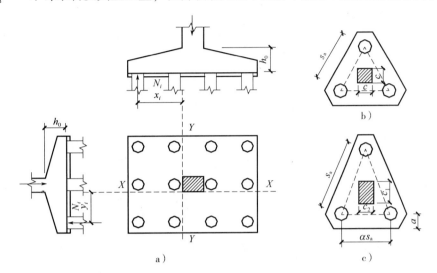

图 7-7　多桩矩形承台弯矩计算示意图

a) 多桩矩形承台　b) 等边三桩承台　c) 等腰三桩承台

（2）三桩承台（图 7-7b）　具有代表性的等边三桩承台的破坏模式如图 7-8a 所示，根据钢筋混凝土板的屈服线理论，按机动法的基本原理可得公式：

$$M = \frac{N_{\max}}{3}\left(s_a - \frac{\sqrt{3}}{2}c\right) \tag{7-25a}$$

图 7-8b 所示的等边三桩承台最不利破坏模式，可得公式：

$$M = \frac{N_{\max}}{3}s_a \tag{7-25b}$$

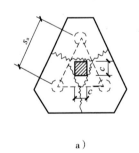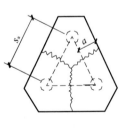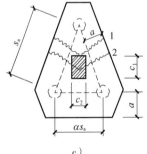

图 7-8　三角形承台破坏模式

a) 等边三桩承台（1）　b) 等边三桩承台（2）　c) 等腰三桩承台

式（7-25a）考虑屈服线产生在边柱，过于理想化；式（7-25b）为考虑柱子的约束作用，是偏于安全的。根据试件破坏的多数情况，规范采用式（7-25a）和式（7-25b）两式的平均值作为推荐公式：

$$M = \frac{N_{\max}}{3}\left(s_a - \frac{\sqrt{3}}{4}c\right) \tag{7-25c}$$

式中　M——通过承台形心至各边边缘正交界面范围内板带的弯矩设计值；

　　　　$N_{\max}$——不计承台及其上土重，在荷载效应基本组合下三桩中最大基桩竖向反力设计值；

　　　　s_a——桩中心距；

c——方柱边长，圆柱时 $c = 0.8d$（d 为圆柱直径）。

（3）等腰三桩承台（图7-8c）　等腰三桩承台典型的屈服线基本上都垂直于等腰三桩承台的两个腰，当试件在长跨产生开裂破坏后，才在短跨内产生裂缝。因此，根据试件的破坏形态并考虑梁的约束影响作用，按梁的理论给出计算公式。

在长跨，当屈服线通过柱中心时

$$M_1 = \frac{N_{max}}{3}s_a \tag{7-26a}$$

当屈服线通过柱边缝时

$$M_1 = \frac{N_{max}}{3}\left(s_a - \frac{1.5}{\sqrt{4-\alpha^2}}c_1\right) \tag{7-26b}$$

式（7-26a）未考虑柱子的约束影响，偏于安全；而式（7-26b）考虑屈服线通过柱边缘处，又不够安全。规范采用式（7-26a）和式（7-26b）两式的平均值作为推荐公式：

$$M_1 = \frac{N_{max}}{3}\left(s_a - \frac{0.75}{\sqrt{4-\alpha^2}}c_1\right) \tag{7-26c}$$

同理，可得

$$M_2 = \frac{N_{max}}{3}\left(\alpha s_a - \frac{0.75}{\sqrt{4-\alpha^2}}c_2\right) \tag{7-26d}$$

式中　M_1、M_2——通过承台形心至两腰和底边边缘正交截面范围内板带的弯矩设计值；

　　　　s_a——长向桩中心距；

　　　　α——短向桩中心距与长向桩中心距之比，当 $\alpha < 0.5$ 时，应按变截面的两桩承台设计；

　　　　c_1、c_2——垂直、平行于承台底边的柱截面边长。

2. 受冲切计算

冲切破坏锥体应采用自柱边和承台变阶处至相应桩顶边缘连线所构成的截锥体，锥体斜面和承台底面的夹角不小于45°（图7-9）。

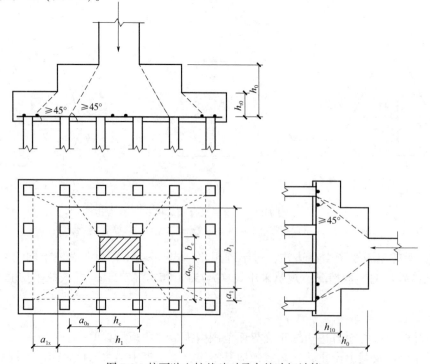

图7-9　柱下独立桩基础对承台的冲切计算

受冲切承载力按下式计算：

$$F_l \leqslant 2 \left[\beta_{0x}(b_c + a_{0y}) + \beta_{0y}(h_c + a_{0x}) \right] \beta_{hp} f_t h_0 \qquad (7\text{-}27)$$

式中　F_l——扣除承台及其上填土自重，作用于冲切破坏锥体上相应于荷载效应基本组合的冲切力设计值，且 $F_l = F - \sum N_i$；F 为柱根部轴力设计值，$\sum N_i$ 为冲切破坏锥体范围内各桩的净反力设计值之和；

　　　　h_0——承台冲切破坏锥体的有效高度；

　　　　β_{hp}——受冲切承载力截面高度影响系数，当 $h \leqslant 800\text{mm}$ 时，$\beta_{hp} = 1.0$；当 $h > 2000\text{mm}$ 时，$\beta_{hp} = 0.9$，其间按线性内插法取用；

β_{0x}、β_{0y}——冲切系数，且 $\beta_{0x} = 0.84/(\lambda_{0x} + 0.2)$、$\beta_{0y} = 0.84/(\lambda_{0y} + 0.2)$；

λ_{0x}、λ_{0y}——冲垮比，$\lambda_{0x} = a_{0x}/h_0$、$\lambda_{0y} = a_{0y}/h_0$，$a_{0x}$、$a_{0y}$ 为柱边或变阶处至桩边处的水平距离；当 $a_{0x}(a_{0y}) < 0.2h_0$ 时，取 $a_{0x}(a_{0y}) = 0.2h_0$；当 $a_{0x}(a_{0y}) > h_0$ 时，取 $a_{0x}(a_{0y}) = h_0$，即 $\lambda_{0x}(\lambda_{0y})$ 的取值范围为 $0.25 \sim 1.0$；

　　　　f_t——桩基础承台的混凝土轴心抗拉强度设计值。

多桩矩形承台受角桩冲切的承载力应按下式计算（图 7-10）：

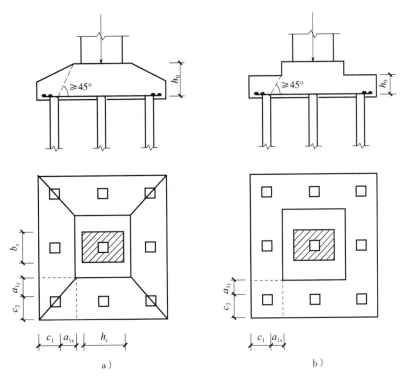

图 7-10　四桩以上（含四桩）承台受角桩冲切计算示意图
a）锥形承台　b）阶形承台

$$N_l \leqslant \left[\beta_{1x}\left(c_2 + \frac{a_{1y}}{2}\right) + \beta_{1y}\left(c_1 + \frac{a_{1x}}{2}\right) \right] \beta_{hp} f_t h_0 \qquad (7\text{-}28)$$

式中　N_l——扣除承台和其上填土自重后的角桩桩顶相应于荷载效应基本组合时的竖向力设计值；

β_{1x}、β_{1y}——角桩冲切系数，$\beta_{1x} = 0.56/(\lambda_{1x} + 0.2)$、$\beta_{1y} = 0.56/(\lambda_{1y} + 0.2)$；

λ_{1x}、λ_{1y}——角桩冲垮比，其值满足 $0.25 \sim 1.0$，$\lambda_{1x} = a_{1x}/h_0$、$\lambda_{1y} = a_{1y}/h_0$；

　c_1、c_2——从角桩内边缘至承台外边缘的距离；

a_{1x}、a_{1y}——从承台底角桩内边缘引 45° 冲切线与承台顶面或承台变阶处相交点到角桩内边缘的水平距离；

h_0——承台外边缘的有效高度。

三桩三角形承台受角桩冲切的承载力可按下列公式计算（图7-11）：

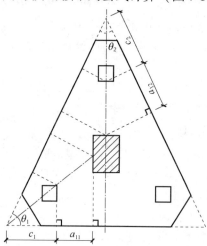

图7-11　三桩三角形承台受角桩冲切计算示意图

底部角桩

$$N_l \leqslant \beta_{11}(2c_1 + a_{11})\tan\frac{\theta_1}{2}\beta_{hp}f_t h_0 \qquad (7\text{-}29)$$

$$\beta_{11} = \frac{0.56}{\lambda_{11} + 0.2}$$

顶部角桩

$$N_l \leqslant \beta_{12}(2c_2 + a_{12})\tan\frac{\theta_2}{2}\beta_{hp}f_t h_0 \qquad (7\text{-}30)$$

$$\beta_{12} = \frac{0.56}{\lambda_{12} + 0.2}$$

式中　λ_{11}、λ_{12}——角桩冲垮比，$\lambda_{11} = a_{11}/h_0$、$\lambda_{12} = a_{12}/h_0$，其值均应满足 $0.25 \sim 1.0$ 的要求；

　　　　a_{11}、a_{12}——从承台底角桩顶内边缘引45°冲切线与承台顶面相交点至角桩内边缘的水平距离；当柱位于该45°线内时，则取柱边与桩内边缘连线为冲切锥体的锥线。

3. 受剪计算

柱下桩基础独立承台应分别对边柱和桩边、变阶处和桩边连线形成的斜截面进行受剪计算。斜截面受剪承载力可按下式计算：

$$V \leqslant \beta_{hs}\alpha f_t b_0 h_0 \qquad (7\text{-}31)$$

式中　V——不计承台及其上土重，在荷载效应基本组合下，斜截面的最大剪力设计值；

　　　　b_0——承台计算截面处的计算宽度；

　　　　h_0——计算宽度处的承台有效高度；

　　　　α——承台剪切系数，$\alpha = 1.75/(\lambda + 1.0)$；

　　　　β_{hs}——受剪承载力截面高度影响系数，$\beta_{hs} = (800/h_0)^{1/4}$；

　　　　λ——计算截面的剪跨比，$\lambda_x = a_x/h_0$，$\lambda_y = a_y/h_0$；a_x、a_y 分别为柱边或承台变阶处至 x、y 方向计算一排桩的桩边的水平距离，当 $\lambda < 0.25$ 时，取 $\lambda = 0.25$；当 $\lambda > 3$ 时，取 $\lambda = 3$。

阶梯形承台及锥形承台斜截面受剪的截面宽度的确定如下：

（1）阶梯形承台斜截面受剪的截面宽度　阶梯形承台应分别在变阶处（A_1—A_1、B_1—B_1）及柱边处（A_2—A_2、B_2—B_2）进行斜截面受剪承载力计算（图7-12a）。

计算变阶处截面 A_1—A_1、B_1—B_1 的斜截面受剪承载力时，其截面有效高度均为 h_{01}，截面计算宽

度分别为 b_{y1} 和 b_{x1}。

计算柱边截面 $A_2—A_2$、$B_2—B_2$ 处的斜截面受剪承载力时，其截面有效高度均为 $h_{01} + h_{02}$，截面计算宽度按下式计算：

$A_2—A_2$ 截面

$$b_{y0} = \frac{b_{y1}h_{01} + b_{y2}h_{02}}{h_{01} + h_{02}}$$
(7-32a)

$B_2—B_2$ 截面

$$b_{x0} = \frac{b_{x1}h_{01} + b_{x2}h_{02}}{h_{01} + h_{02}}$$
(7-32b)

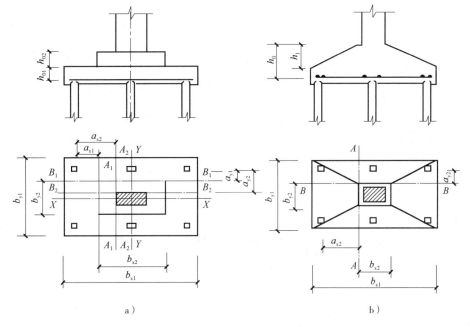

图 7-12　承台受剪计算

a）阶梯形承台斜截面受剪计算　b）锥形承台斜截面受剪计算

（2）锥形承台斜截面受剪的截面宽度　锥形承台应对 $A—A$ 及 $B—B$ 两个截面进行受剪承载力计算（图 7-12b），截面有效高度均为 h_0，截面的计算宽度按下式计算：

$A—A$ 截面

$$b_{y0} = \left[1 - 0.5\frac{h_1}{h_0}\left(1 - \frac{b_{y2}}{b_{y1}}\right)\right]b_{y1}$$
(7-33a)

$B—B$ 截面

$$b_{x0} = \left[1 - 0.5\frac{h_1}{h_0}\left(1 - \frac{b_{x2}}{b_{x1}}\right)\right]b_{x1}$$
(7-33b)

4. 局部受压计算

对于柱下桩基础，当承台混凝土强度等级低于柱或桩的混凝土强度等级时，应验算柱下或桩上承台的局部受压承载力。

5. 承台构造要求

桩基础承台的构造，除满足抗冲切、抗剪切、抗弯承载力和上部结构的要求外，尚应符合下列要求：

1）柱下独立桩基础承台的最小宽度不应小于 500mm。边桩中心至承台边缘的距离不应小于桩的直径或边长，且桩的外边缘至承台边缘的距离不应小于 150mm。

2）承台的最小厚度不应小于 300mm。

3）承台混凝土强度等级不应低于 C20。承台底面钢筋的混凝土保护层厚度，当有混凝土垫层时，不应小于 50mm，无垫层时不应小于 70mm；此外，尚不应小于桩头嵌入承台内的长度。

（1）承台的配筋构造　柱下独立桩基础承台钢筋应双向均匀通长配置（图 7-13a）；对于三桩的三

角形承台，钢筋应按三向板带均匀布置，且最里面的三根钢筋围成的三角形应在柱截面范围内（图7-13b）。承台梁的主筋除满足计算要求外，尚应符合《混凝土结构设计规范》（GB 50010—2010）（2015年版）关于最小配筋率的规定，主筋直径不宜小于12mm，架立筋直径不宜小于10mm，箍筋直径不宜小于6mm（图7-13c）。

柱下独立桩基础的最小配筋率不应小于0.15%。钢筋的锚固长度自边柱内侧（当为圆柱时，应将其直径乘以0.8等效为方柱）算起，不应小于$35d_g$（d_g为钢筋直径），当不满足时应将钢筋向上弯折，此时水平段的长度不应小于$25d_g$，弯折段长度不应小于$10d_g$。

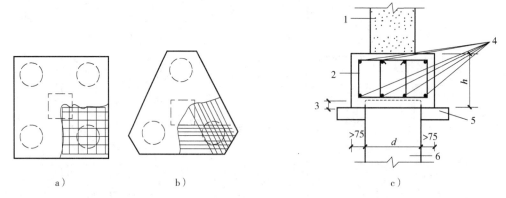

图7-13　承台配筋示意图

a）矩形承台配筋　b）三桩承台配筋　c）墙下承台梁配筋图

1—墙　2—箍筋直径≥6mm　3—桩顶入承台≥50mm

4—承台梁内主筋除须按计算配筋外，尚应满足最小配筋率　5—垫层100mm厚C10混凝土　6—桩

（2）桩与承台的连接构造　桩嵌入承台内的长度对中等直径桩不宜小于50mm；对大直径桩不宜小于100mm。

混凝土桩的桩顶纵向主筋应锚入承台内，其锚固长度不宜小于35倍纵向主筋直径。

（3）柱与承台的连接构造　对于多桩承台，柱纵向主筋应锚入承台不小于35倍纵向主筋直径，当承台高度不满足锚固要求时，竖向锚固长度不应小于20倍纵向主筋直径，并向柱轴线方向呈90°弯折。

（4）承台与承台之间的连接构造　一柱一桩时，应在桩顶两个主轴方向上设置联系梁。当桩与柱的界面直径比大于2时，可不设联系梁。两桩桩基础承台，应在其短向设置联系梁。有抗震设防要求的柱下桩基础承台，宜沿两个主轴方向设置联系梁。

联系梁顶面宜与承台位于同一标高。联系梁的宽度不宜小于250mm，其高度可取承台中心距的1/15~1/10，且不宜小于400mm。联系梁的配筋应按计算确定，梁上下部配筋不宜少于2根直径12mm钢筋；位于同一轴线上的相邻跨联系梁纵筋应连通。

7.1.9　施工图绘制及施工说明

桩基础施工图应包括桩基础平台平面布置图、承台配筋图、桩身配筋图以及必要的施工说明。

施工说明应包括桩和承台的混凝土、钢筋强度等级，垫层混凝土强度等级；桩长及接桩构造；桩端持力层；单桩极限承载力标准值及试桩要求等。

7.2　设计实例

7.2.1　设计资料

图7-14所示为某六层钢筋混凝土框架结构底层柱网布置，已知柱截面尺寸为450mm×450mm，底

层层高 4.5m。由上部结构进行内力组合后传到③轴框架基础顶面的不利组合见表 7-11。

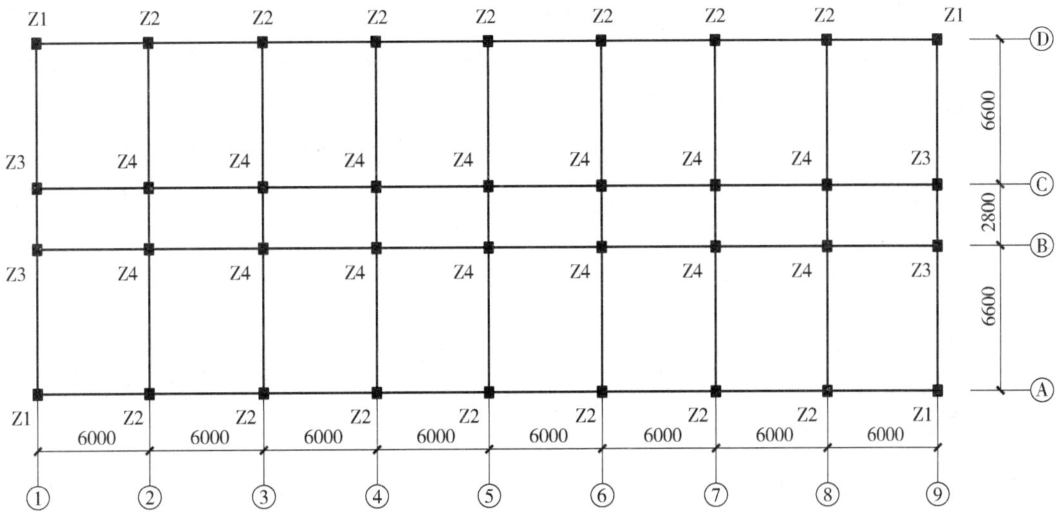

图 7-14　某六层钢筋混凝土框架结构底层柱网布置图

表 7-11　柱底荷载不利组合

柱号	内力	恒载标准值	楼面活载标准值	风载标准值	荷载效应基本组合		荷载效应标准组合		荷载效应准永久组合
		①	②	③	$1.2 \times ① + 1.4 \times ② + 1.4 \times 0.6 \times ③$	$1.2 \times ① + 1.4 \times ③ + 1.4 \times 0.7 \times ②$	$① + ② + 0.6 \times ③$	$① + ② + 0.7 \times ③$	$① + 0.5 \times ②$
中柱 Z4	N	1741.0	421.9	96.5	2760.9	2637.8	2220.8	2132.8	1952.0
	M	47.0	14.4	145.7	199.0	274.5	148.8	202.8	54.2
	V	63.1	17.5	49.7	142.0	162.5	110.4	125.1	71.85
边柱 Z2	N	1464.6	325.9	79.0	2280.1	2187.5	1837.9	1771.7	1627.55
	M	57.8	16.5	122.0	194.9	256.3	147.5	191.4	66.05
	V	51.4	12.0	61.6	130.7	159.7	100.4	121.4	57.4

注：弯矩单位为 kN·m；轴力单位为 kN；剪力单位为 kN。

工程地质资料：根据《岩土工程勘察规范》（GB 50021—2001）（2009 年版）布置勘探点，根据双桥触探测得各处各土层的桩侧阻力 f_s 和桩端阻力 q_c。根据取原状土样进行的室内土工试验结果，给出各层土的物理力学性质指标见表 7-12。地震基本烈度为 7 度，基础设计安全等级为二级。室内外高差 0.45m，地下水位位于地表下 2.0m，地下水对混凝土无侵蚀性。

该框架结构位于软土地区，拟采用桩基础。试设计③轴框架柱下桩基础。

表 7-12　各土层物理力学性质指标

编号	土层名称	平均厚度/m	w (%)	γ /(kN/m³)	d_s	e	w_L (%)	w_p (%)	I_p	I_L	S_r (%)	C /kPa	φ (°)	a_{1-2} /MPa	E_s /MPa	q_c /kPa	f_s /kPa	f_k /kPa
①	素填土	1.00		17.5														
②	黏土	0.85	32.0	16.8	2.70	0.9	39.8	22.6	17.2	0.55	75	12	18	0.42	2.07	360	23	80
③	淤泥	9.95	46.0	15.6	2.65	1.55	45.6	39.6	6.0	1.10	98	4	6	3.50	2.05	160	7	50
④	黏土	3.05	30.0	17.8	2.70	0.82	38.4	21.3	17.1	0.51	96	18	19	0.48	9.57	190	68	230
⑤	黏土	2.20	24.0	18.6	2.71	0.78	36.2	17.4	18.8	0.35	95	24	20	0.41	9.17	340	82	220
⑥	粉土	0.80	27.0	19.2	2.70	0.75	30.8	15.8	15.0	0.75	96	30	20	0.40	14.93	280	66	210
⑦	黏土	9.50	15.0	19.8	2.74	0.80	29.4	10.8	18.0	0.23	94	60	24	0.12	16.98	320	80	290

7.2.2 确定桩的类型和几何尺寸

根据当地的施工条件和桩基础的设计经验，可选用沉管灌注桩或预制方桩。本设计拟采用截面边长 $400\text{mm} \times 400\text{mm}$ 的钢筋混凝土预制方桩。

考虑到地下水位位于地表下 2.0m，为方便施工，尽量使承台地面位于地下水位以上且土质较好的②土层内。初选承台埋深 $d = 1.50\text{m}$。

根据《建筑桩基技术规范》（JGJ 94—2008），初步选定桩端进入⑦黏土的深度 0.9m（$> 2d = 2 \times 0.4\text{m} = 0.8\text{m}$），锥形桩尖长度 0.5m；桩顶嵌入承台的长度取 0.05m。

桩的长度 l 应为桩的受力长度和桩的构造长度之和，即 $l = (0.05 + 0.80 + 9.95 + 3.05 + 2.20 + 0.80 + 0.90 + 0.50)\ \text{m} = 18.25\text{m}$，取预制桩长 l 为 18m（分两节，每节 9m，即 $l_1 = l_2 = 9.0\text{m}$）。

7.2.3 初定单桩竖向承载力特征值

根据双桥静力触探资料，按《建筑桩基技术规范》（JGJ 94—2008）经验公式确定混凝土预制单桩竖向极限承载力标准值：

$$Q_{uk} = Q_{sk} + Q_{pk} = u \sum f_{si} l_i \beta_i + \alpha q_c A_p$$
$$= [4 \times 0.4 \times (0.8 \times 1.79 \times 23 + 9.95 \times 3.44 \times 7 + 3.05 \times 0.99 \times 68 + 2.20 \times 0.89 \times 82 + 0.8 \times 1.00 \times 66 + 0.8 \times 0.90 \times 80) + 2/3 \times 320 \times 0.4^2]\text{kN}$$
$$= (1198.11 + 34.13)\text{kN} = 1232.24\text{kN}$$

注：α 为桩端阻力修正系数，对于黏性土、粉土取 $2/3$，饱和砂土取 $1/2$；β_i 为第 i 层土桩侧阻力综合修正系数，黏性土、粉土取 $\beta_i = 10.04(f_{si})^{-0.55}$，砂土取 $\beta_i = 5.05(f_{si})^{-0.45}$。

估算单桩竖向承载力特征值为

$$R_a = \frac{Q_{uk}}{K} = \frac{1232.24}{2.0}\text{kN} = 616.0\text{kN}$$

7.2.4 确定桩数及桩的平面布置

1. 边柱

（1）桩数 桩数按承台荷载和单桩承载力确定。

可先按第一组不利内力组合根据轴向力和单桩的竖向承载力估算桩数 n：

$$n \geqslant \frac{N_k}{R_a} = \frac{1837.9}{616.0} 根 = 2.98\ 根$$

考虑偏心荷载作用较大，将桩数 n 乘以放大系数 1.3，有

$$1.3n = 1.3 \times 2.98\ 根 = 3.87\ 根$$

考虑承台与承台上方填土重量 G_k 后，取桩数 $n = 4$ 根。

按第二组不利内力组合根据轴向力和单桩的竖向承载力估算桩数 n：

$$n \geqslant \frac{N_k}{R_a} = \frac{1771.7}{616.0} 根 = 2.88\ 根$$

考虑偏心荷载作用较大，将桩数 n 乘以放大系数 1.3，有

$$1.3n = 1.3 \times 2.88\ 根 = 3.74\ 根$$

考虑承台与承台上方填土重量 G_k 后，取桩数 $n = 4$ 根。

综上分析，可取桩数 n 为 4 根。

（2）桩的平面布置 取桩的间距应为 $3.5d = 1400\text{mm}$，边桩中心至承台边缘的距离取 $1.0d = 400\text{mm}$，桩的外边缘至承台边缘的距离为 200mm（$> 150\text{mm}$），如图 7-15 所示，承台的底面尺寸为

$2.2\text{m} \times 2.2\text{m}$。

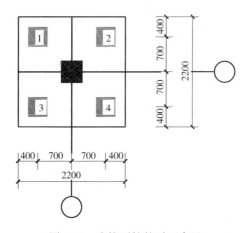

图 7-15 边柱下桩的平面布置

2. 中柱

（1）桩数 先按第一组不利内力组合根据轴向力和单桩的竖向承载力估算桩数 n：

$$n \geqslant \frac{N_k}{R_a} = \frac{2 \times 2220.8}{616.0} \text{根} = 7.21 \text{ 根}$$

考虑偏心荷载作用较大，将桩数 n 乘以放大系数 1.3，有

$$1.3n = 1.3 \times 7.21 \text{ 根} = 9.37 \text{ 根}$$

考虑承台与承台上方填土重量 G_k 后，取桩数 $n = 10$ 根。

按第二组不利内力组合根据轴向力和单桩的竖向承载力估算桩数 n：

$$n \geqslant \frac{N_k}{R_a} = \frac{2 \times 2132.8}{616.0} \text{根} = 6.93 \text{ 根}$$

考虑偏心荷载作用较大，将桩数 n 乘以放大系数 1.3，有

$$1.3n = 1.3 \times 6.93 \text{ 根} = 9.0 \text{ 根}$$

考虑承台与承台上方填土重量 G_k 后，取桩数 $n = 10$ 根。

综上分析，可取桩数 n 为 10 根。

（2）桩的平面布置 取桩的间距应为 $3.5d = 1400\text{mm}$，边桩中心至承台边缘的距离取 $1.0d = 400\text{mm}$，桩的外边缘至承台边缘的距离为 200mm（$>150\text{mm}$），如图 7-16 所示，承台的底面尺寸为 $2.2\text{m} \times 6.4\text{m}$。

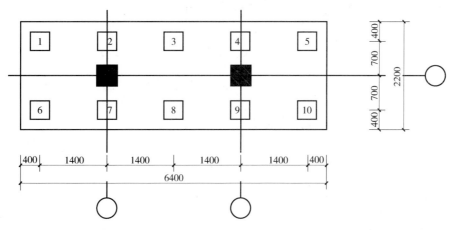

图 7-16 中柱下桩的平面布置

7.2.5　确定基桩竖向承载力及基桩竖向承载力验算

1. 边柱下桩

桩数 $n = 4 > 3$，应考虑群桩效应；由于承台底为厚层高灵敏度软土，故不计承台效应，即 $\eta_c = 0$。

复合基桩竖向承载力特征值 R 为

$$R = R_a + \eta_c f_{ak} A_c = R_a = 616.0\text{kN}$$

承台及其上回填土标准值 G_k 为

$$G_k = \gamma bld = 20 \times 2.2 \times 2.2 \times 1.5\text{kN} = 145.2\text{kN}$$

$$N_k = \frac{F_k + G_k}{n} = \frac{1837.9 + 145.2}{4}\text{kN} = 495.78\text{kN} < R = 616.0\text{kN}$$

满足要求。

初选承台高度为 0.80m，即剪力作用面至承台底面垂直距离为 0.80m。

$$\begin{aligned}
N_{kmax} &= \frac{F_k + G_k}{n} + \frac{M_{yk} x_{max}}{\sum x_i^2} \\
&= \left[\frac{1837.9 + 145.2}{4} + \frac{(147.5 + 100.4 \times 0.80) \times 0.7}{4 \times 0.7^2} \right]\text{kN} \\
&= (495.78 + 81.36)\text{kN} \\
&= 577.14\text{kN} < 1.2R = 1.2 \times 616.0\text{kN} = 739.2\text{kN}
\end{aligned}$$

满足要求。

第二组不利内力组合验算基桩竖向承载力也满足要求（略）。

2. 中柱下桩

桩数 $n = 10 > 3$，应考虑群桩效应；由于承台底为厚层高灵敏度软土，故不计承台效应，即 $\eta_c = 0$。

复合基桩竖向承载力特征值 R 为

$$R = R_a + \eta_c f_{ak} A_c = R_a = 616.0\text{kN}$$

承台及其上回填土标准值 G_k 为

$$G_k = \gamma bld = 20 \times 2.2 \times 6.4 \times 1.5\text{kN} = 422.4\text{kN}$$

$$N_k = \frac{F_k + G_k}{n} = \frac{2 \times 2220.8 + 422.4}{10}\text{kN} = 486.4\text{kN} < R = 616.0\text{kN}$$

满足要求。

初选承台高度为 0.80m，即剪力作用面至承台底面垂直距离为 0.80m。

$$\begin{aligned}
N_{kmax} &= \frac{F_k + G_k}{n} + \frac{M_{yk} x_{max}}{\sum x_i^2} \\
&= \left[\frac{2 \times 2220.8 + 422.4}{10} + \frac{(2 \times 148.8 + 2 \times 110.4 \times 0.80) \times 2.8}{4 \times 1.4^2 + 4 \times 2.8^2} \right]\text{kN} \\
&= (486.4 + 37.03)\text{kN} \\
&= 523.43\text{kN} < 1.2R = 1.2 \times 616.0\text{kN} = 739.2\text{kN}
\end{aligned}$$

满足要求。

第二组不利内力组合验算基桩竖向承载力也满足要求（略）。

7.2.6　桩基础沉降验算

因本桩基础的桩中心距小于 $6d$（d 为桩径），故最终沉降量可采用等效作用分层总和法，弯矩与剪力数值很小，近似按中心受荷计算（图7-17、图7-18）。

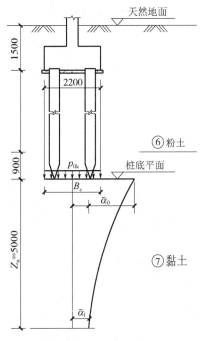 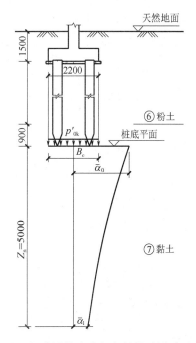

图7-17　沉降计算考虑相邻桩基础影响示意图　　图7-18　沉降计算考虑相邻桩基础影响示意图

1. 边柱下桩基础

竖向荷载标准值：

$$F_k = 1627.55 \text{kN}$$

承台及其上回填土标准值 G_k 为

$$G_k = \gamma b l d = 20 \times 2.2 \times 2.2 \times 1.5 \text{kN} = 145.2 \text{kN}$$

基底压力：

$$p_k = \frac{F_k + G_k}{A} = \frac{1627.55 + 145.2}{2.2 \times 2.2} \text{kPa} = 366.27 \text{kPa}$$

基底附加压力：

$$p_{0k} = p_k - \gamma_0 d = \left(366.27 - \frac{17.5 \times 1.0 + 16.8 \times 0.05}{1.05} \times 1.5\right) \text{kPa} = 340.07 \text{kPa}$$

桩端平面下土的自重应力 σ_c 和附加应力 σ_z 计算结果见表7-13和表7-14。

表 7-13　σ_c、σ_z 在边柱下桩基础中点处的计算

z/m	σ_c/kPa	a/b	$2z/b$	α_i'	$\sigma_z = 4\alpha_i' p_{0k}/\text{kPa}$
0	154.79	1.0	0	0.25	340.07
5	203.79	1.0	4.55	0.0215	29.25

注：表中 α_i' 按《建筑桩基技术规范》（JGJ 94—2008）附录 D 线性插入确定。当 $a/b = 1.0$，$2z/b = 4.4$ 时，$\alpha_i' = 0.023$；当 $a/b = 1.0$，$2z/b = 4.6$ 时，$\alpha_i' = 0.021$，则 $\alpha_i' = 0.021 + \frac{4.6 - 4.55}{4.6 - 4.4} \times (0.023 - 0.021) = 0.0215$。

表 7-14　考虑相邻桩基础影响 $\Delta\sigma_z$ 在边柱下桩基础中点处的计算

z/m	a_1/b_1	a_2/b_2	z/b_1	$\Delta\alpha_{i1}'$	$\Delta\alpha_{i2}'$	$\Delta\sigma_z = 2(\Delta\alpha_{i1}' - \Delta\alpha_{i2}') p_{0k}'/\text{kPa}$
0	10.18	4.36	0	0.25	0.25	0

（续）

z/m	a_1/b_1	a_2/b_2	z/b_1	$\Delta\alpha'_{i1}$	$\Delta\alpha'_{i2}$	$\Delta\sigma_z = 2(\Delta\alpha'_{i1} - \Delta\alpha'_{i2})$ p'_{0k}/kPa
5	10.18	4.36	4.55	0.06675	0.0587	4.53

注：1. 表中 p'_{0k} 为中柱下基底附加压力。

2. 当 $a/b = 10.18$，$z/b = 4.4$ 时，$\alpha'_i = 0.069$；当 $a/b = 10.18$，$z/b = 4.6$ 时，$\alpha'_i = 0.066$，则

$\alpha'_i = 0.066 + \dfrac{4.6 - 4.55}{4.6 - 4.4} \times (0.069 - 0.066) = 0.06675$。

当 $a/b = 4.0$，$z/b = 4.4$ 时，$\alpha'_i = 0.06$；当 $a/b = 5.0$，$z/b = 4.4$ 时，$\alpha'_i = 0.064$，则

$\alpha'_i = 0.06 + \dfrac{4.36 - 4}{5 - 4} \times (0.064 - 0.06) = 0.06144$。

当 $a/b = 4.0$，$z/b = 4.6$ 时，$\alpha'_i = 0.056$；当 $a/b = 5.0$，$z/b = 4.6$ 时，$\alpha'_i = 0.061$，则

$\alpha'_i = 0.056 + \dfrac{4.36 - 4}{5 - 4} \times (0.061 - 0.056) = 0.0578$。

当 $a/b = 4.36$，$z/b = 4.55$ 时，$\alpha'_i = 0.0578 + \dfrac{4.6 - 4.55}{4.6 - 4.4} \times (0.06144 - 0.0578) = 0.0587$。

在 $z = 5.0m$ 处，$(\sigma_z + \Delta\sigma_z)/\sigma_c = (29.25 + 4.53)/203.79 = 0.166 < 0.2$，计算深度满足 $\sigma_z/\sigma_c < 0.2$ 的要求。故计算时取 $z_n = 5.0m$。

边柱下桩基础中点处的计算沉降量计算结果见表 7-15 和表 7-16。

表 7-15　边柱下桩基础中点处的沉降计算

z/m	a/b	$2z/b$	$\bar{\alpha}_i$	$\bar{\alpha}_i z_i/mm$	$\bar{\alpha}_i z_i - \bar{\alpha}_{i-1} z_{i-1}/mm$	E_{si}/kPa	$\Delta s_i = 4\dfrac{p_{0k}}{E_{si}}(\bar{\alpha}_i z_i - \bar{\alpha}_{i-1} z_{i-1})$ /mm
0	1.0	0	0.25	0	—	—	—
5	1.0	4.55	0.1009	504.5	504.5	16980	40.42

注：表中 $\bar{\alpha}_i$ 按《建筑桩基技术规范》（JGJ 94—2008）附录 D 线性插入确定。当 $a/b = 1.0$，$2z/b = 4.4$ 时，$\bar{\alpha}_i = 0.1035$；当 $a/b = 1.0$，$2z/b = 4.6$ 时，$\bar{\alpha}_i = 0.100$，则 $\bar{\alpha}_i = 0.100 + \dfrac{4.6 - 4.55}{4.6 - 4.4} \times (0.1035 - 0.100) = 0.1009$。

表 7-16　考虑相邻桩基础影响的边柱下桩基础中点处的沉降量计算

z/m	a_1/b_1	a_2/b_2	z/b_1	$\bar{\alpha}_{i1}$	$\bar{\alpha}_{i2}$	$(\bar{\alpha}_{i1} - \bar{\alpha}_{i2})z_i$ /mm	E_{si}/kPa	$\Delta s'_i = 4\dfrac{p'_{0k}}{E_{si}}[(\bar{\alpha}_{i1} - \bar{\alpha}_{i2})$ $z_i - (\bar{\alpha}_{i-11} - \bar{\alpha}_{i-12})z_{i-1}]$ /mm
0	10.18	4.36	0	0.25	0.25	0	—	—
5	10.18	4.36	4.55	0.1419	0.1387	16.0	16980	1.06

注：1. 表中 p'_{0k} 为中柱下基底附加压力。

2. 当 $a/b = 10.18$，$z/b = 4.4$ 时，$\bar{\alpha}_{i1} = 0.1444$；当 $a/b = 10.18$，$z/b = 4.6$ 时，$\bar{\alpha}_{i1} = 0.1410$，则

$\bar{\alpha}_i = 0.1410 + \dfrac{4.6 - 4.55}{4.6 - 4.4} \times (0.1444 - 0.1410) = 0.1419$。

当 $a/b = 4.0$，$z/b = 4.4$ 时，$\bar{\alpha}_{i1} = 0.1407$；当 $a/b = 5.0$，$z/b = 4.4$ 时，$\bar{\alpha}_{i1} = 0.1425$，则

$\bar{\alpha}_i = 0.1407 + \dfrac{4.36 - 4}{5 - 4} \times (0.1425 - 0.1407) = 0.141348$。

当 $a/b = 4.0$，$z/b = 4.6$ 时，$\bar{\alpha}_{i1} = 0.1371$；当 $a/b = 5.0$，$z/b = 4.6$ 时，$\bar{\alpha}_{i1} = 0.1390$，

则 $\bar{\alpha}_i = 0.1371 + \dfrac{4.36 - 4}{5 - 4} \times (0.1390 - 0.1371) = 0.13778$。

当 $a/b = 4.36$，$z/b = 4.55$ 时，$\bar{\alpha}_i = 0.13778 + \dfrac{4.6 - 4.55}{4.6 - 4.4} \times (0.141348 - 0.13778) = 0.1387$。

$s' = \Delta s_i + \Delta s'_i = (40.42 + 1.06)mm = 41.48mm$

沉降计算深度范围内压缩模量的当量值 $\overline{E}_s = 16.8\text{MPa}$，由表 7-10 线性插入可得

$$\psi = 0.65 + \frac{20 - 16.8}{20 - 15} \times (0.9 - 0.65) = 0.81$$

$n_b = 2$，长、短向 $s_a/d = 1400/400 = 3.5$，$L_c/B_c = 2.2/2.2 = 1.0$，$l/d = 17.7/0.4 = 44.25$，查《建筑桩基技术规范》（JGJ 94—2008）附录 E，可得

$$C_0 = 0.036 + \frac{50 - 44.25}{50 - 40} \times (0.044 - 0.036) = 0.041$$

$$C_1 = \frac{1}{2}\left\{ \left[1.632 + \frac{44.25 - 40}{50 - 40} \times (1.726 - 1.632) \right] + \left[1.555 + \frac{44.25 - 40}{50 - 40} \times (1.636 - 1.555) \right] \right\} = 1.631$$

$$C_2 = \frac{1}{2}\left\{ \left[10.535 + \frac{44.25 - 40}{50 - 40} \times (12.928 - 10.535) \right] + \left[8.262 + \frac{44.25 - 40}{50 - 40} \times (9.648 - 8.261) \right] \right\} = 10.201$$

$$\psi_e = C_0 + \frac{n_b - 1}{C_1(n_b - 1) + C_2} = 0.041 + \frac{2 - 1}{1.631 \times (2 - 1) + 10.201} = 0.1255$$

综上，中柱下桩基础最终沉降量为

$$s = \psi\psi_e s' = 0.81 \times 0.1255 \times 41.48\text{mm} = 4.22\text{mm} < 0.002l_0 = 0.002 \times 7200\text{mm} = 14.4\text{mm}$$

满足要求。

2. 中柱下桩基础

竖向荷载标准值：

$$F_k = 2 \times 1952.0\text{kN} = 3904.0\text{kN}$$

承台及其上回填土标准值：

$$G_k = \gamma bld = 20 \times 2.2 \times 6.4 \times 1.5\text{kN} = 422.4\text{kN}$$

基底压力：

$$p_k = \frac{F_k + G_k}{A} = \frac{3904.0 + 422.4}{2.2 \times 6.4}\text{kPa} = 307.27\text{kPa}$$

基底附加压力：

$$p'_{0k} = p_k - \gamma_0 d = \left(307.27 - \frac{17.5 \times 1.0 + 16.8 \times 0.05}{1.05} \times 1.5 \right)\text{kPa} = 281.07\text{kPa}$$

桩端平面下土的自重应力 σ_c 和附加应力 σ_z 计算结果见表 7-17 和表 7-18。

表 7-17　σ_c、σ_z 在中柱下桩基础中点处的计算

z/m	σ_c/kPa	a/b	$2z/b$	α'_i	$\sigma_z = 4\alpha'_i p'_{0k}/\text{kPa}$
0	154.79	2.9	0	0.25	281.07
8.0	233.19	2.9	7.27	0.023	25.86

注：1. 表中 α'_i 按《建筑桩基技术规范》（JGJ 94—2008）附录 D 线性插入确定。

2. 当 $a/b = 1.0$，$2z/b = 4.4$ 时，$\alpha'_i = 0.023$；当 $a/b = 2.0$，$2z/b = 7.0$ 时，$\alpha'_i = 0.018$；当 $a/b = 2.0$，$2z/b = 8.0$ 时，$\alpha'_i = 0.014$；当 $a/b = 2.0$，$2z/b = 7.27$ 时，$\alpha'_i = 0.014 + \frac{8.0 - 7.27}{8.0 - 7.0} \times (0.018 - 0.014) = 0.01692$。

当 $a/b = 3.0$，$2z/b = 7.0$ 时，$\alpha'_i = 0.025$；当 $a/b = 3.0$，$2z/b = 8.0$ 时，$\alpha'_i = 0.020$；当 $a/b = 3.0$，$2z/b = 7.27$ 时，$\alpha'_i = 0.020 + \frac{8.0 - 7.27}{8.0 - 7.0} \times (0.025 - 0.020) = 0.02365$。

则当 $a/b = 2.9$，$2z/b = 7.27$ 时，$\alpha'_i = 0.01692 + \frac{2.9 - 2.0}{3.0 - 2.0} \times (0.02365 - 0.01692) = 0.023$。

表 7-18　考虑相邻桩基础影响 $\Delta\sigma_z$ 在中柱下桩基础中点处的计算

z/m	a_1/b_1	a_2/b_2	z/b_1	$\Delta\alpha'_{i1}$	$\Delta\alpha'_{i2}$	$\Delta\sigma_z = 2(\Delta\alpha'_{i1} - \Delta\alpha'_{i2})p_{0k}/\text{kPa}$
0	8.27	6.27	0	0.25	0.25	0

（续）

z/m	a_1/b_1	a_2/b_2	z/b_1	$\Delta\alpha'_{i1}$	$\Delta\alpha'_{i2}$	$\Delta\sigma_z = 2(\Delta\alpha'_{i1} - \Delta\alpha'_{i2})p_{0k}/kPa$
8.0	8.27	6.27	7.27	0.0391	0.0375	1.09

注：1. 表中 p_{0k} 为边柱下基底附加压力。

2. 当 $a/b=6$，$z/b=7.0$ 时，$\alpha'_i=0.038$；当 $a/b=6$，$z/b=8$ 时，$\alpha'_i=0.031$，则 $\alpha'_i=0.031+\dfrac{8.0-7.27}{8.0-7.0}\times(0.038-0.031)=0.03611$。

当 $a/b=10$，$z/b=7.0$ 时，$\alpha'_i=0.043$；当 $a/b=10$，$z/b=8$ 时，$\alpha'_i=0.037$，则 $\alpha'_i=0.037+\dfrac{8.0-7.27}{8.0-7.0}\times(0.043-0.037)=0.04138$。

则当 $a/b=8.27$，$z/b=7.27$ 时，$\alpha'_i=0.03611+\dfrac{8.27-6.0}{10.0-6.0}\times(0.04138-0.03611)=0.0391$。

当 $a/b=6.27$，$z/b=7.27$ 时，$\alpha'_i=0.03611+\dfrac{6.27-6.0}{10.0-6.0}\times(0.04138-0.03611)=0.0375$。

在 $z=5.0m$ 处，$(\sigma_z+\Delta\sigma_z)/\sigma_c=(22.86+1.09)/233.19=0.10<0.2$，计算深度满足 $\sigma_z/\sigma_c<0.2$ 的要求。故计算时取 $z_n=5.0m$。

中柱下桩基础中点处的计算沉降量计算结果见表 7-19 和表 7-20。

表 7-19　中柱下桩基础中点处的沉降计算

z/m	a/b	z/b	$\overline{\alpha}_i$	$\overline{\alpha}_i z_i/mm$	$\overline{\alpha}_i z_i - \overline{\alpha}_{i-1} z_{i-1}/mm$	E_{si}/kPa	$\Delta s_i = 4\dfrac{p'_{0k}}{E'_{si}}(\overline{\alpha}_i z_i - \overline{\alpha}_{i-1} z_{i-1})/mm$
0	2.9	0	0.25	0	—	—	—
8	2.9	7.27	0.096	768.0	768.0	16980	50.85

注：$a=3.2m$，$b=1.1m$，$a/b=2.9$；$z/b=8/1.1=7.27$。

当 $a/b=2.8$，$z/b=7.2$ 时，$\overline{\alpha}_{i1}=0.0962$；当 $a/b=2.8$，$z/b=7.4$ 时，$\overline{\alpha}_{i1}=0.0942$，则当 $a/b=2.8$，$z/b=7.27$ 时，$\overline{\alpha}_i=0.0942+\dfrac{7.4-7.27}{7.4-7.2}\times(0.0962-0.0942)=0.0955$。

当 $a/b=3.2$，$z/b=7.2$ 时，$\overline{\alpha}_{i1}=0.0987$；当 $a/b=3.2$，$z/b=7.4$ 时，$\overline{\alpha}_{i1}=0.0967$，则当 $a/b=3.2$，$z/b=7.27$ 时，$\overline{\alpha}_i=0.0967+\dfrac{7.4-7.27}{7.4-7.2}\times(0.0987-0.0967)=0.098$。

当 $a/b=2.9$，$z/b=7.27$ 时，$\overline{\alpha}_i=0.0955+\dfrac{2.9-2.8}{3.2-2.8}\times(0.098-0.0955)=0.096$。

表 7-20　考虑相邻桩基础影响的中柱下桩基础中点处的沉降量计算

z/m	a_1/b_1	a_2/b_2	z/b_1	$\overline{\alpha}_{i1}$	$\overline{\alpha}_{i2}$	$(\overline{\alpha}_{i1}-\overline{\alpha}_{i2})z_i/mm$	E_{si}/kPa	$\Delta s'_i = 4\dfrac{p_{0k}}{E_{si}}[(\overline{\alpha}_{i1}-\overline{\alpha}_{i2})z_i - (\overline{\alpha}_{i-11}-\overline{\alpha}_{i-12})z_{i-1}]/mm$
0	8.27	6.27	0	0.25	0.25	0	—	—
8	8.27	6.27	7.27	0.1070	0.1054	12.8	16980	1.025

注：1. 表中 p_{0k} 为边柱下基底附加压力。

2. 当 $a_1/b_1=5.0$，$z/b_1=7.2$ 时，$\overline{\alpha}_{i1}=0.1051$；当 $a_1/b_1=5.0$，$z/b_1=7.4$ 时，$\overline{\alpha}_{i1}=0.1031$；则当 $a_1/b_1=5.0$，$z/b_1=7.27$ 时，$\overline{\alpha}_{i1}=0.1031+\dfrac{7.4-7.27}{7.4-7.2}\times(0.1051-0.1031)=0.1044$。

当 $a_1/b_1=10.0$，$z/b_1=7.2$ 时，$\overline{\alpha}_{i1}=0.1090$；当 $a_1/b_1=10.0$，$z/b_1=7.4$ 时，$\overline{\alpha}_{i1}=0.1071$；则当 $a_1/b_1=10.0$，$z/b_1=7.27$ 时，$\overline{\alpha}_{i1}=0.1071+\dfrac{7.4-7.27}{7.4-7.2}\times(0.1090-0.1071)=0.1083$；则当 $a_1/b_1=8.27$，$z/b_1=7.27$ 时，$\overline{\alpha}_{i1}=0.1044+\dfrac{8.27-5}{10-5}\times(0.1083-0.1044)=0.1070$；当 $a_1/b_1=6.27$，$z/b_1=7.27$ 时，$\overline{\alpha}_{i1}=0.1044+\dfrac{6.27-5}{10-5}\times(0.1083-0.1044)=0.1054$。

$s'=\Delta s_i+\Delta s'_i=(50.85+1.025)mm=51.9mm$

沉降计算深度范围内压缩模量的当量值 $\overline{E}_s=16.8MPa$，由表 7-10 可得，$\psi=0.81$。

$n_b=2$，长、短向 $s_a/d=1400/400=3.5$，$L_c/B_c=6.4/2.2=2.91\approx3.0$，$l/d=17.7/0.4=44.25$，查《建筑桩基技术规范》（JGJ 94—2008）附录 E，可得

$$C_0 = \frac{1}{2}\left\{\left[0.096+\frac{50-44.25}{50-40}\times(0.112-0.096)\right]+\left[0.109+\frac{50-44.25}{50-40}\times(0.127-0.109)\right]\right\}=0.112$$

$$C_1 = \frac{1}{2} \left\{ \left[1.729 + \frac{44.25 - 40}{50 - 40} \times (1.805 - 1.729) \right] + \left[1.681 + \frac{44.25 - 40}{50 - 40} \times (1.740 - 1.681) \right] \right\} = 1.734$$

$$C_2 = \frac{1}{2} \left\{ \left[7.774 + \frac{44.25 - 40}{50 - 40} \times (8.860 - 7.774) \right] + \left[6.402 + \frac{44.25 - 40}{50 - 40} \times (7.277 - 6.402) \right] \right\} = 7.505$$

故桩基础等效沉降系数为

$$\psi_e = C_0 + \frac{n_b - 1}{C_1(n_b - 1) + C_2} = 0.112 + \frac{2 - 1}{1.734 \times (2 - 1) + 7.505} = 0.22$$

综上，中柱下桩基础最终沉降量为

$$s = \psi \psi_e s' = 0.81 \times 0.22 \times 51.9\text{mm} = 9.25\text{mm}$$

两基础沉降差为

$$\Delta = (9.25 - 4.22)\text{mm} = 5.03\text{mm}$$

变形容许值为

$$[\Delta] = 0.002 L_0 = 0.002 \times 8000\text{mm} = 16.0\text{mm} > \Delta = 5.03\text{mm}$$

满足设计要求。

7.2.7 桩身结构设计

预制桩分两节预制，每节长度为 9.0m，用钢板焊接接桩。起吊时采用二点吊，吊立时则采用一点吊，吊点位置如图 7-19 所示。

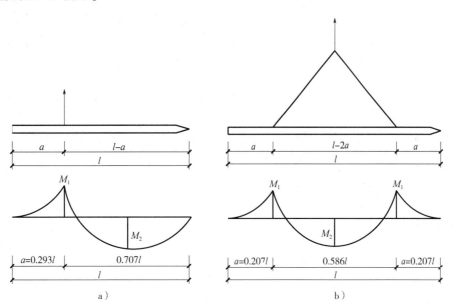

图 7-19 桩身结构设计示意图
a）一点吊 b）二点吊

一点吊： $a = (2 - \sqrt{2})l/2 = 0.293l$ $|M_1| = M_2 = 0.0429kql^2$
二点吊： $a = (\sqrt{2} - 1)l/2 = 0.207l$ $|M_1| = M_2 = 0.0214kql^2$

综上，起吊时桩身最大正负弯矩 $M_{max} = 0.0429kql^2$

式中，q 为桩单位长度的自重，$q = 1.2 \times 25 \times 0.4^2\text{kN/m} = 4.8\text{kN/m}$；$k$ 为动力系数，一般取 $k = 1.5$；l 为桩长，取 9m。

$$M_{max} = 0.0429kql^2 = 0.0429 \times 1.5 \times 4.8 \times 9^2\text{kN} \cdot \text{m} = 25.02\text{kN} \cdot \text{m}$$

桩身材料采用 C30 混凝土（$f_c = 14.3\text{N/mm}^2$）、HRB335 级（$f_y = 300\text{N/mm}^2$）。取钢筋 $a_s' = 40\text{mm}$，则 $h_0 = h - a_s' = (400 - 40)\text{mm} = 360\text{mm}$。

$$\alpha_s = \frac{M_{max}}{\alpha_1 f_c b h_0^2} = \frac{25.02 \times 10^6}{1.0 \times 14.3 \times 400 \times 360^2} = 0.0338$$

$$\xi = 1 - \sqrt{1 - 2\alpha_s} = 1 - \sqrt{1 - 2 \times 0.0338} = 0.0344$$

$$A_s = \xi \frac{\alpha_1 f_c b h_0}{f_y} = 0.0334 \times \frac{1.0 \times 14.3 \times 400 \times 360}{300} \text{mm}^2$$

$$= 229.26 \text{mm}^2 < \rho_{min} b h_0 = 0.4\% \times 400 \times 360 \text{mm}^2 = 576 \text{mm}^2$$

取最小配筋率配筋，$2 \oplus 20 (A_s = 628.3 \text{mm}^2)$，即整个截面主筋 $4 \oplus 20 (A_s = 1256.6 \text{mm}^2)$，其他构造钢筋详见施工图。

7.2.8 承台设计

1. 边柱下承台

（1）桩顶作用效应计算　由于承台底为厚层高灵敏度软土，不计承台效应，故桩顶反力采用总反力设计值。计算过程见表7-21。

表7-21　各桩顶净反力设计值 N_i　（单位：kN）

桩号	$\dfrac{F}{n}$	$\dfrac{M_y x_i}{\sum x_i^2}$	$N_i = \dfrac{F}{n} \pm \dfrac{M_y x_i}{\sum x_i^2}$
1	570.03	−106.80	463.23
2	570.03	106.80	676.83
3	570.03	−106.80	374.22
4	570.03	106.80	676.83

注：按第一组不利内力组合计算，$F = 2280.1$kN，$M_y = （194.9 + 130.2 \times 0.8）$ kN·m $= 299.06$kN·m。

（2）受弯承载力计算　多桩矩形承台的弯矩计算截面取在柱边处，垂直于 x 轴、y 轴方向计算截面处的弯矩设计值为

$$M_x = \sum N_i y_i = (N_1 + N_2) \times 0.7 = (463.23 + 676.83) \times 0.7 \text{kN·m} = 798.04 \text{kN·m}$$

$$M_y = \sum N_i x_i = (N_2 + N_4) \times 0.7 = (676.83 + 676.83) \times 0.7 \text{kN·m} = 947.56 \text{kN·m}$$

取承台混凝土强度等级 C30，钢筋强度等级 HRB335 级，承台高度 $h = 800$mm，承台下设 100mm 厚 C10 混凝土垫层，承台钢筋混凝土保护层厚度 50mm，则 $h_0 = h - a_s' = （800 - 60）$mm $= 740$mm。

平行 y 向钢筋截面面积

$$A_{sy} = \frac{M_x}{0.9 f_y h_0} = \frac{798.04 \times 10^6}{0.9 \times 300 \times 740} \text{mm}^2 = 3994.2 \text{mm}^2$$

选配：$13 \oplus 20@180 (A_{sy} = 4084.6 \text{mm}^2)$

平行 x 向钢筋截面面积

$$A_{sx} = \frac{M_y}{0.9 f_y h_0} = \frac{947.56 \times 10^6}{0.9 \times 300 \times 740} \text{mm}^2 = 4742.5 \text{mm}^2$$

选配：$13 \oplus 22@180 (A_{sx} = 4940.0 \text{mm}^2)$

（3）受冲切计算

1）柱对承台板的冲切验算。冲切破坏锥体采用自柱边处至相应桩顶边缘连线所构成的截锥体（图7-20a）。

$$F_l = F = 2280.1 \text{kN}$$

$$f_t = 1570 \text{kPa（C30）}$$

$h = 0.80$m，$h_0 = h - a_s' = (0.8 - 0.06)$m $= 0.74$m；当 $h \leqslant 800$mm 时，受冲切承载力截面高度影响系数 $\beta_{hp} = 1.0$。

$a_{0x} = 0.275\text{m}$，冲垮比 $\lambda_{0x} = a_{0x}/h_0 = 0.275/0.74 = 0.372 \in (0.25 \sim 1.0)$，则

冲切系数 $\qquad \beta_{0x} = \dfrac{0.84}{\lambda_{0x} + 0.2} = \dfrac{0.84}{0.372 + 0.2} = 1.469$

$a_{0y} = 0.275\text{m}$，冲垮比 $\lambda_{0y} = a_{0y}/h_0 = 0.275/0.74 = 0.372 \in (0.25 \sim 1.0)$，则

冲切系数 $\qquad \beta_{0y} = \dfrac{0.84}{\lambda_{0y} + 0.2} = \dfrac{0.84}{0.372 + 0.2} = 1.469$

代入公式得

$$2[\beta_{0x}(b_c + a_{0y}) + \beta_{0y}(h_c + a_{0x})]\beta_{hp}f_t h_0$$
$$= 2 \times [1.469 \times (0.45 + 0.275) + 1.469 \times (0.45 + 0.275)] \times 1.0 \times 1570 \times 0.74\text{kN}$$
$$= 4949.38\text{kN} > F_l = 2280.1\text{kN}$$

不会发生柱对承台板的冲切破坏。

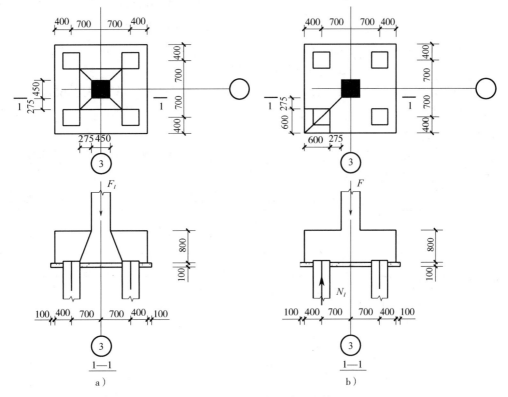

图 7-20 柱对承台板冲切验算

2）角桩对板角的冲切的承载力验算（图 7-20b）。

$$N_l = 676.83\text{kN}$$
$$c_1 = c_2 = 0.6\text{m}$$

$a_{1x} = 0.275\text{m}$，$\lambda_{1x} = \dfrac{a_{1x}}{h_0} = \dfrac{0.275}{0.74} = 0.372 \in (0.25 \sim 1.0)$，则

$$\beta_{1x} = \dfrac{0.56}{\lambda_{1x} + 0.2} = \dfrac{0.56}{0.372 + 0.2} = 0.979$$

$a_{1y} = 0.275\text{m}$，$\lambda_{1y} = \dfrac{a_{1y}}{h_0} = \dfrac{0.275}{0.74} = 0.372 \in (0.25 \sim 1.0)$，则

$$\beta_{1y} = \dfrac{0.56}{\lambda_{1y} + 0.2} = \dfrac{0.56}{0.372 + 0.2} = 0.979$$

代入公式得

$$\left[\beta_{1x} \left(c_2 + \frac{a_{1y}}{2} \right) + \beta_{1y} \left(c_1 + \frac{\alpha_{1x}}{2} \right) \right] \beta_{hp} f_t h_0$$

$$= \left[0.979 \times \left(0.6 + \frac{0.275}{2} \right) + 0.979 \times \left(0.6 + \frac{0.275}{2} \right) \right] \times 1.0 \times 1570 \times 0.74 \text{kN}$$

$$= 1677.67 \text{kN} > N_1 = 676.83 \text{kN}$$

不会发生角桩对板角的冲切破坏。

（4）受剪切验算

$$\lambda_{0x} = \frac{a_{0x}}{h_0} = \frac{0.275}{0.74} = 0.372 \in (0.25 \sim 3), \quad \beta_{0x} = \frac{1.75}{\lambda_{0x} + 1} = \frac{1.75}{0.372 + 1} = 1.276$$

$$\lambda_{0y} = \frac{a_{0y}}{h_0} = \frac{0.275}{0.74} = 0.372 \in (0.25 \sim 3), \quad \beta_{0y} = \frac{1.75}{\lambda_{0y} + 1} = \frac{1.75}{0.372 + 1} = 1.276$$

$$\beta_{hs} = (800/h_0)^{1/4} = (800/740)^{1/4} = 1.02$$

可仅验算平行于 y 轴的截面

$$V = 2N_{max} = 2 \times 676.83 \text{kN} = 1353.66 \text{kN}$$

$$\beta_{hs} \beta f_t b_0 h_0 = 1.02 \times 1.276 \times 1570 \times 2.2 \times 0.74 \text{kN} = 3326.6 \text{kN} > V = 1353.66 \text{kN}$$

不会发生剪切破坏。

2. 中柱下联合承台

（1）桩顶作用效应计算　由于承台底为厚层高灵敏度软土，不计承台效应，故桩顶反力采用总反力设计值。计算过程见表 7-22。

表 7-22　各桩顶净反力设计值 N_i　　　　　　　　　　　（单位：kN）

桩号	$\dfrac{F}{n}$	$\pm \dfrac{M_y x_i}{\sum x_i^2}$	$N_i = \dfrac{F}{n} + \dfrac{M_y x_i}{\sum x_i^2}$
1	552.18	−22.33	529.85
2	552.18	−11.16	541.02
3	552.18	0	552.18
4	552.18	11.16	563.34
5	552.18	22.33	574.51
6	552.18	−22.33	529.85
7	552.18	−11.16	541.02
8	552.18	0	552.18
9	552.18	11.16	563.34
10	552.18	22.33	574.51

注：按第一组不利内力组合计算，$F = 2 \times 2760.9 \text{kN} = 5521.8 \text{kN}$，$M_y = (199.0 + 142.0 \times 0.8) \text{kN·m} = 312.6 \text{kN·m}$。

（2）受弯承载力计算　将 x 向承台视作一静定梁，其上作用柱荷载和桩顶净反力，如图 7-21 所示。

垂直于 x 轴、y 轴方向计算截面处的弯矩设计值为

$$M_x = \sum N_i y_i = 5\bar{N} \times 0.475 = 5 \times 552.18 \times 0.475 \text{kN·m} = 1311.43 \text{kN·m}$$

$$M_y = \sum N_i x_i = (N_5 + N_{10}) \times 1.175 = (574.51 + 574.51) \times 1.175 \text{kN·m} = 1350.1 \text{kN·m}$$

取承台混凝土强度等级 C30，钢筋强度等级 HRB335 级，承台高度 $h = 800$mm，承台下设 100mm 厚 C10 混凝土垫层，承台钢筋混凝土保护层厚度 50mm，则 $h_0 = h - a_s' = (800 - 60) \text{mm} = 740 \text{mm}$。

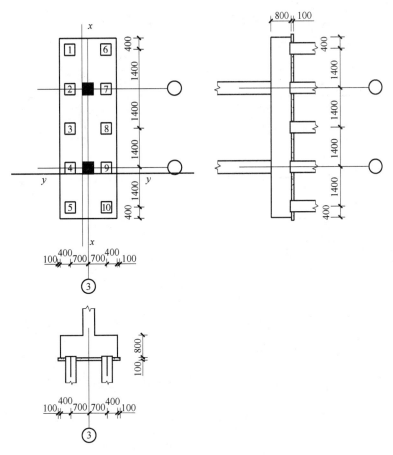

图 7-21　承台计算简图

平行 y 向钢筋截面面积 A_{sy}

$$A_{sy} = \frac{M_x}{0.9 f_y h_0} = \frac{1311.43 \times 10^6}{0.9 \times 300 \times 740} \text{mm}^2 = 6563.7 \text{mm}^2$$

选配：$43 \oplus 14@150 (A_{sy} = 6617.7 \text{mm}^2)$

平行 x 向钢筋截面面积 A_{sx}

$$A_{sx} = \frac{M_y}{0.9 f_y h_0} = \frac{1350.1 \times 10^6}{0.9 \times 300 \times 740} \text{mm}^2 = 6757.3 \text{mm}^2$$

选配：$14 \oplus 25@160 (A_{sx} = 6872.6 \text{mm}^2)$

（3）受冲切计算

1）柱对承台板的冲切验算。对每个柱分别进行柱对承台板的冲切验算，冲切破坏锥体采用自柱边处至相应桩顶边缘连线所构成的截锥体（图 7-22）。

由于结构对称，柱内力对称，故只需验算其中一个柱即可。

$$F_l = F = 2760.9 \text{kN}$$

$$f_t = 1570 \text{kPa}(\text{C30})$$

$$h = 0.80 \text{m}, \quad h_0 = h - a'_s = (0.8 - 0.06)\text{m} = 0.74 \text{m}, \quad \beta_{hp} = 1.0$$

$a_{0x} = 0.975 \text{m}$，冲垮比 $\lambda_{0x} = \dfrac{a_{0x}}{h_0} = \dfrac{0.975}{0.74} = 1.32 > 1.0$，取 $\lambda_{0x} = 1.0$，则

冲切系数　　　　　　　　　$$\beta_{0x} = \frac{0.84}{\lambda_{0x} + 0.2} = \frac{0.84}{1.0 + 0.2} = 0.70$$

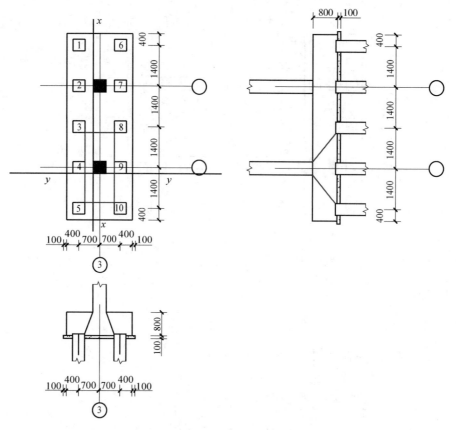

图 7-22　单个柱对承台板的冲切验算

$a_{0y} = 0.275\text{m}$，$\lambda_{0y} = \dfrac{a_{0y}}{h_0} = \dfrac{0.275}{0.74} = 0.372 \in (0.25 \sim 1.0)$，则，

冲切系数 $\qquad\qquad\qquad\qquad \beta_{0y} = \dfrac{0.84}{\lambda_{0y} + 0.2} = \dfrac{0.84}{0.372 + 0.2} = 1.469$

代入公式得

$$2[\beta_{0x}(b_c + a_{0y}) + \beta_{0y}(h_c + a_{0x})]\beta_{hp}f_t h_0$$

$$= 2 \times [0.70 \times (0.45 + 0.275) + 1.469 \times (0.45 + 0.975)] \times 1.0 \times 1570 \times 0.74\text{kN}$$

$$= 6043.38\text{kN} > F_l = 2760.9\text{kN}$$

不会发生柱对承台板的冲切破坏。

对双柱联合承台，除应考虑在每个柱脚下的冲切破坏外，还应考虑在两个柱脚的公共周边下的冲切破坏情况（图 7-23a）。

$$F_l = 2F = 2 \times 2760.9\text{kN} = 5521.8\text{kN}$$

其余参数计算均同上，因此

$$2[\beta_{0x}(b_c + a_{0y}) + \beta_{0y}(h_c + a_{0x})]\beta_{hp}f_t h_0$$

$$= 2 \times [0.70 \times (0.45 + 0.275) + 1.469 \times (0.45 + 0.975)] \times 1.0 \times 1570 \times 0.74\text{kN}$$

$$= 6043.38\text{kN} > F_l = 5521.8\text{kN}$$

不会发生柱对承台板的冲切破坏。

2）角桩对板角的冲切承载力验算（7-23b）。

$$N_l = 574.51\text{kN}$$

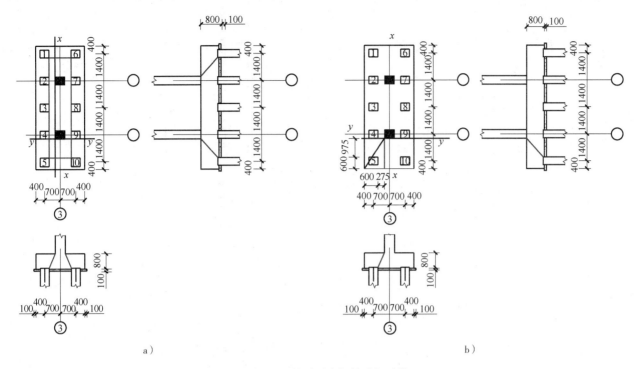

图 7-23　双柱对承台板的冲切验算

$$c_1 = c_2 = 0.6\text{m}$$

$$a_{1x} = 0.975\text{m}, \quad \lambda_{1x} = \frac{a_{1x}}{h_0} = \frac{0.975}{0.74} = 1.32 > 1.0, \quad \text{取} \ \lambda_{1x} = 1.0, \quad \text{则}$$

$$\beta_{1x} = \frac{0.56}{\lambda_{1x} + 0.2} = \frac{0.56}{1.0 + 0.2} = 0.467$$

$$a_{1y} = 0.275\text{m}, \quad \lambda_{1y} = \frac{a_{1y}}{h_0} = \frac{0.275}{0.74} = 0.372 \in (0.25 \sim 1.0), \quad \text{则}$$

$$\beta_{1y} = \frac{0.56}{\lambda_{1y} + 0.2} = \frac{0.56}{0.372 + 0.2} = 0.979$$

代入公式得

$$\left[\beta_{1x} \left(c_2 + \frac{a_{1y}}{2} \right) + \beta_{1y} \left(c_1 + \frac{\alpha_{1x}}{2} \right) \right] \beta_{hp} f_t h_0$$

$$= \left[0.467 \times \left(0.6 + \frac{0.275}{2} \right) + 0.979 \times \left(0.6 + \frac{0.975}{2} \right) \right] \times 1.0 \times 1570 \times 0.74\text{kN}$$

$$= 1637.06\text{kN} > N_l = 574.51\text{kN}$$

不会发生角桩对板角的冲切破坏。

（4）受剪切验算（图 7-24）

1）Ⅰ—Ⅰ 截面。

$$V = 2 \times 574.51\text{kN} = 1149.02\text{kN}$$

$$\lambda_{0x} = \frac{a_{0x}}{h_0} = \frac{0.975}{0.74} = 1.32 \in (0.3 \sim 3), \quad \beta_{0x} = \frac{1.75}{\lambda_{0x} + 1} = \frac{1.75}{1.32 + 1} = 0.754$$

$$\beta_{hs} = (800/h_0)^{1/4} = (800/740)^{1/4} = 1.02$$

$$\beta_{hs} \beta f_t b_0 h_0 = 1.02 \times 0.754 \times 1570 \times 2.2 \times 0.74\text{kN} = 1965.74\text{kN} > V = 1149.02\text{kN}$$

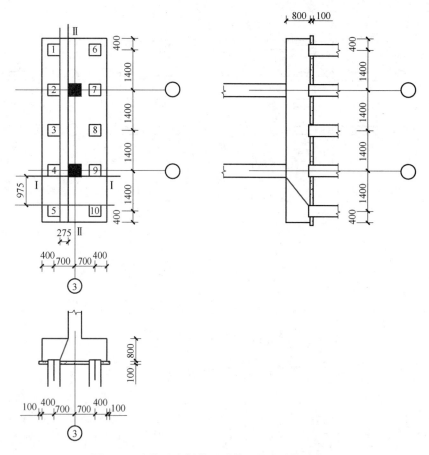

图 7-24　中柱承台斜截面受剪承载力计算示意图

不会发生剪切破坏。

2）Ⅱ—Ⅱ截面。

$$V = 5 \times 552.18\text{kN} = 2760.9\text{kN}$$

$$\lambda_{0y} = \frac{a_{0y}}{h_0} = \frac{0.275}{0.74} = 0.372, \quad \beta_{0y} = \frac{1.75}{\lambda_{0y} + 1} = \frac{1.75}{0.372 + 1} = 1.276$$

$$\beta_{hs} = (800/h_0)^{1/4} = (800/740)^{1/4} = 1.02$$

$$\beta_{hs}\beta f_t b_0 h_0 = 1.02 \times 1.276 \times 1570 \times 2.2 \times 0.74\text{kN} = 3326.6\text{kN} > V = 2760.9\text{kN}$$

不会发生剪切破坏。

7.2.9　桩基础结构施工图

图 7-25 ~ 图 7-27 所示为桩基础平面布置图、承台配筋图以及桩身配筋图。

施工说明：

1）材料。桩、承台混凝土强度等级均为 C30；钢筋采用 HRB335 级（用⏥表示），箍筋或构造钢筋采用 HPB235 级（用φ表示）。

2）承台下设垫层采用 C10 混凝土，厚度 100mm，四周挑出承台边缘 100mm。

3）桩顶嵌入承台内的长度 50mm，桩主筋锚入承台内的锚固长度不宜小于 30d（Ⅰ级钢）、35d（Ⅱ级、Ⅲ级钢），d 为主筋直径。

4）本工程总桩数 126 根，桩长 18.0m，分两节，每节长度 9.0m。

5）本工程采用预制钢筋混凝土静压桩，桩尖持力层为第⑦层黏土层，桩尖全截面进入持力层深度

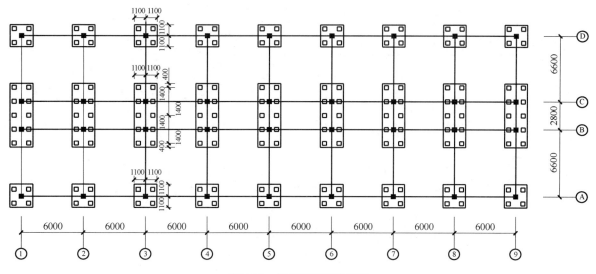

图 7-25　桩基础平面布置图

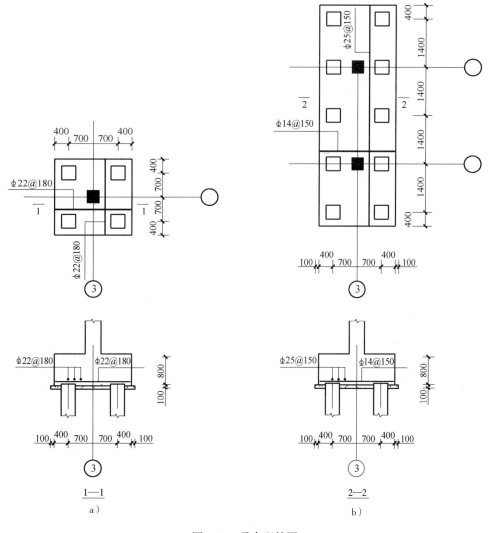

图 7-26　承台配筋图

a）边柱承台　b）中柱承台

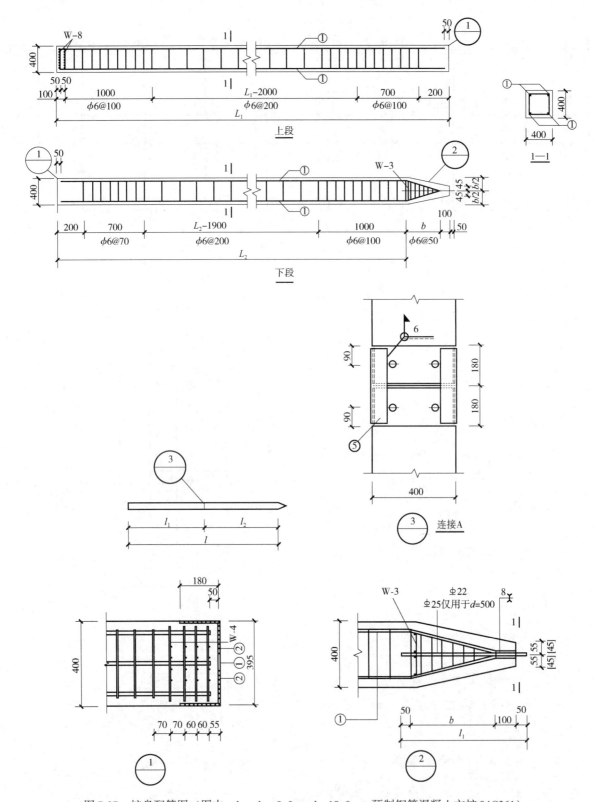

图 7-27　桩身配筋图（图中，$l_1 = l_2 = 9.0$m，$l = 18.0$m，预制钢筋混凝土方桩 04G361）

不小于 0.8m。压桩采用双控，以标高为主，压力值为辅。

6）单桩极限承载力标准值 $Q_{uk} = 1232.24$kN，试桩 3 根，试桩位置见桩基础平面布置图。试桩要求参见《建筑桩基技术规范》（JGJ 94—2008）。试桩合格后，方能进行桩基础的全面施工。

7）桩基础承台标高 -1.50m，位于第②层黏性土层。

8）联系梁的位置见桩基平面布置图。

9）柱的插筋同柱的配筋，且插入承台长度应满足锚固长度要求。

思 考 题

[7-1] 判断下列叙述是否正确，并简要说明理由。

    1）桩的自由长度越长，则单桩的竖向承载力越大。

    2）上层为硬塑黏性土，其下为软黏土的地基宜采用桩基础。

    3）钻孔灌注桩属于非挤土桩。

    4）打入桩都属于挤土桩。

    5）桩身穿过新近沉积的土层，容易产生负摩擦。

    6）地基土为紧密砂土时宜采用桩基础。

    7）地基土有承压水不宜采用桩基础。

    8）桩端进入持力层越深，其极限端阻力就越大。

    9）摩擦型群桩承载力计算可不考虑群桩效应。

    10）端承型群桩承载力计算可不考虑群桩效应。

    11）桩距越小，端阻由于群桩效应影响削弱越明显。

    12）桩距越小，侧阻由于群桩效应影响削弱越明显。

    13）群桩效应对于侧阻和端阻都起到削弱作用。

[7-2] 解释下列术语：桩基础、摩擦型桩、端承型桩、群桩效应。

[7-3] 简述桩基础的作用及适用条件。

[7-4] 按桩的承载性状桩基础可分为哪几种？各自有什么特点？

[7-5] 根据桩基础的承台位置桩基础可分为哪几类？各自有什么特点？

[7-6] 根据桩的设置效应桩基础可分为哪几类？各自有什么特点？

[7-7] 分类简述忌用桩基础的地基土，并从四种不同的角度简述地基的分类。

[7-8] 简述在上层为硬塑的黏性层，而其下层软黏土地基中不宜采用桩基础的理由。

[7-9] 简要说明为什么在上层为硬塑的黏土层，而其下为软黏土的地基中，应慎用桩基础。

[7-10] 确定桩基础桩数和布桩时，传到承台顶面的荷载应选用哪种荷载效应组合？

[7-11] 计算桩基础承台承载力、确定尺寸及配筋时，传到承台顶面的荷载应选用哪种荷载效应组合？

[7-12] 建筑桩基础的设计等级分为几级？哪些建筑物的桩基础可按甲级基础进行设计？

[7-13] 简述单桩竖向极限承载力常用的设计方法。

[7-14] 如何确定单桩竖向承载力特征值？

[7-15] 影响单桩竖向承载力的因素有哪些？并简要加以分析。

[7-16] 群桩承载力与单桩承载力有什么不同？

[7-17] 桩基础设计有哪些主要步骤？

[7-18] 简述桩基础中桩的布置原则。

[7-19] 如何确定桩尖全断面进入持力层的深度？

[7-20] 如何确定桩端嵌入承台的长度？

[7-21] 在工程实践中，如何选取桩的直径、桩长及桩的类型？

[7-22] 如何确定承台的平面尺寸及其厚度？设计时应进行哪些验算？

[7-23] 图示说明桩基础冲剪破坏的验算方法及适用条件。

[7-24] 预制桩一点吊、二点吊和三点吊时的吊点位置如何确定？

第8章 课程设计任务书

8.1 浅埋式闭合框架结构设计任务书

1. 设计题目

某浅埋式闭合框架结构设计。

2. 设计资料

（1）工程概况 闭合框架几何尺寸及荷载如图8-1所示，无地下水。

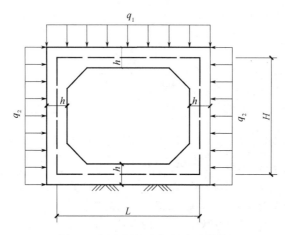

图8-1 闭合框架几何尺寸及荷载

按不同用途、埋深和岩土性质，闭合框架几何尺寸（$L \times H$）见表8-1，其中 $h = 400\text{mm}$。其他各题号的设计条件见表8-1。

表8-1 各题号的设计条件

几何尺寸 $L \times H$ /mm × mm	最不利荷载组合值/(kN/m²)													
	q_1	q_2	q_1	q_2	q_1	q_2	q_1	q_2	q_1	q_2	q_1	q_2	q_1	q_2
	20	30	25	27	27	24	30	22	32	20	35	20	35	18
4100 × 3000	1		2		3		4		5		6		7	
4200 × 3300	8		9		10		11		12		13		14	
4300 × 3500	15		16		17		18		19		20		21	
4400 × 3100	22		23		24		25		26		27		28	
4500 × 3200	29		30		31		32		33		34		35	
4600 × 3600	36		37		38		39		40		41		42	

（2）材料

1）地基弹性压缩系数 $k = 4.0 \times 10^4 \text{kN/m}^2$，弹性模量 $E_s = 5000 \text{kN/m}^2$。

2）混凝土强度等级：C30。

3）钢筋：受力钢筋采用 HRB400 或 HRB500 级钢筋；其他钢筋采用 HPB300 级钢筋。纵向受力钢筋混凝土保护层厚度取为 40mm。

3. 设计内容

1) 确定框架梁（顶板）、柱（墙）、底板截面尺寸及荷载，绘制闭合框架几何尺寸及荷载分布图。

2) 计算闭合框架内力，绘制结构内力图。

3) 进行框架配筋计算，绘制结构施工图。

4) 提交结构计算书一份（包含插图）。

5) 绘制结构施工图一张（A2），内容包括：

①框架几何尺寸及荷载分布图、框架弯矩图、剪力图、轴力图（比例自定）。

②框架横向配筋图（1∶20）、纵向配筋图（1∶20）、节点详图及变形缝详图（1∶10）。

③编制钢筋明细表。

④必要的施工说明。

4. 成果要求

（1）进度安排（1周）

布置设计任务及计算简图确定	0.5 天
设计计算及整理设计说明书	2.5 天
绘制施工图	1.5 天
设计答辩	0.5 天

（2）计算说明书要求　步骤清楚、计算正确、图文并茂、书写工整，计算说明书必须统一格式（A4），并装订成册。

（3）施工图要求　每人完成图纸（A2）一张，用铅笔绘图。要求图面布局均匀、比例适当、条线流畅、整洁美观，附注和说明用仿宋字体书写，严格按照国家有关的制图标准作图。

截面、钢筋均应编号，图文必须对应，各类编号均不得重复。

施工图上应有必要的说明及附注：如混凝土强度等级、钢筋强度等级、保护层厚度以及其他施工中应注意的事项等。

引用相关规范、规程、标准及手册图应标清名称和来源。

（4）设计答辩　在完成设计任务的基础上方可参加课程设计答辩。

5. 参考资料

1) GB 50010—2010(2015 年版) 混凝土结构设计规范。

2) GB 50009—2012 建筑结构荷载规范。

3) GB/T 50105—2010 建筑结构制图标准。

4) 东南大学、天津大学、同济大学，混凝土结构设计原理（第五版）。

5) 朱合华，地下建筑结构（第三版）。

8.2　盾构法隧道管片设计任务书

1. 设计题目

某软土地区地铁盾构隧道管片设计。

2. 设计资料

某软土地区地铁盾构隧道的横断面（图 8-2），由一块封顶块（K），两块邻接块（L），两块标准块（B）以及一块封底块（D）六块管片组成。衬砌外径 6200mm，厚度为 350mm，采用通缝拼装，混凝土强度为 C50，环向螺栓为 5.8 级，地层基床系数 $K = 2 \times 10^4 \, kN/m^3$。管片裂缝宽度允许值为 0.2mm，接缝张开允许值为 3mm。地面超载为 20kPa。

隧道地质条件从上至下依次为（图8-2）：人工填土（厚度 1.5m，$\gamma = 18.0 kN/m^3$）、褐黄色黏土（厚

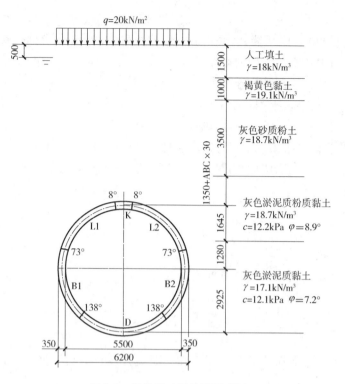

图 8-2　结构尺寸及地层示意图

度 1.0m，$\gamma = 19.1\text{kN/m}^3$）、灰色砂质粉土（厚度 3.5m，$\gamma = 18.7\text{kN/m}^3$）、灰色淤泥质粉质黏土（厚度 9.1m，$\gamma = 18.0\text{kN/m}^3$，$c = 12.2\text{kPa}$，$\varphi = 8.9°$）、灰 色 淤 泥 质 黏 土（$\gamma = 17.1\text{kN/m}^3$，$c = 12.1\text{kPa}$，$\varphi = 7.2°$）。地下水位深度 0.5m。

说明：灰色淤泥质粉质黏土土层厚度 1350mm，根据后 3 学号 ABC 调整，$1350 + ABC \times 30(\text{mm})$。

3. 设计内容

1）荷载及其组合计算。

2）均质圆环内力计算（按惯用修正法调整），画出内力图。

3）管片配筋计算（含截面承载力与裂缝宽度验算）。

4）纵缝配螺栓计算（含纵缝张开与纵缝强度验算）。

5）隧道抗浮验算、局部抗压验算等。

6）提交设计说明书（A4）一份（包含插图）。

7）绘制结构施工图（A2）一张，内容包括：

①衬砌管片配筋图。

②衬砌管片构造图。

③纵环缝配螺栓图。

④编制钢筋明细表。

⑤必要的施工说明。

4. 成果要求

（1）进度安排（1 周）

布置设计任务及计算简图确定　　　　0.5 天

设计计算及整理设计说明书　　　　　2.5 天

绘制施工图　　　　　　　　　　　　1.5 天

设计答辩　　　　　　　　　　　　　0.5 天

（2）设计说明书要求　步骤清楚、计算正确、图文并茂、书写工整，计算书必须统一格式（A4），并装订成册。

（3）施工图要求　每人完成图纸（A2）一张，用铅笔绘图。要求图面布局均匀、比例适当、条线流畅、整洁美观，附注和说明用仿宋字体书写，严格按照国家有关的制图标准作图。

截面、钢筋均应编号，图文必须对应，各类编号均不得重复。

施工图上应有必要的说明及附注：如混凝土强度等级、钢筋强度等级、保护层厚度以及其他施工中应注意的事项等。

引用相关规范、规程、标准及手册图应标清名称和来源。

（4）设计答辩　在完成设计任务的基础上方可参加课程设计答辩。

5. 参考资料

1）GB 50010—2010（2015 年版）混凝土结构设计规范。

2）GB 50009—2012 建筑结构荷载规范。

3）GB/T 50105—2010 建筑结构制图标准。

4）国际隧道协会第二工作组，盾构隧道衬砌设计导则，隧道与地下空间技术第 15 卷第 3 期。

5）东南大学、天津大学、同济大学，混凝土结构设计原理（第五版）。

6）朱合华，地下建筑结构（第三版）。

8.3　土钉墙支护结构设计任务书

1. 设计题目

某深基坑土钉墙支护设计。

2. 设计条件

（1）场地概况　某大厦位于惠州广汕公路与下埔路交叉口东侧。该楼地上 17 层，地下 3 层，南北宽约 33m，东西长约 71m，场地北侧有 12 层高的铁路局办公楼和惠豪大酒店，距基坑仅 5m；南侧距广汕公路 7m；东侧 6m 处为 11 层高的龙珠楼，如图 8-3 所示。

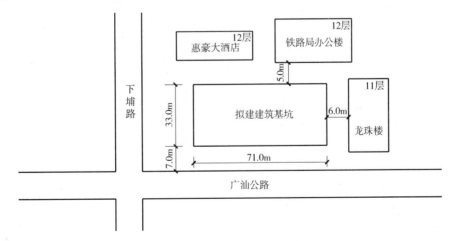

图 8-3　建筑场地示意图

地下 3 层与高层相接部分的基坑支护工作，挖至标高 $-hm$（地面标高为 $\pm 0.000m$），设计中假设地面超载 $q = 20kN/m^2$。

（2）工程地质及水文地质条件　基坑地质条件从上至下依次为：

1）杂填土：杂色，稍湿-湿，松散。主要由松散耕植土及少量砖块、灰渣等建筑垃圾组成。该层分布普遍，层厚为 $1 \sim 1.6m$；重度为 $18kN/m^3$。

2）粉土：浅黄-灰黄色，湿，稍密，具砂感，层厚 5~6m，以可塑为主，重度为 18kN/m³，渗透系数为 0.6m/d，压缩模量为 2.2MPa，孔隙比为 1.11。

3）粉质黏土：泛黄色夹少量青灰色，可塑状态，稍有光滑。含少量钙质结核及白色蜗牛碎片。该层分布普遍，层位稳定。层厚 11~13m，重度为 19kN/m³，渗透系数为 0.03m/d，压缩模量为 5.2MPa，孔隙比为 0.97。

土层部分物理力学指标见表 8-2。其余参数见表 8-3。

地下水情况：假设地下水已降至基坑坑底以下 1m 处，即土钉墙的设计计算可按无地下水考虑。

表 8-2　土层部分物理力学指标

地层	含水量 w （%）	重度 γ /（kN/m³）	比重 d_s	孔隙比 e	液限 w_l （%）	塑限 w_p （%）	渗透系数 /（m/d）	压缩模量 /MPa
粉土	18	18.5	2.71	1.11	23.3	15.2	0.6	2.2
粉质黏土	19	19	2.72	0.97	30.4	18.1	0.03	5.2

表 8-3　各题号的设计条件

题号 （学号尾数）	基坑深度 h/m	设计参数					
		杂填土		粉土		粉质黏土	
		黏聚力 c/kPa	摩擦角 φ/（°）	黏聚力 c/kPa	摩擦角 φ/（°）	黏聚力 c/kPa	摩擦角 φ/（°）
1	10.5	8	8	10	15	25	21
2	9.8	7	7	11	13	24	22
3	9.6	7	8	13	15	23	23
4	9.4	7	9	12	16	25	24
5	9.7	8	10	11	14	24	22
6	9.3	8	11	11	14	23	21
7	9.5	8	10	11	16	25	22
8	9.2	9	11	11	15	21	23

3. 设计内容

1）确定土钉墙的平面和剖面尺寸及分段施工高度。

2）确定土钉的布置方式和间距。

3）确定土钉的直径、长度、倾角及空间方向。

4）确定土钉钢筋的类型、直径和构造。

5）注浆配方设计，注浆方式，确定浆体强度指标。

6）喷射混凝土面层设计及坡顶防护设计。

7）土钉抗拔力验算。

8）进行稳定性分析，包括内部稳定性、外部稳定性验算。

9）施工图设计及其说明，包括土钉墙支护平面图、剖面图、立面图、土钉大样图等。

10）施工工艺及质量检测。

4. 成果要求

（1）进度安排（1周）

确定土钉的长度及框架布置　　　　　　　　　　　1.0 天

确定土钉钢筋的参数，进行坡面的设计　　1.0 天

进行土钉墙的抗拔力验算，进行坡面的设计　1.5 天

施工图的绘制及其说明　　　　　　　　　1.0 天

设计答辩　　　　　　　　　　　　　　　0.5 天

（2）设计说明书要求　步骤清楚、计算正确、图文并茂、书写工整，计算书必须统一格式（A4），并装订成册。

（3）施工图要求　每人完成施工图（A2）一张，用铅笔绘图。要求图面布局均匀、比例适当、条线流畅、整洁美观，附注和说明用仿宋字体书写，严格按照国家有关的制图标准作图。

截面、钢筋均应编号，图文必须对应，各类编号均不得重复。

施工图上应有必要的说明及附注：如混凝土强度等级、钢筋强度等级、保护层厚度以及其他施工中应注意的事项等。

引用相关规范、规程、标准及手册图应标清名称和来源。

（4）设计答辩　在完成设计任务的基础上方可参加课程设计答辩。

5. 参考资料

1）GB 50010—2010（2015 年版）混凝土结构设计规范。

2）GB 50009—2012 建筑结构荷载规范。

3）GB/T 50105—2010 建筑结构制图标准。

4）JGJ 120—2012 建筑基坑支护技术规程。

5）CECS 96：97 基坑土钉支护技术规程。

6）东南大学、天津大学、同济大学，混凝土结构设计原理（第五版）。

7）朱合华，地下建筑结构（第三版）。

8.4　地下连续墙支护结构设计任务书

1. 设计题目

某地下连续墙深基坑支护结构设计。

2. 设计条件

某深基坑工程拟采用地下连续墙支护结构，有关设计条件和资料如下：

（1）地质条件　根据工程场地《岩土工程勘察报告》，①～⑪号地质条件见表 8-4，地下水位离地面 1.0m，承压水头绝对标高为 3.0m，埋深约为 4.5m。用水土分算法计算主动土压力和水压力，侧向地层压缩系数 $k_h = 1800\text{kN/m}^3$。

表 8-4　①～⑪号地质条件

土层	地质描述	厚度/m	容重/(kN/m³)	黏聚力/kPa	内摩擦角/(°)
①素填土	黄褐色，由碎石和黏土组成，硬质充填物含量 70%，松散	3	16	11	15
②粉质黏土	淤泥质，灰黑色，可塑，饱和，具有腥臭味，上部含有压入回填土	2	17	15	24
③卵石	灰黄色，饱和，稍密—中密，亚圆形，主要成分为石英岩，粒径 20～80mm，含量 60% 间隙充填有砂土及黏性土	2	18	19	25
④强风化岩	灰黄色，结构大部分破坏，成分显著变化，节理裂隙发育，岩芯呈碎屑状	3	19	23	26

（续）

土层	地质描述	厚度 /m	容重 /（kN/m³）	黏聚力 /kPa	内摩擦角 /（°）
⑤中风化板岩	青灰色，板状构造，板理节理较发育，裂隙面多见黄褐色水锈，岩芯多呈块状，少量短柱状，岩质坚硬	13	20	27	27

（2）深基坑开挖深度 H、地面超载 p　深基坑开挖深度 H、地面超载 p 见表8-5。

表8-5　深基坑开挖深度 H、地面超载 p

题号		深基坑开挖深度 H/m				
		10.0	13.0	15.0	18.0	20.0
地面超载 p /（kN/m²）	10.0	1	2	3	4	5
	12.0	6	7	8	9	10
	15.0	11	12	13	14	15
	18.0	16	17	18	19	20
	20.0	21	22	23	24	25

（3）材料　地下连续墙混凝土强度等级 C30，受力钢筋 HRB400 级。

3. 设计内容

1）确定在施工过程中作用于连续墙上的土压力、水压力以及上部传来的荷载。

2）确定地下连续墙所需要的入土深度，以满足抗管涌、抗隆起、防止基坑整体失稳破坏以及满足地基承载力的需要。

3）地下连续墙结构的内力计算与变形验算。

4）地下连续墙结构的截面设计，包括墙体和支撑的配筋设计或者截面强度验算，节点、接头的连接强度和构造处理。

5）估算基坑施工对周围环境的影响，包括连续墙的墙顶位移和墙厚地面沉降值的大小和范围。

6）绘制地下连续墙结构配筋图。

4. 成果要求

（1）进度安排（1周）

布置任务，确定深基坑支护方案	1.0 天
确定地下连续墙所需要的入土深度	1.0 天
地下连续墙结构的内力计算与变形验算	1.0 天
地下连续墙结构的截面设计	0.5 天
整理设计说明书、施工图的绘制	1.0 天
设计答辩	0.5 天

（2）设计说明书要求　设计说明书（A4 纸）一份。

要求计算书内容完整，计算正确，字迹要工整美观，并用钢笔书写或打印，插图可用铅笔画，并装订成册。

（3）施工图要求　施工图（A2）一张，用铅笔绘图。

要求图面布局均匀、比例适当、条线流畅、整洁美观，附注和说明用仿宋字体书写，应符合《房屋建筑制图统一标准》（GB/T 50001—2017）和《建筑结构制图标准》（GB/T 50105—2010）的要求。

（4）设计答辩　在完成设计任务的基础上方可参加课程设计答辩。

5. 参考资料

1）JGJ 120—2012 建筑基坑支护技术规程。

2）GB 50010—2010（2015 年版）混凝土结构设计规范。

3）GB 50009—2012 建筑结构荷载规范。

4）朱合华，地下建筑结构（第三版）。

5）张克恭、刘松玉，土力学（第三版）。

8.5　隧道工程设计任务书

1. 设计题目

某公路隧道结构设计。

2. 设计条件

某公路隧道采用矿山法施工，衬砌材料采用 C25 喷射混凝土，材料容重 $\gamma_c = 22kN/m^3$，变形模量 $E_c = 25GPa$。其他设计条件见表 8-6。

表 8-6　隧道设计条件

题目	围岩参数				隧道埋深 H/m	隧道行车要求	
	围岩级别	围岩天然容重 $\gamma/(kN/m^3)$	计算摩擦角 $\varphi/(°)$	变形模量 E/GPa		公路等级	设计时速 $/(km/h)$
1	Ⅲ类（Ⅳ级）	23.0	35.0	6.0	30.0	高速公路	120/100
2	Ⅱ类（Ⅴ级）	20.0	25.0	1.5	50.0	高速公路	120/100
3	Ⅲ类（Ⅳ级）	23.0	35.0	6.0	30.0	一级公路	100/80
4	Ⅱ类（Ⅴ级）	20.0	25.0	1.5	50.0	一级公路	100/80
5	Ⅳ类（Ⅲ级）	25.0	50.0	10.0	20.0	高速公路	120/100
6	Ⅳ类（Ⅲ级）	25.0	50.0	10.0	20.0	一级公路	100/80

3. 隧道洞身设计内容

1）按相应公路等级的行车速度确定公路隧道建筑限界。

2）按公路隧道要求对隧道衬砌进行结构设计（拟定结构尺寸）。

3）按规范确定该隧道的竖向均布压力和侧向分布压力。

4）计算衬砌结构的内力（画出弯矩图和轴力图）。

5）对衬砌结构进行配筋验算。

6）按所给的地址资料选定适当的施工方法，并绘制施工方案示意图。

4. 设计成果要求

（1）设计说明部分

1）确定公路建筑界限。

2）根据公路等级及围岩类别用工程类比法确定支护方法及衬砌材料。

3）拟定隧道结构的截面尺寸（包括轮廓线半径及厚度等）。

4）隧道围岩压力计算（包括竖向压力及水平压力）。

5）隧道结构内力计算，并画出弯矩图和轴力图。

（2）施工图部分

1）插图：隧道内轮廓限界图；结构抗力图；内力图（弯矩图和轴力图）。

2）施工图（A3）：

衬砌结构图（比例1:100）；

隧道开挖方案图（比例1∶100）；

爆破设计图（选做）。

（注：比例可根据实际情况调整为1∶50或1∶200。）

5. 设计要求

（1）进度安排（1周）

布置任务，确定隧道建筑限界	1.0 天
确定隧道内轮廓线，进行横断面设计	0.5 天
确定隧道深浅埋界限	0.5 天
围岩压力计算	0.5 天
衬砌内力计算	1.0 天
衬砌配筋计算、衬砌强度验算	0.5 天
绘制衬砌施工图	0.5 天
整理设计说明书、参加答辩	0.5 天

（2）设计要求　了解《公路隧道设计规范　第一册　土建工程》（JTG 3370.1—2018）和《公路隧道施工技术规范》（JTG/T 3660—2020）以及其他相关规范基本内容，明确隧道衬砌内轮廓线的确定方法，掌握隧道深浅埋的确定界限，并且根据不同的围岩特性选择不同的支护方案。

具体要求：

1）根据隧道设计规范对不同公路的要求进行隧道的横断面设计（比例1∶50）。

2）根据隧道不同埋深及地质条件，计算隧道永久荷载，由工程类比法确定支护方式和衬砌尺寸，要求进行衬砌验算。

3）画出各类围岩的衬砌结构图（比例1∶50）。

4）双洞道的施工设计，确定隧道开挖断面尺寸，确定施工方案。根据所选定的施工方案，画开挖方案图（必做）及爆破设计图（选做）。

（注：所有图纸均应按工程制图要求绘制，应有图框和图标。）

6. 参考资料

1）JTG 3370.1—2018 公路隧道设计规范　第一册　土建工程。

2）JTG 3370.2—2014 公路隧道设计规范　第二册　交通工程及附属设施。

3）JTG/T 3660—2020 公路隧道施工技术规范。

4）JTG 3362—2018 公路钢筋混凝土及预应力混凝土桥涵设计规范。

5）夏永旭，王永东，隧道结构力学计算（第二版）。

6）王毅才，隧道工程（第二版）。

7）关宝树，隧道工程设计要点集。

8.6　桩基础工程设计任务书

1. 设计题目

某办公大楼桩基础设计。

2. 设计条件

某办公大楼基础拟采用桩基础，有关设计条件和资料如下：

（1）结构平面尺寸及上部结构传至基础的荷载　结构平面尺寸及上部结构传至基础的荷载如图 8-4 和图 8-5 所示。

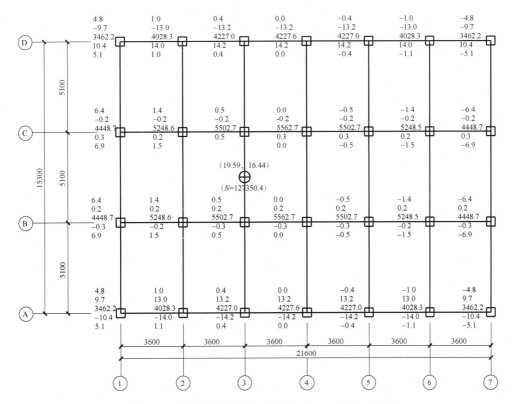

图 8-4　基础设计荷载图（工况：$N_{\max}$；单位：kN）

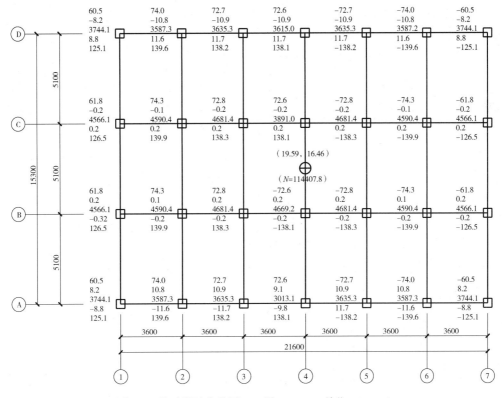

图 8-5　基础设计荷载图（工况：$M_{y\max}$；单位：kN·m）

（2）工程地质条件　根据工程场地《岩土工程勘察报告》，各土层物理力学指标及桩侧阻力、桩端阻力特征值见表 8-7 和表 8-8。

表 8-7　各土层物理力学指标

序号	土层	层底深埋/m	含水量（%）	重度/（kN/m³）	孔隙比	密度/（g/cm³）	液限（%）	塑性指数	液性指数	固结快剪		压缩性指标	
										c/kPa	φ/（°）	a_{1-2}/MPa^{-1}	E_{s1-2}/MPa
1	素填土	3.0		18.5									
2	粉质黏土	2.0	22.7	19.6	0.670	2.74	27.1	11.5	0.62	26.4	12.2	0.21	8.0
3	淤泥质黏土	8.5	40.5	17.8	1.160	2.72	39.0	18.0	1.02	11.0	14.0	0.60	2.54
4	粉土	—	24.0	19.8	0.710	2.74	16.6	14.0	0.57	36.3	15.1	0.28	6.45

表 8-8　桩侧阻力、桩端阻力特征值　　　　　　　　　　　　（单位：kPa）

序号	土层		混凝土预制桩	水下钻（冲）孔桩	沉管灌注桩	干作业钻孔桩	人工挖孔桩（清底干净=0.8m）
1	素填土		14	13	11	13	13
2	粉质黏土		32	31	26	31	31
3	淤泥质黏土		14	13	11	13	13
4	粉土	q_{sa}	42	40	33	40	40
		q_{pa}	1400	500	1400	1000	1000

（3）材料　C30 混凝土，桩、承台及基础连梁内纵向受力钢筋采用 HRB400 级，其余钢筋采用 HPB300 级。

3. 设计内容

1）确定基础结构布置方案。

2）在结构布置方案的基础上进行单桩承载力验算。

3）桩、承台的内力计算及截面配筋设计。

4. 成果要求

（1）进度安排（1 周）

布置任务，确定基础结构布置方案	1.0 天
桩身结构设计	1.0 天
承台设计	1.0 天
绘制基础施工图	1.0 天
整理计算说明书	0.5 天
答辩	0.5 天

（2）设计说明书要求　设计说明书（A4 纸）一份。

要求计算书内容完整，计算正确，字迹要工整美观，并用钢笔书写或打印，插图可用铅笔画，并装订成册。

（3）施工图要求　施工图（A1）一张，内容应包括：

1）基础平面布置图；

2）桩、承台及基础连梁配筋图；

3）有关施工说明；

施工图应计算机或手绘完成，字宜用仿宋字，线形、尺寸标注方法、图例等均应符合《房屋建筑制图统一标准》（GB/T 50001—2017）和《建筑结构制图标准》（GB/T 50105—2010）；

4）施工图应与计算书内容相符合，构造合理，便于施工；

5）在完成上述设计任务后方可参加课程设计答辩。

5. 参考资料

1）GB 50010—2010（2015 年版）混凝土结构设计规范。

2）GB 50007—2011 建筑地基基础设计规范。

3）JGJ 94—2008 建筑桩基础设计规范。

4）华南理工大学、浙江大学、湖南大学，基础工程（第二版）。

5）袁聚云、李晓培、楼晓明等，基础工程设计原理（第二版）。

参 考 文 献

［1］中华人民共和国住房和城乡建设部．混凝土结构设计规范：GB 50010—2010（2015 年版）［S］．北京：中国建筑工业出版社，2015.

［2］中华人民共和国住房和城乡建设部．建筑结构荷载规范：GB 50009—2012［S］．北京：中国建筑工业出版社，2012.

［3］中华人民共和国住房和城乡建设部．建筑基坑支护技术规程：JGJ 120—2012［S］．北京：中国建筑工业出版社，2012.

［4］中国工程建设标准化协会．基坑土钉支护技术规程：CECS 96：97［S］．北京：中国建筑工业出版社，1997.

［5］中华人民共和国住房和城乡建设部．建筑地基基础设计规范：GB 50007—2011［S］．北京：中国建筑工业出版社，2011.

［6］中华人民共和国住房和城乡建设部．建筑桩基技术规范：JGJ 94—2008［S］．北京：中国建筑工业出版社，2008.

［7］中华人民共和国住房和城乡建设部．地铁设计规范：GB 50157—2013［S］．北京：中国建筑工业出版社，2013.

［8］国际隧道协会第二工作组．盾构隧道衬砌设计导则［J］．隧道与地下空间技术，2000，15（3）：303-331.

［9］中华人民共和国交通运输部．公路钢筋混凝土及预应力混凝土桥涵设计规范：JTG 3362—2018［S］．北京：人民交通出版社股份有限公司，2018.

［10］中华人民共和国交通运输部．公路隧道设计规范 第一册 土建工程：JTG 3370.1—2018［S］．北京：人民交通出版社股份有限公司，2018.

［11］中华人民共和国交通运输部．公路隧道施工技术规范：JTG/T 3660—2020［S］．北京：人民交通出版社股份有限公司，2020.

［12］东南大学，天津大学，同济大学．混凝土结构设计原理［M］．5 版．北京：中国建筑工业出版社，2012.

［13］朱合华．地下建筑结构［M］．3 版．北京：中国建筑工业出版社，2016.

［14］张克恭，刘松玉．土力学［M］．3 版．北京：中国建筑工业出版社，2010.

［15］夏永旭，王永东．隧道结构力学计算［M］．2 版．北京：人民交通出版社，2012.

［16］王毅才．隧道工程［M］．2 版．北京：人民交通出版社，2008.

［17］关宝树．隧道工程设计要点集［M］．北京：人民交通出版社，2003.

［18］华南理工大学，浙江大学，湖南大学．基础工程［M］．2 版．北京：中国建筑工业出版社，2008.

［19］袁聚云，李晓培，楼晓明，等．基础工程设计原理［M］．2 版．上海：同济大学出版社，2007.